古城笔记

插图典藏本

阮仪三 著

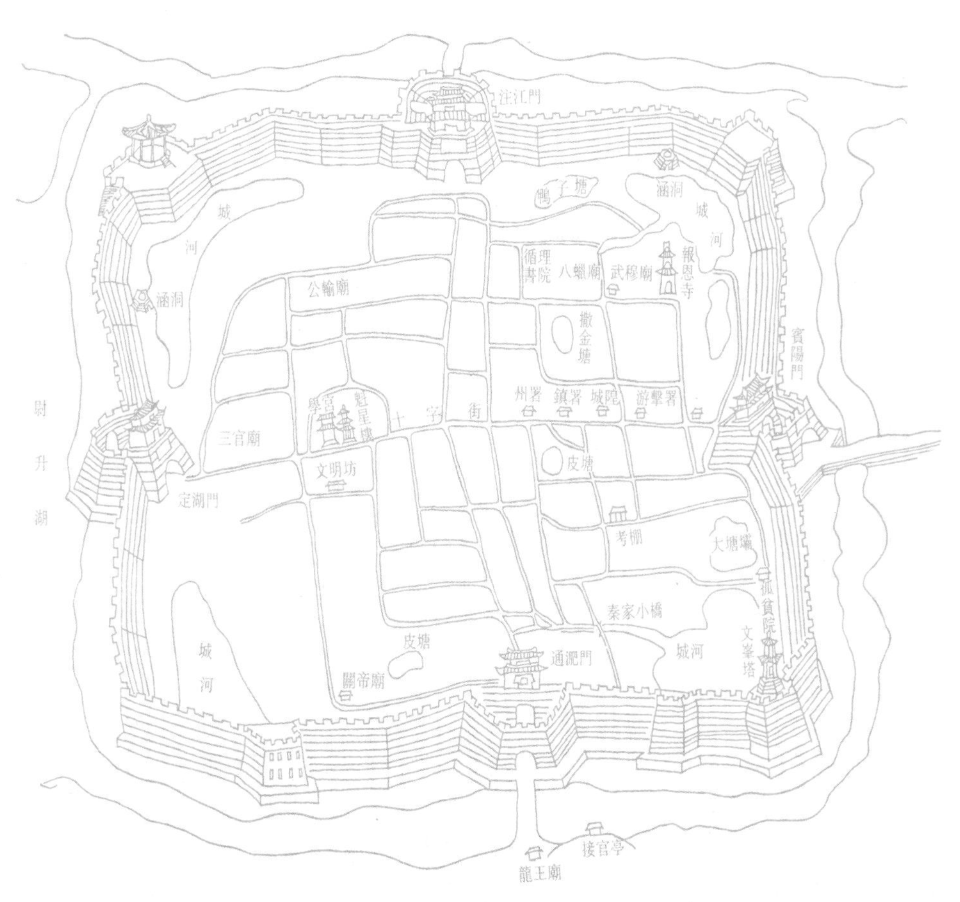

同济大学出版社 · 上海

图书在版编目 (C I P) 数据
古城笔记：插图典藏本 / 阮仪三著 .
上海：同济大学出版社，2024.1
ISBN 978-7-5765-0925-0
I. ①古 ... II. ①阮 ... III. ①古城 – 保护 – 中国 – 文集 IV. ① TU984.2-53
中国版本图书馆 CIP 数据核字 (2023) 第 185067 号

古城笔记（插图典藏本）

著　　作　阮仪三
出版策划　《民间影像》
责任编辑　陈立群 (clq8384@126.com)
视觉策划　育德文传
内文设计　昭　阳
封面设计　景嵘设计
电脑制作　宋　玲　唐　斌
责任校对　徐春莲

出　　版
发　　行　同济大学出版社　www.tongjipress.com.cn
上海市四平路 1239 号　邮编　200092　电话　021-65985622
经　　销　全国各地新华书店
印　　刷　上海锦良印刷厂有限公司
成品规格　170mm×213mm　384 面
字　　数　341 000
版　　次　2024 年 1 月第 1 版　2024 年 1 月第 1 次印刷
书　　号　ISBN　978-7-5765-0925-0
定　　价　90.00 元

目录

中国智慧

中国古代都城规划的演变

城市是人类的物质和精神建设的结晶，是社会发展到某一历史阶段的具体表现，它综合反映了这个时期的人类文明，集中表现了这个时期的政治、经济、文化、科学、军事、技术等多方面的成就。在我国历史上曾出现过不少宏伟壮丽的伟大城市，其中封建社会的都城如长安、洛阳、汴梁、南京、临安等，它们在规模、布局、宫殿、技术、设施及城市管理上，在当时世界上都是卓越的，有着伟大的成就与丰富的经验。

一、古代都城规划概况

在古籍记载中，我国古代最早的都城是周王城，城址在西安的镐京和洛邑，其遗址还有待考古发掘，而在战国时流传的《周礼·考工记》记载了都城的制度："匠人营国，方九里，旁三门。国中九经九纬，经涂九轨。左祖右社，前朝后市……"解释为：都城的规划设计应是九里见方，每边开三门，纵横各为九条道路，南北向道路宽度为九个车轨，东面是祖庙，西面是社稷坛，前面布置朝廷宫室，后面是市场和居民区。这也是中国古代最早的规划思想，今天所发现的战国城市如燕下都、赵邯郸、齐临淄等诸侯国的都城都是以宫室为主体，但没有这样完整。而在汉代以后的许多都城，基本根据这样的规划思想来规划建造。

秦都咸阳规模很大，它的总体布局在历史上未留下记载。城池、宫室被项羽烧毁

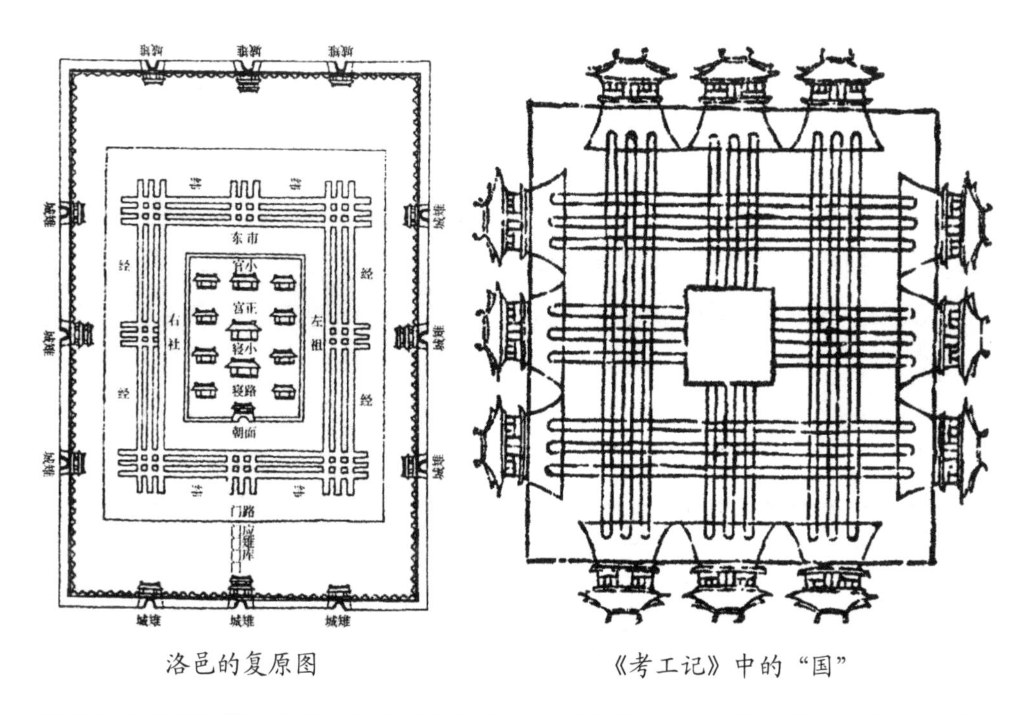

洛邑的复原图　　　　　　　　《考工记》中的“国”

以及后来渭河泛滥冲毁了。汉代的兴起使中国历史到了一个新的时期，由秦始皇所开创的统一封建王朝在汉有了巩固和发展。长安城是西汉首都，在今西安渭水南岸台地上，因先建宫殿后建城垣，城的外形呈不规则形，成所谓的“斗城”，城墙每边开三个门，每座门有三个门洞，每个门洞开三条路，符合九轨的要求。城内主要是宫殿，有著名的未央宫、长乐宫和桂宫、明光宫，城内还有九府、九庙、九市和一百六十闾里。

东汉末年曹魏建邺城，在今河南临漳，城为长方形，城内用一条大道把城市分成南北两个部分，北部为宫室和皇家御苑以及贵族居住的戚里，南部主要是平民住宅区，有一条中轴线道路正对宫城，把统治者与被统治者严格分开了。

到了南北朝时期的北魏洛阳城，建有两重城墙，中间是宫城，宫城之前有一条贯通南北的大道——铜驼街；两侧分布了官署和寺院，太庙和太社，市场在宫城外东西各一个。

隋唐是中国封建社会发展的高峰，当时建造了规划严整的隋唐长安城，它总结汲取了邺城和洛阳城的经验，将宫室、坛庙和重要官署安排在南北轴线上的北端及其两侧。城内以纵横相交的整齐棋盘格道路，分隔成一百零八个坊里，城内东西两侧各设一个专供商业贸易的坊市。

唐长安分区明确，街道整齐，规模宏大，经考古发掘证实了历史上记载的史料。唐长安城与隋唐洛阳城是由同一规划师设计的，也力求方整规则，不同于长安的是因受洛河限制，而将宫城置于北区西部，坊里分布在北区东部和整个南区，城中有三条南北向干道。

从北宋起，由于手工业和商业发展，城市经济繁荣，在城市居住区和市场布局上有

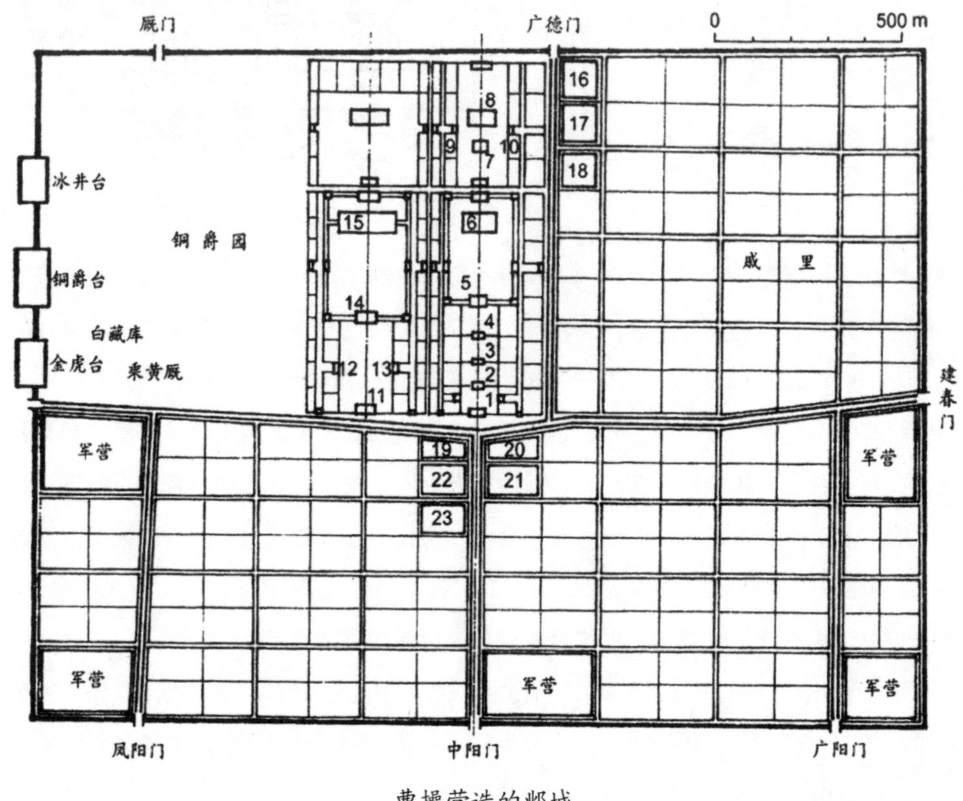

曹操营造的邺城

很大改变，取消了严格划分的坊里，也不设集中市场，出现了有住宅和商店的街道。可是都城布局仍力求方整规划。宋东京有三重城，最里一重是皇帝居住和统治中心的宫城，内城以衙署、寺观和王公贵族居住的院宅为主，外城是平民居住区。东京汴梁是在旧城基础上改建的，因人口众多，用地较紧，因此道路等不如唐长安、洛阳那样宽大。

元大都是自唐长安以来又一个规模巨大的规划完整的都城，按传统的都城布局，城市平面略呈方形。城为三重，皇城在南部居中，宫城在最中间，城墙上除北面开二门外，东、西、南各开三座门。主要道路直接通向城门，宫殿旁是大片水面组成的御苑，城中划分为六十个坊，但只是行政单位。宫城东西两侧建有太庙和社稷坛。

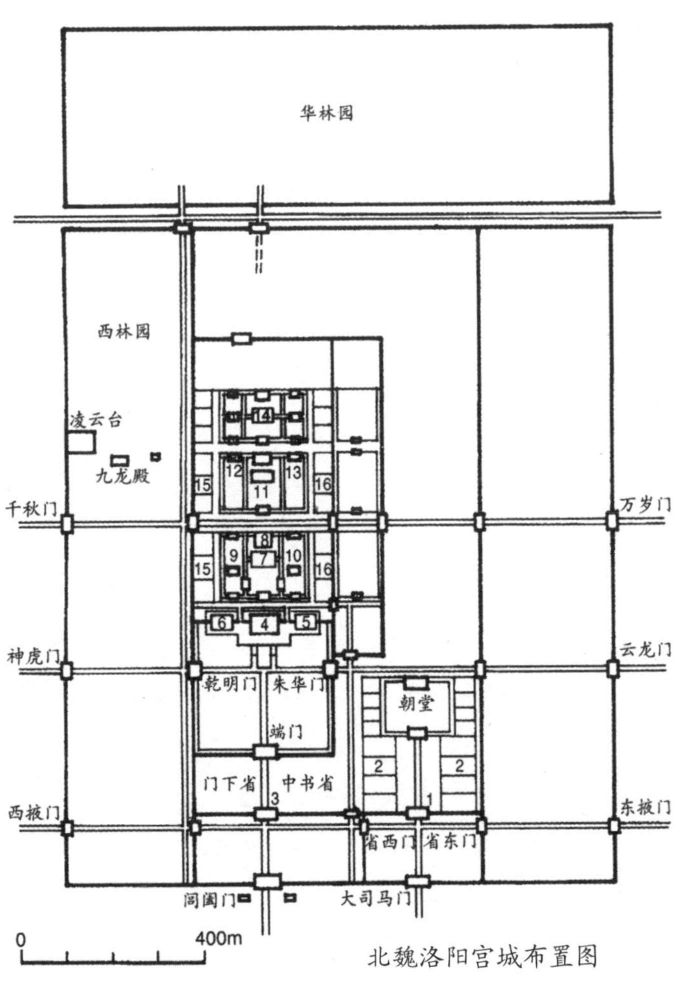

北魏洛阳宫城布置图

1. 尚书省门 2. 尚书省
3. 南止车门 4. 太极殿
5. 太极东堂 6. 太极西堂
7. 式乾殿 8. 显阳殿
9. 徽音殿 10. 含章殿
11. 宣光殿 12. 明光殿
13. 晖章殿 14. 嘉福殿
15. 西省 16. 东省

明清北京城是在元大都基础上扩建而成，

它的规模使宫城居于全城正中，并加强了南北轴线。元、明、清的都城布局基本实现了周王城的规划模式。

南方的两个都城南宋临安（今杭州）和南朝的建康和明朝的南京（今南京）等都城，因为所处地形复杂，有山有水，加以南方经济繁荣，这两个城市早已发展，存在有一定规模，建都时为利用旧城和结合地形，城市平面呈不规则形，但还是进行了城市总体规划，它们的宫城是方正规则的，也有一条中轴线，其中明南京宫室的布局是明北京的蓝本。

二、古都城布局的演变

春秋战国时期的一些都城，大多分为内、外或大、小两个城，就是城与郭，“筑城以卫君，造郭以守民”，在城市用地上把统治阶级和市民严格划分开。汉长安由于先造宫后建城，它的宫殿区、居民区相互掺杂。到了邺城，就用一条横街作为明显分界，从此宫室与民居分区而据。宋东京发展成三套方城，宫城在全城中央，以后的金中都、元大都、明清北京都是如此布局并更加明显。

从邺城开始，都城规划逐步运用了中轴线手法，不仅是宫殿的群体布局，还扩大到全城，主要是开辟一条南北向全城性的中央大道，正对全城中心，宫城大门。而在中央大道两侧对称布置了城市的各种设施，如唐长安，以宽大的朱雀大街正对皇城的朱雀门，两旁是对称的坊里和东、西两个商市。皇城正面开三座门，是军政机构和宗庙所在，也是对称布置。太极宫是皇帝处理朝政和居住的宫殿，位于全城中轴的北端，宫殿主要部分的布局，也按照中轴左右对称的规划原则，并符合《周礼》的三朝制度。偏在东、西的大明宫是唐以后建造的。

都城发展到了元大都，它完全按古代汉族传统的都城布局进行规划设计。平面布局呈方形，有一条明显中轴线，这条中轴线到了明清北京城改建时，又得到全面加强与突出，形成一条自南而北长达 7.5 公里的中轴。所有城内宫殿及其他重要建筑物都沿着这条轴线，组织在一起。这条轴线以南段外城永定门为起点，至内城正门正阳门，是一条宽直的御路，东为天坛，西为先农坛。再延伸经大明门到天安门，在这两门之间是千步廊。廊东（左）为太庙，廊西（右）为社稷坛，夹道是整齐的廊庑。进入天安门是封闭广场到端门，而后就是宫殿正门午门。宫城内的宫殿群也和全城轴线重合，宫城后是隆起的景山，再经过皇城北门地安门，最后是钟楼、鼓楼，是中轴线的终点。

在这条中轴线上，布局手法甚为高超，用一连串的广场、城楼、门阙、殿宇以及石桥、石狮、华表等小建筑，造成了有开有合、有收有放的空间，一直到最中央的太和殿，给人们强烈的节奏与感染，在规划技术和艺术上达到极高境界。

这种布局充分体现了封建帝王至高无上的绝对统治思想，满足了皇家政治、生活、游憩以及礼仪等方面的需要。城市是阶级社会的产物，城体现着国家、政权对人民的统治。城与郭的区分，从二重城演变到三重城，反映了城市中阶级的对立及其不断加剧。宫城的位置在城市中从不集中分布到集中布局，并逐步偏北居中到在全城中央完全居中的演变。这一方面是为了加强防御的要求，另一方面主要是为了使宫城在全城的地位更显得重要与突出，居中和坐北朝南，表示了封建帝王在都城中无可匹敌的权威。

中国古代的建筑群平面基本是沿轴线向南北纵深发展，对称布置的方式。这种布局手法逐步应用到城市规划中来，全城有一条主轴，形成统一而有主次的整体。明清故宫中轴与城市中轴重合，使故宫成为全城唯一的、最尊贵的主体，这种平面布局中轴线对称的布置手法，在世界各国的城市建设与规划中，是突出与绮丽的，取得了辉煌成就。

三、古都城的道路、商市和居住地区的演变

古代城市道路是供车马行驶的，周王城用轨来表示道路宽度，汉长安的大街为三道并列，中间一条为皇帝专用道，称御路，其他人的车马不能随便通行。宋东京也规定了城内四条主要道路，上面用红漆杈子将皇帝行的御道和一般行人分开。唐长安的大道上也有皇帝专用道，另外从大明宫到曲江池还筑有夹城，以保护皇帝出游的专用御道。一直到明清北京城的中央大道上，还做出高出路面的御道。古都城的道路规划

明显突出了交通功能，城内主要道路往往是通向城门的大街，在唐长安和唐洛阳道路两旁是封闭的坊里，道路宽度大，又平直，使车骑可以有很高的速度。但是主要道路过于宽大，像朱雀大街为100步宽，这样宽的路，一方面是为显示都城的伟大规模，而主要是为了帝王出行时庞大仪仗队的需要。到了宋代东京城里的道路，性质有了很大改变，除交通外，还与商业结合起来，沿街有各种店铺，宽度也大大缩小。在明清北京城里除了主要道路外，其他次要道路就比较窄了，这时城市经济发展，城市人口密度增加，土地价值增高，过宽的道路就不适应这种要求了。

汉长安城设有九个市，北魏洛阳也设有大市、小市，唐长安城设了严格管理的东市与西市，隋唐洛阳也有北市、西市和南市，这说明了城市商业发展，政府加强集中管理，但也反映了这些都城中市民的商业贸易活动不多。在这样大的城市里，只有集中的几个市场，显然对市民是不方便的，所以在唐长安城、洛阳城的后期，在坊里中也出现了不少店铺，以补足这种集中市场的不便。宋代以后，商业活动突破了集中管理的方式，形成繁华的商业街，城市有多处商市，在城门口外也有热闹的市场。商业街形成后，在道路交叉口，交通方便，人流集中，又形成新的商业中心。一直到清代北京，在东、西单，东、西四，鼓楼，前门外都形成繁华的商业地带。古代的商业与手工业作坊是结合在一起的，同行业聚在一起便于协作。在商业集中地也成为城市生活中心，除了商业、手工业外，还集中了一些茶楼、酒肆、游艺、杂耍、妓院等，如宋东京的瓦子就在商业大街附近，一些寺庙等也成为市集，如相国寺等，这种情况在明清的都城北京也是如此。

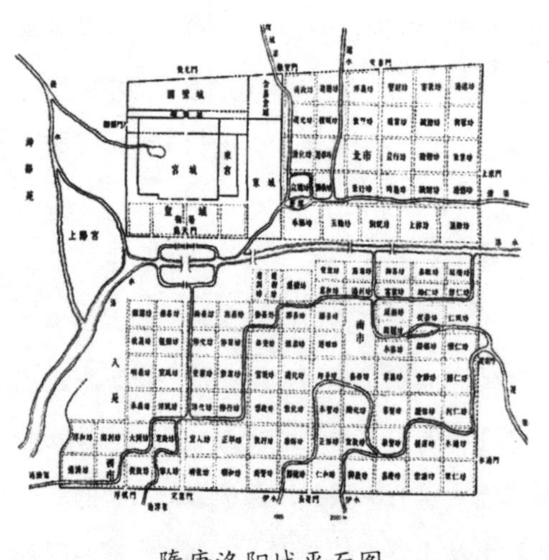

隋唐洛阳城平面图

关于居住地区的情况，在周代就有闾

里之说，古代长安城中分布有闾里，记载有一百六十个里的名称。隋唐长安是按规划建造的严格管理的坊里，有坊墙、坊门，定时开闭。宋以后的城市中也有坊里，但只是指一定的居住地段，是行政管理单位，如东京有一百廿个坊，元大都也有六十个坊，临安也有坊里，但都只是名称而已。居住地段主要由胡同、街巷组成。中国古代的街道系统，为居民创造了良好的居住环境，像元大都一直到清北京，大干道两旁布置了胡同，在胡同与胡同之间再配以次要干道，这在平面上构成了相互垂直的方格网，胡同小巷就是市民居住区，层次分明。

中国古代都城的道路、商市和居住地段的演变，说明了封建王朝是建立在地主所有制这一经济基础上，推崇自给自足的小农经济，采取抑商、役民的政策，而对商业加以限制。严格的管理，对居民进行高压统治，这样的经济政策，是中国封建城市发展缓慢的重要原因。但是城市总是要发展的，它的发展对封建城市的统治是巨大的冲击。街道从宽到窄，商市和坊里从严格管理到流于形式，说明了城市规划承认并适应了这种发展，为居民开创了比以往要方便得多的生活条件，也促进了城市发展和繁荣。

四、古都城的规划指导思想

中国古代的都城，都是有事先的规划，而后建造的，进行规划时总是在一定的指导思想下进行的，这些规划思想反映了当时统治者即封建帝王的意图，这里就有意识形态的作用。

中国封建社会推崇儒学，经西汉董仲舒的提倡，确立了在意识形态领域中的统治地位，唐宋以来更是巩固，如孔夫子被尊为大成至圣文宣王。元代是少数民族对汉族地区的统治，为便于统治也表示尊重儒学，元大都的规划也委任了汉人刘秉忠主持其事。明代更是标榜恢复汉制，把四书五经列为科举的必读书籍。清代继承了明代意识形态的统治，孔夫子是以复周礼为己任，《周礼 · 考工记》所记载的城市制度，必然就是封建城市建设最经典的范本，对于《考工记》所说的“匠人营国……”，在历史上各个朝代也是逐步完善的，直到元大都的规划基本符合了，明清北京则达到了全部要求，从这里也可以说古都城的规划思想是按照儒家学说为指导的。《周礼·考工记》是古都城的规划理论基础。

中国古代都城的规划思想还与历来形成已久的占星学、阴阳五行、天人感应、风水、八卦等思想影响有关，这些都是中国古代唯心主义哲学理论。古代思想家对日月经天，江河行地，四时代谢，万物死生的现象，解释为世间的万物万事，有因有果，有主有从，于是出现了五行学说，东南西北中，五方五土，木、火、金、水、土是万物的本源，根据这几种彼此的相互作用，又产生了五行相克相生的理论。司马迁在《史记》里写道："天则有日月，地则有阴阳；天有五星，地有五行；天则有列宿，地则有州域。"天文学家张衡说："苍龙连蜷于左，白虎猛踞于右，朱雀奋翼于前，灵黾圈首于后，黄帝轩辕于中。"

在许多都城的规划中，运用了这些理论，比较典型的是隋唐长安和洛阳的规划。如把长安城中六条东西走向的岗阜喻之谓"乾之六爻"，宫室、寺庙的位置都要符合八卦中"乾"的卦意；再如坊里在几个方向的排列数目，皇城东西二十四坊是符合"天有二十四气"，南侧十三个坊，代表一年十二个月加闰月，以天之四灵：朱雀、玄武、苍龙、白虎表示东、南、西、北四个方位等。宋东京在宫城东北即艮的方位上建艮岳，用八卦中"艮方补土"的卦象，这样皇帝可以生儿子。这些八卦、风水的理论在都城规划中运用很多，如北面不开门，以免冲走王气，就改变了《考工记》"旁三门"的规定。

这些阴阳、八卦等理论都是为封建帝王服务的，种种理论下指导的布局和建设，造成皇帝是与天相通，是代表天神来行使权力的，以蒙骗广大人民，维护其封建统治。这是一些封建建设的糟粕，但其中也有许多精华，如规划中无论城门或道路或坊里或宫殿，都采用奇数，这样就有中心，可以有中央对称的布局。一些风水的说法，就是地形选择，气象、水文、地质等科学道理，这些反映了古代科学技术的经验。这些是古代文化的智慧结晶，是我们可以借鉴的珍贵遗产。

汉字智慧和中国城市

中国是有悠久历史的文明古国，而且历史从来没有间断过，炎帝、黄帝是我们中华民族共同的祖先，这条血脉五千年来一直延续至今。而世界其他文明古国如古埃及、古印度、巴比伦等，古老的文化都有过断层，没有传下来，现代的埃及、印度文化与古代的不一样。我们中国历史文化博大精深，一脉相承，比如中国的建筑和城市富有自己的特点，与其他民族、国家完全不同，独树一帜，对建筑与城市的理解也有中国人独特的见解。君若不信，就可以从中国的汉字说起。

我们今天用的汉字，就是五千年前创造的象形文字，今天全世界唯有我们中国还在使用象形文字。英文、法文、阿拉伯文、韩文都是拼音文字，听了读音看了文字符号如不懂语言，还是不懂它们的意思。而中国的文字，是“见字生义”，每个字都具有象形、释义、发音、含义的表达，还能触类旁通。像日（）、月（）、鱼（）、虫（）、山（）、水（）等，就都是具体的形象。如建筑房屋的“室”字，就是在土上的穴居上面盖了屋顶（）、“宫”字是屋顶下有几个房间（），宝盖头就是屋顶的象形。广字头就是大房子，屋顶上还有披檐或挂有门。中国文字的偏旁就是示意归类，提手旁（）是手的动作，足字旁（）是脚的动作，竖心旁（）是心理活动等。

像“城市”这个名词，要解释它的意义，一两句话说不清楚，说一串话也不一定很准确。但是，中国古代人创造这个字时，就很有智慧。古代的大篆，“城”（）“市”（）。“城”

字，土字偏旁，在土地上的建设，中间的符号是一只鼎的形象，鼎是古代煮食物的，但不是煮一般的食品，而是煮三牲——猪头、羊头、牛头。煮了敬献给天地和祖先神灵享用。这是在举行重大礼仪、祭祀活动时才用的。鼎上都刻有文字——铭文，把这些重大事件记录下来就是历史。鼎就是政权的象征，所以才有“定鼎天下”“革故鼎新”这样的成语。右边是“戈”字，戈是兵器，这个“城”字就是在一块土地上，一群人居住在一起建立了政权，政权就是拥有财富和权势，在有序而安定的生活中，用武装来保护这些人的生存。另外一个字“域”，土地上盖了房子，用武装来保护，外面再加一圈城墙来保护，就是“國”。

“市”(㞢)古篆字上面的乂表示招牌、店招，挂面旗子是酒招子，杏花村卖酒的；挂个葫芦是卖药的；下面的横竖线，是表示放商品的柜台，是买卖东西的场所、摆货设摊的地盘；下面一个弯钩，是一把秤，就是计准的度量衡，五斤酒换一丈布、一斗谷子。要交换，要买卖，称一称，量一量，才能公平合理，就是市集、市场。城市是

《清明上河图》里反映的市井生活

这两种事物和概念的集合，一群人有了固定的住所，建立了政权，有安定的生活，用防卫来保护这些成果。同时这里又是商业贸易活动的场所，这才是城市。汉字的构成，把这种人类的活动、人类的居住形态表达得一清二楚。中国春秋战国时期留下了许多古城遗址，如河北的邯郸城、山东的临淄城、常州的淹城等，都筑有坚固的城墙，不是一圈，而是两圈、三圈，以保护政权中心的王宫和市场商业活动的安全。又如汉长安城、唐长安城里都设有很大的市场，汉长安有九个市，唐长安设东市、西市，都是固定的大型商业场所。城市这个概念就与农村有明显的区别，农村有房子，但没有政权组织、没有防卫，也没有市场，只是居民点，不能称为城市。

而那些拼音文字如英文 City、Town，它们的表达就只是音节而已，远不如中国文字的含义和表达。中国人都要为自己民族文化的深厚和精湛而感到自豪，要很好地保护、传承和振兴中华文化。

按规划建造的中国古都

中国的城市历史悠久，有着自己独特的风格，最早留存在地面上的城市是春秋战国时代的赵邯郸城和齐临淄城，从挖掘的遗址上，还能看出都有两重城墙，就是古代所说的“城”与“郭”。在江南的常州近郊，也留有战国时期淹国的国都淹城，三圈完整的城墙遗址和护城河现在还清晰地呈现在地面上。在这些城池当中，都有隆起的高台，是宫殿的遗址，它们的形态都规则方整或是画弧成圆，一看就知道这是有认真的规划、先定下样子再夯土筑城的。

中国古代的城市都是按事先的规划建造的，在以孔夫子名义记录的古籍《周礼·考工记》里就写明了周王城建造的形制，但是后来考古研究并没有找到这种样式的古城遗址。

秦始皇灭了六国后在咸阳建造了秦咸阳城，但是咸阳在后来的战火中烧毁了，没有留下痕迹，其后由汉朝的丞相萧何规划在西安建造了汉长安城，城建在渭河的南面，呈曲尺形，被后人称为“斗城”，因为它的外形有点像北斗星的形态。汉长安城里主要是多座占地宽大的华丽宫殿，有长乐宫、未央宫、明光宫、桂宫等，以及进行商业活动的市场，老百姓住的坊里区不大，在今天西安老城的北面还留下了城池、城门的遗址。

到了隋唐时代，国力强盛，人丁繁盛，当时建造了世界上最大的城市——“隋唐

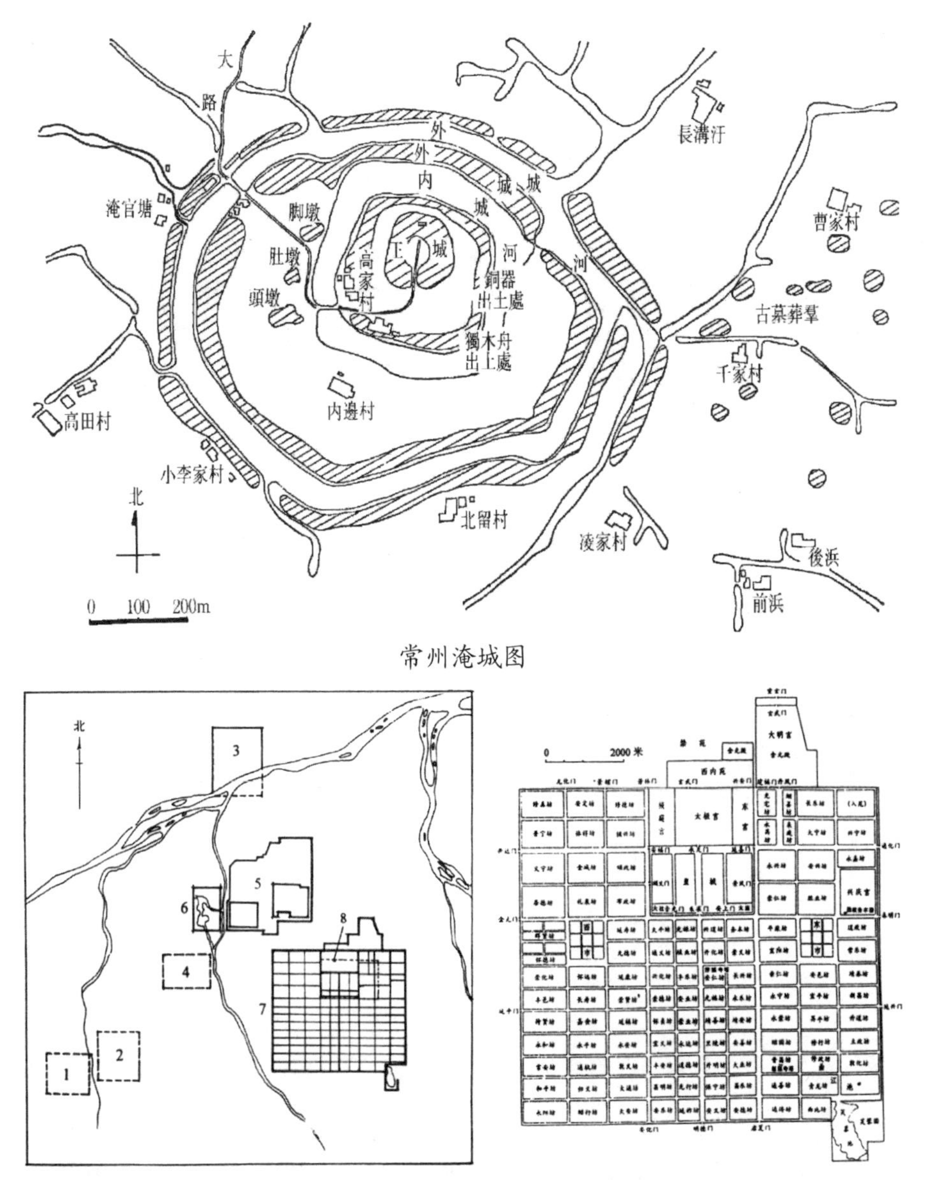

历代长安位置图（左）：①西周沣京 ②西周镐京 ③秦咸阳 ④秦阿房宫 ⑤汉长安 ⑥汉建章宫 ⑦隋唐长安 ⑧西安（虚线），唐长安复原图（右）

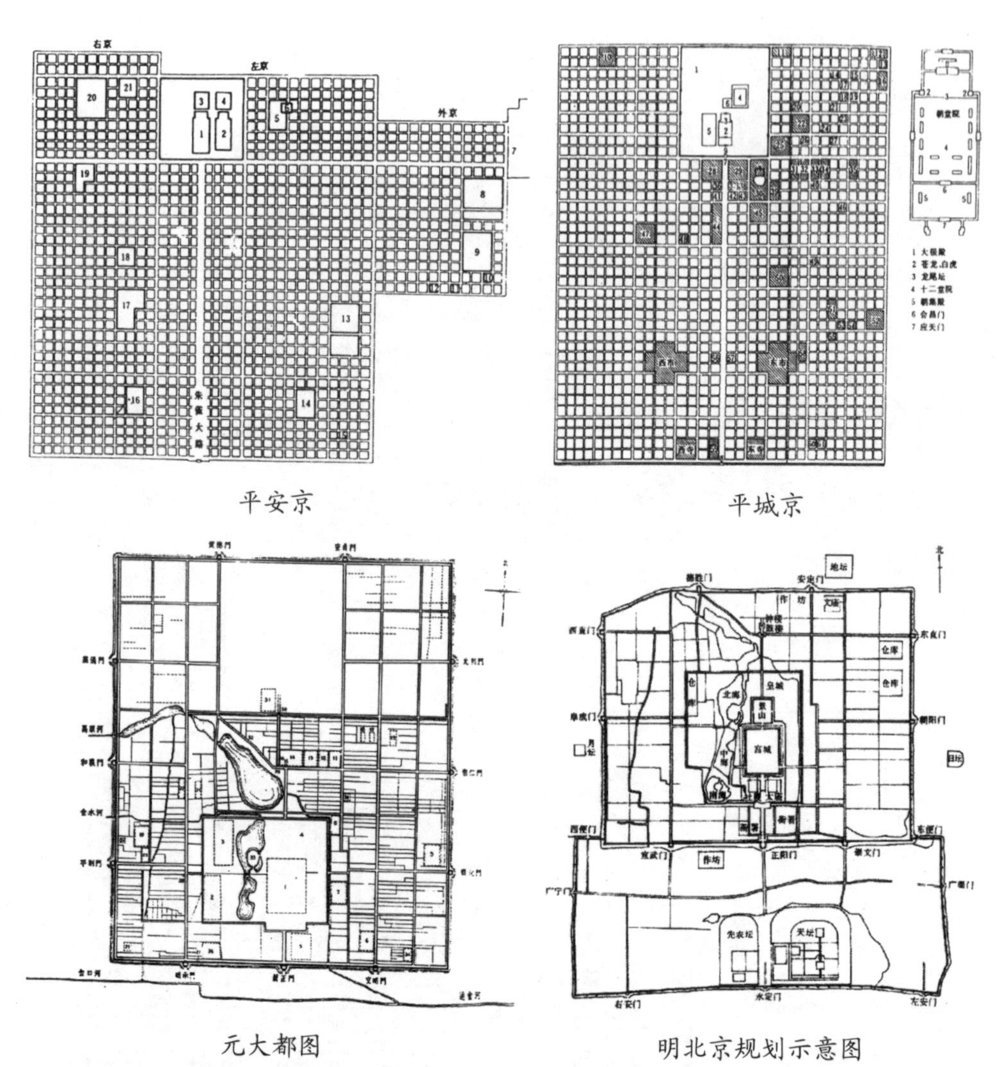

平安京　　平城京

元大都图　　明北京规划示意图

长安城”。那时，隋文帝请当时富有学问的大建筑家宇文恺任将作大匠，担当总规划师。宇文恺认真勘察地形，选择了北临渭水、南对终南山的金城千里之地，建造了一个可以说是规模空前的伟大城市。根据1959~1962年的考古探察结果，东西长9721米，南北8651米，面积约84平方公里。这不仅是中国历史上最大的城市，也是古代世界最大的城市，当时居住了100万人以上。这座城市不仅巨大，并且按一定意图建造，成为我国都城严整布局的典型。

宫城在城市北部偏北，南面是皇城，有文武官府衙署。皇城南面及左右两边全是居住的坊里区，有108个用平直的道路规划成的整齐方格。城市整体布局是严格的中轴线对称，整齐划一，城市中的道路宽阔，主要干道朱雀大街宽一百步，相当于147米，东西的道路也宽六十步，相当于88.2米。

长安城建成后成为各国仿效的典范，像渤海国首都上京龙泉府（今吉林宁安），还有日本的古都城平城京、平安京（今京都、奈良），都模仿其格局建造，连一些路名也相同，当然规模小多了。

再以后完全按规划建造了都城元大都，就是后来的北京。忽必烈统治中国以后，

天安门前的千步廊

命汉人刘秉忠主持规划与建设。首先，他进行了十分详细的地形勘测，然后制定总体规划，在房屋街道修建之前，先埋设了全城的下水道，再逐步进行地面上的建设。城市形制分外城、皇城和宫城三套方城，呈长方形，东西 6635 米，南北长 7400 米，共开设有 11 个城门。整个布局是宫城居中，左面建祭祖宗的太庙，右面建祭天地的社稷坛。

元大都有一条明显的中轴线，南起城南垣中央的丽正门，北抵大天寿万宁寺中心阁。元大都的街道整齐，通向各城门的大路为干道，干道之间分布有整齐的横向胡同，这些胡同为建造四合院民居创造了良好的建筑朝向和交通的便利。

元大都城市的形制完全符合《周礼 · 考工记》上记载的对都城规划的规定："匠人营国，方九里，旁三门，国中九经九纬，经涂九轨。左祖右社，面朝后市，市朝一夫。"反映了元朝统治者虽然是蒙古民族，但同样尊重汉族的儒家学说与礼制，传承了中国的传统。

明朝推翻了元朝，但没有拆毁元大都的宫殿和改变城市格局，只是新扩建了宫殿及城墙等设施，宫城前建了千步廊，两侧是五府六部统治机构，更强调中轴线，造成宏伟壮观的景象。从外城南门永定门直至钟鼓楼，经过笔直的街道、九重门阙（永定门两道、正阳门两道、中华门、天安门、端门、午门、太和门）直达三大殿，并延伸到景山和钟鼓楼，构成长达 8 公里的中轴线。经这条轴线布置了城门、牌坊、华表、桥梁和各种不同形体的广场，以及两旁的殿阁，使人感受到皇宫的庄严气氛，显示了帝王至高无上的权势。

清军入关，完全继承了明代北京城的宫殿和城池，只是后来城市发展了，才在南面增加了一块城区，在西北增建了城外圆明园、颐和园等大型皇家园林。

综观中国古代的都城，都是按规划建造的，而且遵循一脉相承的规划思想——儒家的宗法制度，有序而尊君，规模巨大，中轴对称，建筑华丽，整齐规正，气势恢宏，呈现了独特的中华风格。

上海实践

城市遗产保护和同济大学

历史文化遗产保护的事业在同济大学生根滋长，是有一定历史缘由的。早在上世纪 50 年代，当时号召全盘学习苏联，各部门、高校都聘请苏联专家，苏联专家满天飞的时候，同济大学建筑系在金经昌教授推荐下聘请了民主德国魏玛大学的雷台尔教授来讲学，他开了一门新课“欧洲城市史”，还向同济的同行们建议：中国有悠久的历史文化，古城众多，并有自己独特的传统，应该好好研究。董鉴泓先生主动承担了这项开创性的研究，开始编写《中国城市建设史》。我 1961 年毕业后成为董先生的主要助手，从那时起我们天南地北地考察各地的城市，埋头书库啃读地方史志。“文革”后我又带领了张庭伟、李晓江、孙安军等四处调研（那时他们都是最早的几名研究生，现在均已是我国城市规划界的重要技术骨干了）。

1958 年，北京拆了古城墙，传来消息说苏州也要拆老城墙，同济的教授金经昌、董鉴泓、陈从周，还有在同济讲学的苏联专家等马上赶去阻止，说服苏州市长不要破坏这座有 2500 年历史的古城，此举虽没有成功，但表明了同济人的一片拳拳之心。

1980 年我们做了平遥古城的保护规划，这种新旧分开保护古城的方案，就是从欧洲古城保护的经验中学来的。当时我带领学生们奋战平遥时，董鉴泓教授亲临现场具体指导，陈从周教授也专程给平遥县领导写信说：“平遥古城要新旧分开，新的新到底、旧的旧到家。”平遥的规划开拓了中国古城保护的先河，而以后才有了历史文化名城的保护规划与实践。

改革开放以后，许多老教授有机会重返过去学习过的欧洲母校，就及时带来了许多建筑与城市规划和城市遗产保护的先进理念。我经常在各地反复强调的，整治历史建筑要“整旧如故，以存其真”，这句话是冯纪忠教授在指导我做九华山风景区规划时反复说的。冯先生告诉我：欧洲的经验是保持历史建筑的原真性，而且欧洲早在上世纪60年代就有了修缮历史遗存的宪章《威尼斯宪章》，中国在这方面的差距还很大。冯先生看到九华山具有强烈地方特征的古建筑，欣喜而又珍惜地反复要求我们做好保护设计，特别指出保护的要点就是要“以存其真”。这种正确的理念，深深扎根在同济师生的心里。

对于古民居、古园林的保护，我们更要记住陈从周先生，是他在上世纪50年代开始每年暑假带领学生调查测绘苏州、扬州的园林和老宅。80年代以后，他收录的珍贵资料对这两地园林和古迹的恢复、整修起到了重要作用。他嫉恶如仇，对于破坏历史文化遗产的行为，常常不留情面狠狠批评，像镇江的南山、海盐的南北湖等全凭陈老先生的竭力干预，才能有今天的美好风光。南北湖方面为了纪念他的功绩，专门辟地建了陈从周墓地和纪念馆。他的这种精神，直接教育影响了我们这些弟子，我常常在想，金、冯、陈、董这些老先生们的衣钵我们要一代代地传下去。

1982年以后江浙地区乡镇工业大发展，那时乡乡办工厂，村村竖烟囱，四处填河拆桥，开路建厂房，许多优秀的江南水乡古镇遭到了无情拆毁。我们这些搞城市规划的人意识到，这种没有合理规划的城镇大发展，将会带来许多不良后果。但那时许多乡镇一心只想发展，更由于文化的缺失，不重视规划，我带了省建委的介绍信，真心去帮助他们，但走了许多乡镇都不受欢迎。同济建筑系的美术老师杨义辉告诉我，他们找写生地点时发现，周庄、甪直等小镇由于远离公路还完整保留了原本的江南水乡风光，也没有要办工厂的念头，这样启发了我，要赶在产业开发前做好保护规划。

德国城市规划专家雷台尔在同济演讲，笔者站在门口（着中山装）（姜锡祥提供）

那时从上海到周庄要整整一天，清晨出发，天黑才到。1986年提出了“保护古镇，开发新区，开发旅游，发展经济”的古镇保护与建设的方针，当时并不被他们接受，直到1995年以后，随着旅游业的兴起，周庄逐步成为著名的旅游景点，而当地老百姓也从保护古镇中得到了实惠。

1996年平遥、丽江两座古城进入世界遗产名录，人们开始对这一新生事物有了兴趣和认识。我把江南水乡六镇（周庄、同里、甪直、南浔、乌镇、西塘）介绍给世界遗产委员会的专家们，他们陆续到水乡考察后，随即发出邀请，要江南六镇的代表到巴黎总部培训以便提出进入名录的申请。1998 年我带领六个镇长到欧洲学习，认真听取了著名专家的授课，也参观了许多被列为世界遗产名录的欧洲的历史城镇，使中国乡镇长们的认识有了一个飞跃。人是最关键的，古镇里有了有正确理念的领导者，江南水乡的合理保护与开发也就有了切实可靠的保证，这些城镇也就和同济结下了深厚情谊，许多建设项目、旅游开发都是在我们的具体帮助下进行。他们的成功对其他城镇也是重要的启示，并由此扩大到江苏的木渎、光福、沙溪、高淳，浙江的龙门、前童、安昌、新市和上海的朱家角、新场、枫泾等地，这些城镇既保护了优美的水乡风貌又得到了合理开发。中国的江南水乡城镇成功地成为重要的旅游地，经济也有了很大发展。2001 年江南六镇的保护规划获得了联合国教科文组织颁发的亚太地区遗

测绘周庄富安桥（1985，姜锡祥摄）

产保护杰出成就奖。

由于同济人多年来在城市遗产保护上的重要作用，1997 年建设部规划司和国家文物局建议在同济大学设立“国家历史文化名城研究中心”，它先后完成了数十个著名城市的历史文化名城保护规划，像河北山海关城和湖南凤凰城，都是由于我们的规划和协力保护而成为我国第 100、101 个国家级历史文化名城。2000 年苏州古城区控制性详细规划获建设部优秀规划一等奖。2005 年绍兴八字桥历史街区保护规划和苏州平江路历史街区保护规划，分获建设部优秀规划一等奖和联合国遗产保护荣誉奖。

上海这座著名的近代城市也留有丰富和珍贵的历史遗产，早在 1992 年我们就关注并主动对外滩、南京路和老城厢地区的保护和规划进行了研究，对有房地产商要在外滩和南京路上盖高楼、要拓宽南京路，要在南京路的上空加盖子等不符合保护城市历史风貌的做法，进行了针锋相对的争斗。

近年来，我们发挥了大学的人力资源协助上海市政府对全市的历史保护区和历史建筑进行了全面调查，又承担了衡山路、溧阳路、思南路、新华路等历史街区的保护规划，在我们的大力呼吁和实际运作下，2003 年促成了莫干山路 50 号和泰康路废弃工厂区（田子坊）的功能转换，使之成为上海重要的文化创意产业区。也由于名城研究中心的认真调研和及时进行有效的保护工作，使原本要成片拆迁的“北外滩”提篮桥地段（二战中犹太难民居留地），成为上海市的第 12 块历史风貌保护区，这是上海人民和犹太人民患难友谊的见证，成为世界上犹太难民最值得纪念的地方。我们为此写了一本书《提篮桥——犹太人的诺亚方舟》，以色列驻沪总领事亲自为之作序，从而使人们更清晰地意识到保护城市遗产的重要意义。

同济大学建筑城规学院在全国高校中率先开设了历史建筑保护专业。2007 年 5 月，为了加强中国和亚洲的遗产保护工作，联合国教科文组织和世界遗产委员会在同济大学建立“亚太地区遗产保护培训和研究中心”，这也是对同济大学遗产保护工作的肯定和鼓励。

我在上海的城市遗产保护实践

1961 年我在同济大学毕业后成家，爱人在交通大学工作，住虹桥路交大新村。我上班在同济大学，每周要回两次家，骑自行车，从东北到西南，横穿上海市区。那时马路上车不多，骑车看风景，很有味道。

上海的马路很好认，我常常变换线路，沿途的路都去过，后来做上海市区的规划，也都用自行车踏勘，可以说上海的大街小巷都走遍了。直到 70 岁以后，有骨质疏松，经医生劝说后才不再骑车了。说起老上海的建筑我如数家珍，这不是大话。

1991 年我受上海市规划局委托做上海历史文化名城保护规划，当时有人提出要将上海的城市特点弄弄清楚，我就立了个科研课题“上海历史文化名城的特色要素分析”。我去书店把市面上所有写上海的书都找了来，当时还蛮多，有 30 多种，又到图书馆借来了近 20 种，大大小小堆了半个书架，仔细阅读，对上海又加深了理解。我们经过研究讨论，提出了几点，一是纵观上海城市发展总结出有四大特点：①以港口航运而兴的发展；②以租界为中心的发展；③以商贸金融为主导的发展；④面向全国和国际的全方位发展。二是从上海历史文化名城的角度归纳上海名城的特征是：①近代产业经济的崛起地；②近代金融商业的根据地；③近代科学技术的引进地；④近代人文史迹的富集地；⑤近代优秀建筑的荟萃地。后来写成文章在报刊发表，受到好评，也获了奖。

与此同时，我承担了上海外滩、南京路和老城厢地段的保护和发展规划，要在实体上保护好上海这座独特而原生的近代城市，又不致在发展中遭到破坏，这是个难题。

外滩的保护

我组织了一个强大队伍，有中、青年教师，有大学生，并连续两年作为毕业生研究课题。我们做了认真调研，北到苏州河，南到金陵东路，西到河南路。

当时外滩所有大楼几乎都是办公楼，还有工厂和仓库，这些大楼被不合理使用着，遭到严重破坏。例如：这些商业建筑都有很大的交易或营业大厅，有精美的装饰、大吊灯和露光的大玻璃天棚，作办公楼用，被改得乱七八糟。我提出要合理利用，恢复合适的使用功能，当时不少人认为提了也没用，更有人说我这是极“左”思潮。可是正值改革开放的好年头，这个意见被市府采纳了，迁出了这些办公单位，成立了外滩大楼房产置换公司，向外招商。许多金融、商业机构取得了这些大楼的使用权后，花大价钱对这些大楼进行整修，使这些重要历史遗产重现光辉。

我们对这些大楼每一幢都做了详尽的保护规定。那些在外滩第一线的 25 幢优秀建筑我不担心，因为谁也不敢动，担心的是怕有新房子插进来，破坏了优美的外滩轮线，因此重点提出了建议：外滩建筑高度要控制，并对已建的，即将造成破坏和干扰的新建高层建筑列出名单，提出了要砍掉过高的部分。我的说法是：“判处死刑，缓期执行，但不得改判。”

这个意见在报上发表后受到很多人支持，但也激怒了设计这些高楼的建筑师们，其中有的是我的前辈，是知名设计师，他们很不高兴，有的当面向我发脾气。这个“限高”起了重要作用，上海市政府之后严格执行了规划，外滩及其周围一些新的高楼再也没有出现，外滩以其优秀的建筑群和优美的轮廓线，傲视全国所有的滨江、海滨城市。

南京路的保护

南京路的保护当时承受了很大压力。那时浦东开发刚开始，浦西也跟着热起来，许多人提出南京路也要大开发，要发展大商业、大市场，因此要拓宽马路，要建高楼大厦，要在马路上加盖玻璃顶棚，拆掉旧房盖新楼，南京路要脱胎换骨，说这里是上海的黄金地段，要发挥其土地价值，不能抱住老东西不放，要打破常规等。

我认真研究了南京路的历史，对南京东路总共 281 个门牌号码的房子都做了测绘调查，了解到南京路所以成为中国最著名的商业街，在于它名店汇集、精品汇聚。短短的南京东路拥有 81 家名、特、优、老的店铺商家，覆盖了 20 多个行业，各行分工精细，成龙配套，满足人们需求，加上许多名店老字号信誉卓著、特色服务，世代相承，所以回头客、慕名客纷至沓来。

南京东路虽然建筑密集，但大、中、小建筑错落有致，建筑高度和街道宽度尺度宜人，形成气氛祥和的街道风貌。这和中国古代传统街道的特征一脉相承，也和西方现代商业步行街的特点相符，就是 1∶1 的空间尺度，两旁建筑物的高度和街道宽度相当，人们在街上活动既不拥塞，也不宽广。街道两旁楼太高，会使人感到逼仄，路一宽就要走车，人行就没安全感。

保护的核心就是南京路的空间环境，第一不能拓宽，一拓宽两旁历史建筑也要遭殃；第二街道两旁沿街新建筑限制在 30 米以下，如一定要建高楼，沿街面保持原样，高楼要退后到 25 米以外，更不能连成片，以免改变这种 1∶1 的尺度。还有要保护原有的传统的连续的小开间、小门面、多种样式的沿街立面，不允许大面积、冗长的大立面，并取消车行道，尽快成为日夜开放的步行街。

当时许多商界的先生们很不赞成，因为阻碍了他们要在南京路搞房地产的通道，那时在报章上有一连串文章批驳这个规划，也有许多营业员联名反对晚上开街，说是不考虑商业职工的辛劳，是为少数人服务的歪主意。我也写了文字宣讲保护的意义，可报章不登载，这说明了那时有些媒体的态度。

黄浦区组织了有国际著名专家参加的规划方案评审会，都同意我们的规划方案，市政府批准了南京路不拓宽，不大拆大建，不加篷的方案，才有了后来的步行街，对比我国许多大城市的商业街后，都盛赞南京路既有传统的风貌又有特色的精彩。顺便说一句，在南京路的规划中，我曾提出要把人民公园的绿地显露出来，反对在南京路和西藏路拆掉公园围墙开店铺，后来还是破墙开店了，假如实现了透绿、敞绿，南京路西段将会更具特色。

老城厢地段的保护

同一时期，我还做了老城厢地区的保护规划，为此我专门请教陈从周教授，陈先生说："做这个规划，我送你四个字，'小、小、小、小'。四个'小'字。老城厢的特色就是'小街、小巷、小店铺、小商品'，人家没有，我有，旁边是大马路，大商场，大高楼，我是老传统，老格局，老尺度，老风情。"我觉得说得很入骨，很中肯，我就按这个指导思想做的规划，但得不到支持。

在南市区的讨论会上，我的方案遭到围攻，因复兴东路要开通，要拓宽，豫园商场要扩建，要建大楼，要开大金店，只能保几处文物保护单位，其他都要改造。当时只有郑时龄教授支持我，其他专家、官员大多反对我的方案，那次会上我真惨，一发言就有人嘘，而反对意见一说就热烈鼓掌，我做的方案被取代了，而这个地区也就失去了原来的历史风貌。

提篮桥犹太人保护区

1934 年希特勒上台后疯狂迫害犹太人，大批犹太人四处逃亡，其中有 3 万多人逃到上海，在虹口提篮桥地区定居，直到战后才返回欧洲。当时全靠上海人的帮助才能活下来，他们在这里建了住房、教堂以及一些公共建筑。他们走了，房还留着，现在中国人仍在用。

2002年末，我在同济大学看到有老师在做这个地块的规划设计，一问说是“北外滩开发规划”，了解之下，主管部门提出要把这些犹太人的房子全部拆光，建新的楼群。我赶快组织人马做了一番调查，当地老百姓知道要拆迁了，但他们也知道这是犹太人的居留地。

我的调查惊动了区政府的官员，他们向我提出质问，说是干扰了政府工作计划，造成了经济损失。因为有的开发商听我说要保护，就撤销了投资意向，并造成老百姓对政府的不满等，我似乎像犯了严重的错误。当时这块用地上海市尚未列入保护区，在法理上确是无解。我立即找刚调任上海规划局副局长的原同济大学伍江教授，请他设法紧急向市政府呼吁，由我写了一份言简意赅的报告递交上去。

为提篮桥保护区撰写的《提篮桥——犹太人的诺亚方舟》书影

2003年初上海市政府公布上海优秀历史建筑和历史风貌保护区的名单中，把提篮桥列为上海市第12块历史风貌保护区。不久，区政府正式委托我做犹太人居留地的保护规划，及时取消了原来的拆迁和开发计划，提篮桥地区受到了妥善保护。这里先后接待了许多贵宾，像以色列总理拉宾等都先后来访问过，以色列总领事说：“这里见证了中国人民和犹太人民的生死友谊，在世界上凡是犹太人的纪念地都是一种死亡、杀戮和痛苦的记忆，而提篮桥却是生命、家园和友谊的象征。”

我们保留这块地方就是留存珍贵的历史实证，它同样具有重要的开发价值，当然这种开发就不是大拆大建了。

石库门的保护

上海造了个新天地，受到各方面赞誉，也成为外国人来沪旅游首选之地，他们认为到这里可领略老上海的风情，许多人认为它保留了上海石库门的特色。我知道新天地建设的全过程，这里说不上是保护，因为是拆掉了老房子重建的，老居民全迁走了，都做成了商业，是很成功的商业和房地产运作，却误解了保护历史建筑的意义。我想到了上海特有的老百姓的住房——石库门，至今未得到切实保护，在上海确定的12个历史风貌保护区中，没有以石库门为主要内容的。而上海房地局原来拟定的二级旧里，都会划为拆迁对象。在上海城市大规模更新时，石库门将遭到灭顶之灾。

我在2009年9月上书上海市最高领导，很快就得到回复，支持我研究和保护上海石库门的想法。我及时组织近百名师生和志愿者，对上海老城区范围内做了一次地毯式摸底调查，弄清了还有多少值得保护的里弄和石库门，拍了一万多张照片，填了近千份表格，提出了可以新列的石库门保护区五个和扩大原有的保护区四处，报告了市政府。

同时我在《文汇报》和《新民晚报》上先后写了15篇文章，开辟了石库门讲坛，向公众宣讲石库门的价值和保护意义，希望提高人们对石库门的关心和爱护，我期望上海能保住一批有价值的石库门，留存其历史，从中汲取它既继承传统又中西合璧并蕴生风情的精华，引导上海的新民居建设，从而创造出一片真正的新天地来。

划船俱乐部的复苏

2009年6月20日，常青教授告诉我外滩的划船俱乐部即将拆除，要尽力设法阻止，“刀下留房”。这是位于外滩外白渡桥西端，苏州河出口处的一幢历史建筑，建于1903年，与英国领事馆、新天安教堂及外白渡桥是外滩同期最早的建筑物，因此该地区被称为“外滩源”。英国领事馆和外白渡桥已定为保护建筑，得到认真保护和修缮，而划船俱乐部和新天安教堂因为在这个地段上新建的半岛酒店（在原友谊商店旧址上重建）的境外设计公司将这些地方规划设计为绿化地带，而要拆掉。

此前，上海的文保专家们曾建议将这两幢建筑列为上海市优秀历史建筑，不得拆除，此项建议后来已得到上海市文物管理委员会核准，但主持酒店项目的新黄浦集团有关领导不愿更改设计，坚持要拆除。常青教授曾多次将此列为提案向市政协呼吁，但未取得成效。半岛酒店建设单位不理睬专家呼吁，派出施工队，在迎世博的幌子下动工拆除。他们在拆剩了一层楼墙基时，请主管市领导实地考察，面对半截残墙，一片狼藉的废墟，市领导当然看不到历史建筑的原貌，为迎世博会，做出了可尽快拆除的指示。

划船俱乐部是早期在上海的外侨活动场所，内部设有游泳池，也是上海第一座室内泳池。解放初期，陈毅任上海市长期间，曾多次在内游泳，1953年以后，成为上海水上运动的摇篮，就在这个游泳池里和设在此的划船协会，培养出多个水上运动全国和世界冠军，因此，它不仅是上海重要的历史地标，也是中国体育运动的纪念地。

6月21日我去现场察看，主楼屋顶楼层已拆掉，但原有墙基尚存，木楼梯、窗框、门头等还在，工地外已停了一辆大铲车等着进场，一群工人说：明天动手全部拆平。我和工地上的负责人打了招呼，希望他们不要急于动手，他们说是听领导通知，我只得求助上海的最高领导，并取得媒体帮助。当天，我即向俞正声书记发出紧急呼吁的特快急件，又把此消息告知几家报纸和上海电视台，第二天上海电视台和《文汇报》都以“刀下留情”的大标题刊出和播出了新闻，引起了公众注意。我又去划船俱乐部工地，发现没有按原计划动手，这封信起了作用。第三天上海市规划局副局长专门来同济大学见我，向我说明和解释了要拆除的缘由，我毫不客气地批评了规划局领导在

划船俱乐部

拆除中的划船俱乐部（陈立群摄）

这件事上推诿、拖拉，造成历史建筑的损失，并提出要立即进行保护和恢复的要求。后来知道，俞书记在我的信件上批示："要认真听取专家意见。"不久，市规划局委派"上海现代设计公司"做了修复方案，经专家审定后开始实施。

划船俱乐部保下来的消息在媒体上公布后，有十多位从事水上运动的老教练、老运动员专程约见我，并拿出了他们保留的许多历史照片和资料。当时他们得知划船俱乐部要拆除后，曾多次向有关领导反映，均未果，现在总算保住了，非常高兴。他们都是八十多岁的老人，谈到激动时，好几位都老泪纵横。虽然是一幢建筑物，但和他们的一生经历和国家的事业有关，保留了这幢建筑，就是留住了他们的记忆，也慰藉了人们的心灵。划船俱乐部和外白渡桥、新天安教堂、英国领事馆是上海开埠的见证，是上海外滩的历史缩影。

2010年5月16日，我带领阮仪三基金会之友的成员到外滩，讲述外滩的历史建筑，见到了已修复的划船俱乐部，耸立在苏州河岸上，不大的两层楼房醒目又美丽，红黑相间的砖墙，斜斜的瓦屋顶上隆起一个小小尖塔，重现了英国19世纪末维多利亚风格特色，旁边的游泳池做了意向性恢复，留存了原有痕迹，成为休闲绿地。这块地虽未完工，但已基本成形，有新人在这里拍婚纱照，说明受人们欢迎。对面的新天安教堂和教堂牧师的住房也都原样修复，重现了昔日老外滩的景观，成为外滩又一靓丽景色。

《色·戒》外景地新场古镇

阳春三月，浦东桃花节，新场古镇是赏花景点。这里离市中心人民广场才35公里，交通也很方便，比其他几个古镇近得多，只是去的人不多。走在明媚的阳光下，看看一年一度盛开的桃花，呼吸着田野的气息，令人心旷神怡。我总是惦记着新场的老街，担心有什么变化，笔者2004年做的新场保护规划，2008年它成为国家级历史名镇，至今还没有热起来。我倒希望它不要太热，有的古镇一热就变了味。

新场是上海浦东地区唯一保存比较完整的古镇，清代和民国时期的老房子保存率在百分之五十以上，穿镇而过的河道，石拱桥，石驳岸，傍水而筑的民居，踏级入水的水埠，老人们说："十三牌楼九环龙，小小新场赛苏州。"（指原来镇上有十三座牌楼，九顶石拱桥）。这里成陆较晚，在元代还是海塘，古人打下的石桩，后被泥沙淤没，在开挖河渠时发现了，像从地里长出的石笋一样，所以被称为石笋里。到了明代这里成了盐田，原有的制盐和收盐机构从老场迁到了石笋里，称为新场。浦东这一带的地名有的叫团、叫灶，都是明代烧卤制盐的地方。

到了清末民国以后，海岸线退远了，农业发展了，商业也繁盛起来，新场与周围江南水乡地区一样，有了繁荣的镇市，同时上海这座近代崛起的大都市就给了新场很多的影响，而显露出自己独特的风貌。

新场古镇的建筑布局富有特色，特别是老街和后市河一带，是典型又独特的老上海民居原生态的格局，后市河老街上两旁开满了店铺，这些店铺后面是住家，所谓“前店后宅”。

新场古镇的老宅是有板有眼的江南人家进落式布局。第一进是店堂，第二进是古代传统式样，仪门楼黑漆大门铜门环，门上有朱底黑字对联，像张宅，门联是“京洛传钩，曲江养鸽”，我马上想到京洛是指唐代的首都西京长安，东都洛阳，“钩”是古代佩剑的别称，曲江是唐长安城南皇家花园，唐玄宗时考中进士，皇帝恩准“曲江池游宴、大雁塔题名”。这副对联就是说张宅的先人做过大官，曾在京城有过辉煌，是书香门第，后来有人告诉我这两句话都是说张姓的典故。这个门楼中西合璧，门楼上部是传统式样，而立柱是巴洛克的西洋样式，天井两旁是两层楼房，走马廊式的阳台，西洋花饰的门窗，装了彩色玻璃，厅堂是马赛克瓷砖地面，典型的海派风格。第三进是厨房和后厅，却是农家式样，老式灶头、木桌、木凳、水缸、农具，后门打开是一座石板小桥，

古镇风貌俯瞰

包桥港复原想象图

新场古镇

横跨后市河，对岸是宅后的一个花园。新场后市河一带，过去家家都是这样的格局，几进宅院，前面街，后临河，古式门楼，西式厅堂，农家厨房，小桥流水，田园风光。隔河都有小桥相通，过桥是园子，有的人家是花园，有的是菜圃，河水清涟，小桥、水埠，桃红柳绿，家家傍河而居，户户种菜莳花，可以想象那些亦商亦农的镇户人家是多么惬意啊。

这是典型的上海郊区原住民的住家，既有城镇的方便生活，又有惬意的农家情趣；既有江南民居的传统格局与风貌，又有近代建筑的演绎形态，是海派文化的实证。在上海众多的历史古镇中是最有特色和最有文化价值的，可惜在90年代以后，在这些园地上盖了房子，占去了这些花园，要认真整治恢复，必将成为独具风情的顶级文化标本和历史景点，也为今后创建良好的人居环境提供范例。

镇上的小孙知道我的担心，专门带我走了几处老宅新修的地方，他说："我们记住了你常说的'整旧如故，以存其真'的话，一定要原样原修。"新场老街确实还保持着原样，它淳朴的古镇风光，被著名导演李安看中，选作为《色 · 戒》的外景地，走在街上就能找到电影中的场景。

我们走到洪福桥旁的第一楼茶馆，里面坐得满满当当的，一位老艺人正说着苏州评书，听书的多是老人家，每人手里捧着热腾腾的茶碗，一派祥和的气氛。老街上建的清代的信隆典当，现在改成了历史文化陈列馆。北京故宫博物院的第一任院长吴仲超年轻时曾在这里做过十年学徒，小小的新场的确是藏龙卧虎之地，历史上出过许多大官，十三牌楼就是过去的辉煌，现在也有三个科学院院士出生在这里，这些老屋都还留存着历史的原貌。

小孙领我看了新开辟的浦东琵琶馆、原乡端午民俗馆、江南丝竹馆以及锣鼓书馆等，这些都是新场拥有的传统文化。浦东琵琶和锣鼓书馆都被列为世界非物质文化遗产名录，是丰厚的文化沉淀。我有幸听了一场锣鼓书的演唱，有说有唱，声情并茂。他们告诉我锣鼓书有十四字艺诀："琢白趣说简朴土，手眼身法步加舞。"确如其说，我觉得它有鲜明的地方特色和淳朴的乡土气息，比京韵大鼓、评弹等说唱类节目丰富、热闹得多。它又和许多曲艺一样，能结合当时当地的形势、情景，现时现编，而受现代人的喜欢。

新场还有南山寺、鲁班阁、笋山十景等许多景点，可惜天色已晚，小孙他们还要拉我再尝尝新场著名的老八样农家菜，我因晚上家里还有事只得告辞。在归来的路上想，到上海的客人们去看看近代上海传统城市的缩影和上海原住民的真实画卷，会是更有情趣的。

故乡情缘

苏州古城墙

在1958年以前，苏州的城墙还相当完整。我小时候听人们常说的一条歇后语——“城头上出棺材——圆兜圆转”，用来讥讽做事白费劲，意思是从这里出发，走了半天，还回到原处。这也正说明了苏州的城墙很完整，在城墙顶上可以顺当地走一个圆圈。

我小时候很贪玩，几个城门都爬过，从平门、齐门到娄门、相门，从阊门、金门到盘门都走得通，就是南面一段走不通。那时城墙附近都很荒凉，盘门外、相门外，河面开阔，沿河城墙下全是荒草坡，城墙高大结实，显得特别雄伟。当我们攀上城头俯瞰城里密密匝匝的黑瓦屋顶时，几座高塔耸立拔萃，城外一片水光山色，真是美极了……

苏州古城墙的历史一直可以追溯到春秋战国时的吴国，那个时候伍子胥“象天法地，相土尝水，立水陆门八，造大城”，差不多就已成了规模。到了宋代，由于火炮的运用，原来夯土筑的土城墙经不起炮火的轰击，就开始包了砖头，同时为加强城门的防御，古城门外又加筑了瓮城；墙顶筑了城堞、射孔等。它的形制，在宋代的《平江图》上画得很清楚。到了明代，全国又重新修缮各个城市的城墙，而现在各地的城墙大多是明代留下的遗物。苏州的城墙在明代也进行了大规模的修建，所以，在现存的盘门城墙上，可以很容易找到许多刻有明代年号和产地的砖块，这就是珍贵的历史的印记。

全国许多城市的城墙在抗战前二三十年代拆掉不少，上海老城隍庙的明代城墙就

盘门城墙与护城河(林世民提供)

是在1912年开始拆的,拆城后,在原址上开成了大马路(就是现在的人民路、中华路)。但苏州城墙一直到上世纪50年代还完整地保存着，我记得那时学校里做泥工就要到城墙上去挖城泥，城墙的黄土又细又黏，当时造房子用的上好黄土就被称作“城泥”。

1958年北京市提出要建设新北京，要拆北京城墙，梁思成先生曾多次向中央提出古城墙的价值，希望能保留它，不要轻率拆除。有关部门请示了最高领导，当时毛泽东主席说了一句话——“今天我们不拆，以后子孙也会拆”，以此来反驳梁思成，结果北京城墙被全部拆掉了。

此后，许多历史城市的城墙都仿效北京，全国出现了一股拆城墙的风。苏州也闻风而动，准备拆城墙。当时苏州市政府邀请了一些专家研究城墙拆除后苏州城市发展规划问题，同济大学派出了著名的建筑学家冯纪忠教授，城市规划专家金经昌教授，古建筑专家陈从周先生，还有一位正好在同济大学讲学的苏联专家也一同到苏州接受咨询。

同济大学的专家们一致劝说苏州市政府不要拆城墙，强调了苏州城墙重要的历史价值，并提出了不拆城墙如何解决交通和城市发展的方案。但是，当时的苏州市领导听不进这些忠告，认为这个破损的古城墙妨碍观瞻，不能体现社会主义城市的新风貌。特别是北京城墙也拆了，苏州更应该拆。同济的专家们和市长们争得很激烈，专家们都是直言不讳，说话很尖锐，这个会开得很不愉快，后来连晚饭也未吃就回到上海。

很快，苏州城墙就被拆除了，只留下西南角的盘门瓮城和拆剩的几处遗迹了。1961 年我的毕业设计选题是苏州市中心规划，是由金和冯两位教授指导，他们和我谈了苏州拆城墙的事。现在冯、金、陈等教授均已作古。上世纪 90 年代我在苏州有机会遇见了当时的老市长，他已是耄耋老者了，谈及当时主持拆城墙之事，颇有唏嘘懊恼之感。

历史文化遗存是不可再生的，假如苏州城墙当时不拆，今天当是世之瑰宝。

苏州的河

我的老家在苏州钮家巷《(宋平江城坊考》为蓝家巷、銮驾巷，1937 ~ 1951 年我曾生活于此)，门前是一条与巷子平行的小河，一头连在临顿路河，一头接到平江路河，临河栽有高大的老树，巷头是六株伟岸的中国梧桐。到了我家门前是粗大的榆树，一株株一直排到巷尾。我家门前那株最粗，两个大人都抱不拢，树干上有好几个树疙瘩，小孩们都喜欢爬上去玩。这些大树的树冠像张开的巨大绿伞，把整条巷子都覆盖了。河沿砌着整齐的石驳岸，隔几步有河埠头，一级级的石阶伸到水里。因为要停船靠岸，不做栏杆，从没听说人行不安全掉下河去的事。

河对面也是住家，这些人家门前就架一座木桥，跨过小河以便进出。这些人家的小桥各式各样，有的就是木梁上铺了木板，只有栏杆没有顶；有的就做得很气派，下有栏板护壁，上装花格子窗扇，盖有瓦顶，最外面还有门，这些就称作廊桥。我家对面的叶宅外面就有这样一座非常讲究的廊桥。这些廊桥上当然成为人们休息和附带做事的地方，那些修鞋的、箍桶的、修锁的就在这里揽活。因为可以遮阳避雨，日子长了，这里就成为半固定的摊位(晚上还是要关门的)。这样的廊桥整条巷子有十来座，把小河分成一段一段地。

大树、廊桥、河水，

石驳岸、石河埠……

钮家巷（徐华绘）

在旧时苏州有许多这样的巷子，像大儒巷、录葭巷、中张家巷等，在1958年以后，这些小巷里的小河陆续被填没了，大树砍了，廊桥当然也拆了。现在只剩下人民路饮马桥头还有一座很小的廊桥，也不是原物，是后来恢复重建的，远不如那时的风采。

我小时候，门前的河水很清，常常可以见到一簇簇穿条鱼在游弋，石河埠踏级上爬着螺蛳，石缝里有小虾伏着，水一动就一躬一躬地窜到水底里去。河水是流动的，从西向东流淌，在河埠头上洗东西，不小心袜子、手绢就会随水漂走。

水巷人家受惠于河里来往的河船，按节令送来的时鲜，船舱里用活水养着活蹦乱跳的鱼、虾，那令人难忘的一年一度的鲜嫩的莼菜和鸡头米（芡实）。夏天，摇来一船船墨绿的西瓜，雪白的塘藕；秋风乍起，满船吐着白沫的大闸蟹和硕大的田螺；冬日，小河里挤满了柴草船，家家户户垛起新的柴草垛，床铺底下也要换一换喷香的新稻草了（那时大多数苏州人家床下都铺草褥，既暖和又实惠）。

河里走的小船上摇橹的都是些精壮汉子，披一件单衣露出晒黑的肌肤，年轻的船娘们总是扯开清脆的嗓子拉长调门叫卖，每样时鲜都有特定的韵味，像一首首美妙动听的民歌。老苏州们还记得吗？你听：“唉嗨哟，阿要西瓜来哦，西瓜来！”那婉转吴音的嗲声嗲调，不比花腔女高音来得逊色。老北京有人学叫卖，成保留节目，苏州怎么就没有人去学？它比北京的侉腔，有味得多了。

苏州城里的河，是值得大书特书的。早在宋代的《平江图》上就画出了三横四直的主河和纵横交错的街河。宋代的《吴郡志》上写道：“吴郡号为泽国，因震泽（指太湖）巨浸，东接五湖，又东注入城门，纵横交流，居民赖以灌溉，凡舟楫舆贩，悉由是而旁通焉，故桥梁是为多。”《吴郡图经续记》上也有一段文字：“隋开皇九年、平陈之后，江左遭乱十一年，杨素率师平之，以苏城曾被围，非设险之地，奏从于古城西南横山之东，黄山之下。唐武德末，复其旧，盖知地势之不可迁也。”这是说隋代曾因苏州原地无险可据，而重新在城外西南八里的横山建新城，可是过了不到三十

广济桥东水巷

渡僧桥

年，苏州还是在原址复兴了。这是由于苏州城里的房舍虽然在战争中被破坏了，而这些河道与苏州人民的生活休戚相关，是千百年经营的城市命脉，人民是不能轻易抛弃的，所以，另择新址是不符合人民意愿的，也是脱离实情地利的。

被称为“东方威尼斯”的苏州城，在上世纪40年代，城里河道总长82公里，而现在填掉了许多，只剩下38公里长了。河少了，既排水不畅，又不能蓄积余水，这样从20世纪70年代开始，城里下大雨就常常要淹水，财产遭受损失，居民也吃尽苦头。

我在1997年做苏州平江历史街区保护规划中就按明代的河渠图着意恢复已被填没的几条河，这些老河床上还没有大的建筑与设施，重新挖出来是可能的。虽然现在小河与城市交通和居民的日常生活关系似乎不密切了，但这是苏州古老的命脉，保护好苏州城里的河，也就能保住一分苏州古城的神韵。

苏州的河呵，一定要爱护啊！失去的东西是难以找回来的了。

苏州古城里的空地

苏州古城里原来不像现在这样密密匝匝全塞满了房屋，有许多空地。直至 20 世纪 60 年代，城北有北园，城南有南园，早些时候这里都是大片的农田，河道纵横，阡陌连绵，农舍分布其中，水牛泡在水里，黄狗踞伏门口，俨然一派乡村景色。网师园、沧浪亭旁边不远也是农田。史书上有记载，元末张士诚据守苏州，朱元璋的军队围城，前后有两年之久，假如没有这许多的农田，哪能养活这许多城内的军民。

在 20 世纪三四十年代，濂溪坊以北、新学前天赐庄以西也有大片农田，有地名叫黄长河头，有几个很大的水塘，旁边还有坟场，因为地面开阔，有大片荒坡、野草地。每年清明以后，这里成了放风筝的地方，那时放风筝是小孩也包括大人们的一件乐事。我家里，父亲、叔父们也会忙里抽空，带着我们小孩们买纸、劈竹子扎风筝，扎了不少蜈蚣鹞、老鹰鹞等，可惜有名堂的老是放不上天，而普通的瓦爿鹞、八角鹞一放就飞上去了。周瘦鹃先生家就在黄长河头南面，我小时候也跟着大人去看过盆景，后来这块地方就被第一人民医院盖满了房子。

现在的民治路老文化宫地方原来称皇废基，是乾隆下江南时的行宫，后来坍圮了，也成了荒地农田。再就是大公园西边的新体育场，一直到锦帆路一带，抗战胜利以前很长时期是一片坟场，日本人占领时，常在这里杀人，大家都不大敢去。我小时候和少年朋友们，壮着胆子，夜晚到那里去看鬼火，就是坟头上散发的磷光，一簇簇、一

北寺塔附近村野

上世纪 40 年代的北园村舍池塘

点点，随风在坟头上飘来飘去，忽闪忽灭，跳东跳西，真像鬼跳舞，很有看头，但心里总是吓势势的。

在这片荒坟地上，葬的都是些穷人，有些没有棺材，只是胡乱堆些土，野狗常常把尸骨拖得狼藉不堪。路边也常见到死人骷髅头。听大人们说，这些都是饿死鬼、冤死鬼，是有灵性的。如果把七颗黄豆放入骷髅头的七窍里，撒一泡尿在上边，就会滚起来。我们这些男孩子们听了有的信，有的不信，又要比胆子，大家赌了东，一齐去试一试。大白天里太阳老高，就不太害怕，每人都提了根棍子，防止骷髅头乱跑咬人。在坟地里挑出了一个完整的头骨，把它踢到空场上，“猜咚猜”（就是“石头、剪子、布”）挑出放黄豆的人，抖抖索索地总算把黄豆塞到头骨的七个窟窿里去了，但要对着骷髅头小便，谁也尿不出来，也就看不到骷髅头跑路了。

苏州城里还有好几个高墩墩，我家附近钮家巷和萧家巷之间，就有一个。在豆粉园附近，平门西面也有。高墩大约有四五层楼高。因为那时城里大多是平房，所以显得特别高，上面长满了荒草，没有什么大的树木和建筑，只有小孩子们爬上去看风景。我估计这些都是历次战火后留下的瓦砾场，建新房子时又是建筑垃圾的堆场，年久日长，愈堆愈高。也没有人来利用这些高墩，营建什么风景建筑，大约到20世纪50年代，因建设用地的需要陆续拆平了。

苏州城里还有不少桑园，钮家巷底平江路一带就有一大片，别的地方也有，说明城里也有人养蚕、卖桑叶，但我不晓得大片蚕房在哪里。

苏州城里大户人家很多都有花园，有的花园很大，有的旧房子坍了也成了空地。有的大户人家败落了，花园废了，也就变成了菜园子，这些菜园子也养活了不少穷苦的百姓，在许多街巷里都有。

一直到50年代时，苏州古城内，大约只居住了25万人，所以很松散，有不少地方很落荒，像现在的城东动物园一带原来叫昌善局，是殡葬之地，白天一两个人是不大敢去的，有大片的水面、农田、城墙、垂柳，倒也别有情趣。

那时古城里的建筑并不像现在这样密集，我记得常熟城里、常州城里也同样有不少空地，在古城里建筑疏密相间，形成很好的环境。这些荒地、农田、水面就是现在所谓的绿地。有一些人反对在城里搞大块的绿地，认为是浪费土地，不符合古城原有格局，这是他们没有切身经验。

我是不赞成古城的绿地做成大草坪大花坛这种不伦不类的中西混杂的东西。我倒主张，古城里现在太密集了，要做减法，减少些房屋，让苏州古城里多些空地（当然不是过去那些空地），多些绿地，多些让人透气的空场，让住在城里的人抬头能多接触些天空，地面上能多踩踩真正的土地，彻底改善古城内部的环境。

婉约的姑苏水巷

走进苏州古城，几乎处处均可看到水，一条条的河道，纵纵横横地把全城都网起来了，有的河边有路，有的河两旁全是房子，这就是江南水乡特有的水巷。窄窄的小河两旁排满了一层或两层楼的房屋，每家都向河道开有窗户，还修了水埠。这些河埠有凸出的，有内凹的，有的架檐廊，有的造围栏，沿着踏级走下去，可以上船，可以洗涮。在过去的岁月里，小河中来往着装载各种物品的小船，早晨是时鲜蔬菜瓜果，下午是柴草粮食。过去沿河人家出游呀，生病呀，搬家运物呀，都可以雇一条船，泊靠临河家门口的河埠旁。

在水乡苏州，行舟比陆上行车方便得多。老苏州们都会记起水巷里那种婉约的风情：河里摇船的船娘唱着叫卖的花腔，楼上窗口吊下一个竹篮，在向船娘买菜买瓜果。有时还有花篷船，这是有钱人家去石湖探月，去虎丘踏青，坐船的、摇船的都是花枝招展，引得家家窗口都是看花船的人。

水巷是苏州城市风貌的代表，是“小桥、流水、人家”的主体，从严格意义上讲，水巷是行船的水道，河两旁全是压驳岸而建的民居，水巷空间显得逼仄紧凑，深邃幽静，如古城内学士街、吉庆街、山塘街、西北街、吴趋坊一带的水巷。为方便不临水人家取水和上下船的需要，在房屋之间每隔一段距离设有一条窄窄的、带水埠头的通道，垂直于河道，给长长的水巷开了一个口子，俗称“水弄堂”，这里是居民亲近水

平江历史街区青石桥段临水街巷鸟瞰

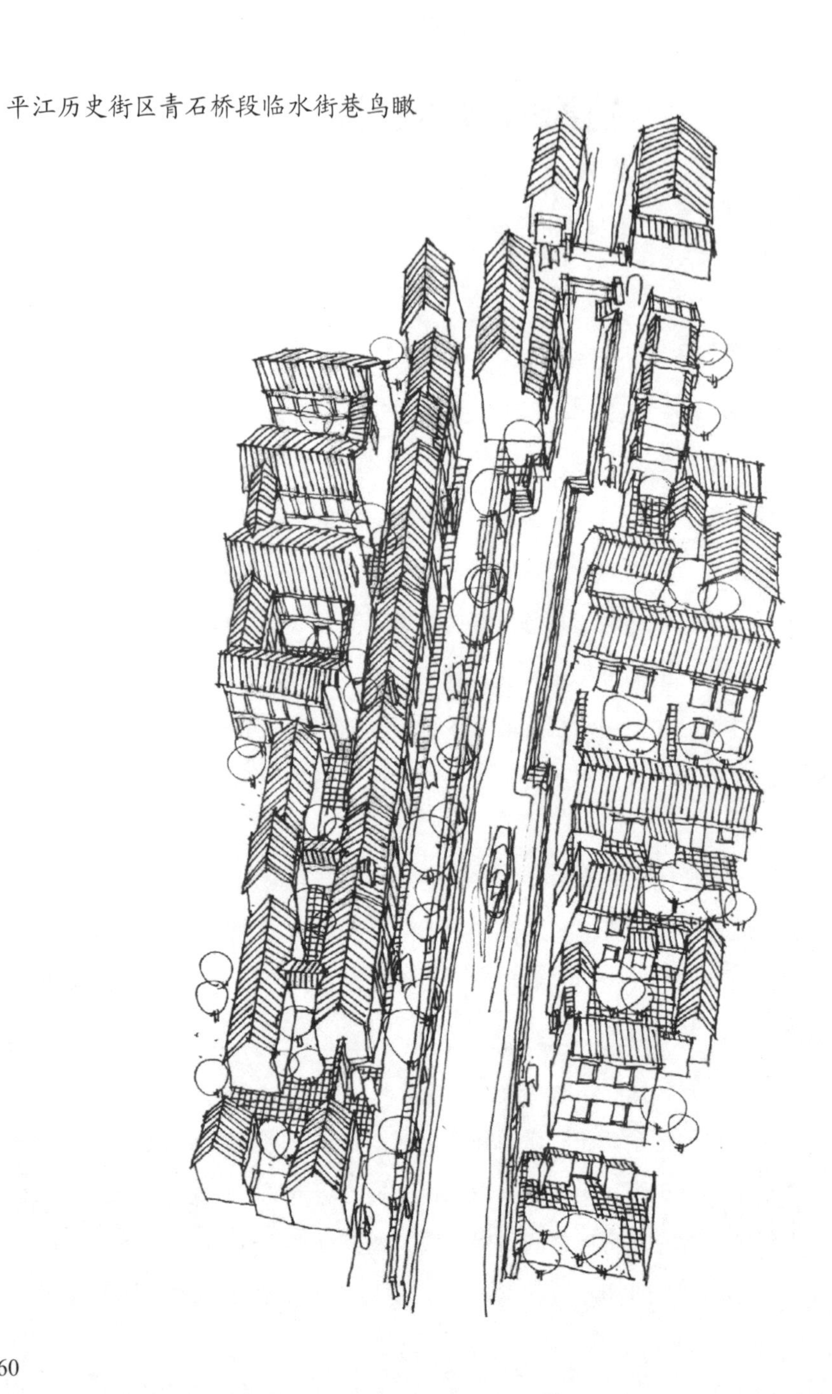

的地方，水巷由此也产生了生机和情趣。

滨河街巷也是广义的水巷，民居布置在河街的两侧，也就是人们常称的面河式街巷。滨河街巷由于河道比较宽敞，且水路交通特别便利，既可以在河道与街道之间直接进行货物买卖，也方便取水用水，因此在河道的两岸多设置公共水埠。为了方便停船和船民上下，旧时临河的街道不设栏杆。这种临河街巷空间比较开阔，层次丰富，再加上人的多种活动，气氛就更热闹，如平江路、大柳枝巷、盛家带、叶家弄一带的河道、街巷空间均如此。

苏州水巷还以横—直的层次结构相互连接成水网。如在平江历史街区中，直河（平江河）比较宽，设有长码头，是商业运输主干道。有时在码头密集处还形成扩大的水域，俗称“潭”，供船只停泊和调头，就像陆上的停车、回车场，由于水面开阔，景致就有了很大的变化，成为水巷的重要景观。平江河与白塔东路交汇处就有一个“潭子里”。而横河（大柳枝河、大新河等）则较之窄小，是次干道，这种结构与街区的生活功能紧密联系，使街区的空间脉络清晰易辨。

苏州古城里现在水上运输基本上消失了，但水巷依然存在，这是苏州旧时人们生活场景的留存，是苏州人和水相互依存的见证，也是苏州城市独特的景观和风貌，改造更新中要注重保护这些特色的水巷，保持水巷的尺度、比例和两岸建筑风格。

传统街道水巷空间风貌的最大特色体现在河街的空间结构关系上，因此改造中对所有河街并行的街道及水巷空间，均保持了传统的空间结构关系，并特别突出了水的位置，使人在街道上行走时能直接感觉到水巷的存在，突出水乡的水环境、水文化。如临顿路、干将路采用了两街夹一河的空间关系；道前街采用了一街一河的空间关系；十全街、学士街北段、西北街、南浩街、枫桥大街、寒山寺弄采用了背河式的空间关系，完好地保护了水巷空间。

在两街夹一河与一街一河的面河式空间格局中，水巷空间与街道空间结合得比较紧密，改造时，着重增加水巷空间的亲水性，增加空间的可观赏性和节点空间与水巷

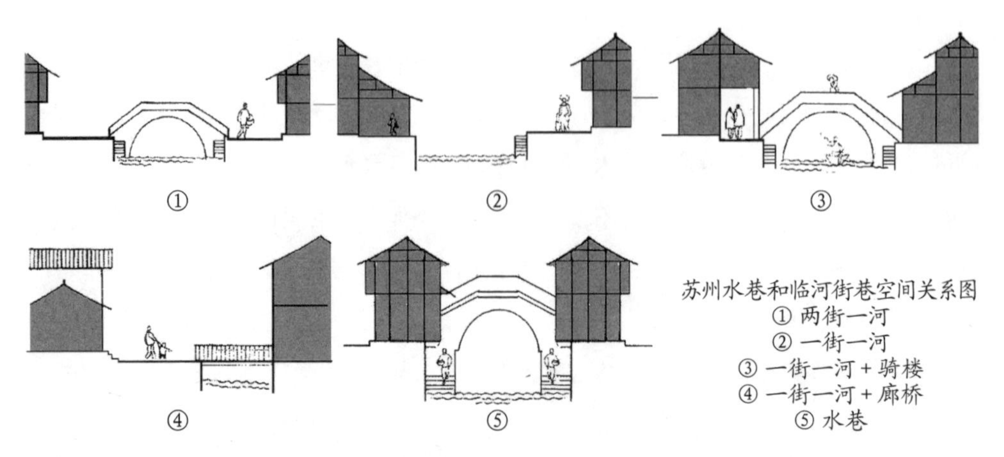

苏州水巷和临河街巷空间关系图
① 两街一河
② 一街一河
③ 一街一河 + 骑楼
④ 一街一河 + 廊桥
⑤ 水巷

空间的相互渗透。干将河拆除两岸建筑，两侧增设了三五米宽的绿带，其间点缀小品和绿化，增加了空间的观赏性；道前街也在河与路间增设了绿带，并布置休息廊、石桥栏、假山，亲水性大大加强，也使环境园林化。临顿路、叶家弄原为一街一河式，改造中拆除了临河建筑，增加临河绿化，河道对岸则保留了原来的小路和粉墙黛瓦的传统民居，现代与传统相得益彰。

十全街廊桥俯瞰

在背河式空间关系中，传统水巷空间具有无穷魅力，因此必须保护和延续水巷景观，两岸建筑的尺度、比例、风格均要与传统建筑类似，并设法恢复某些濒临消失的滨河建筑类型，如廊桥、沿河长廊等。

十全街带城桥段重建了两岸民居，

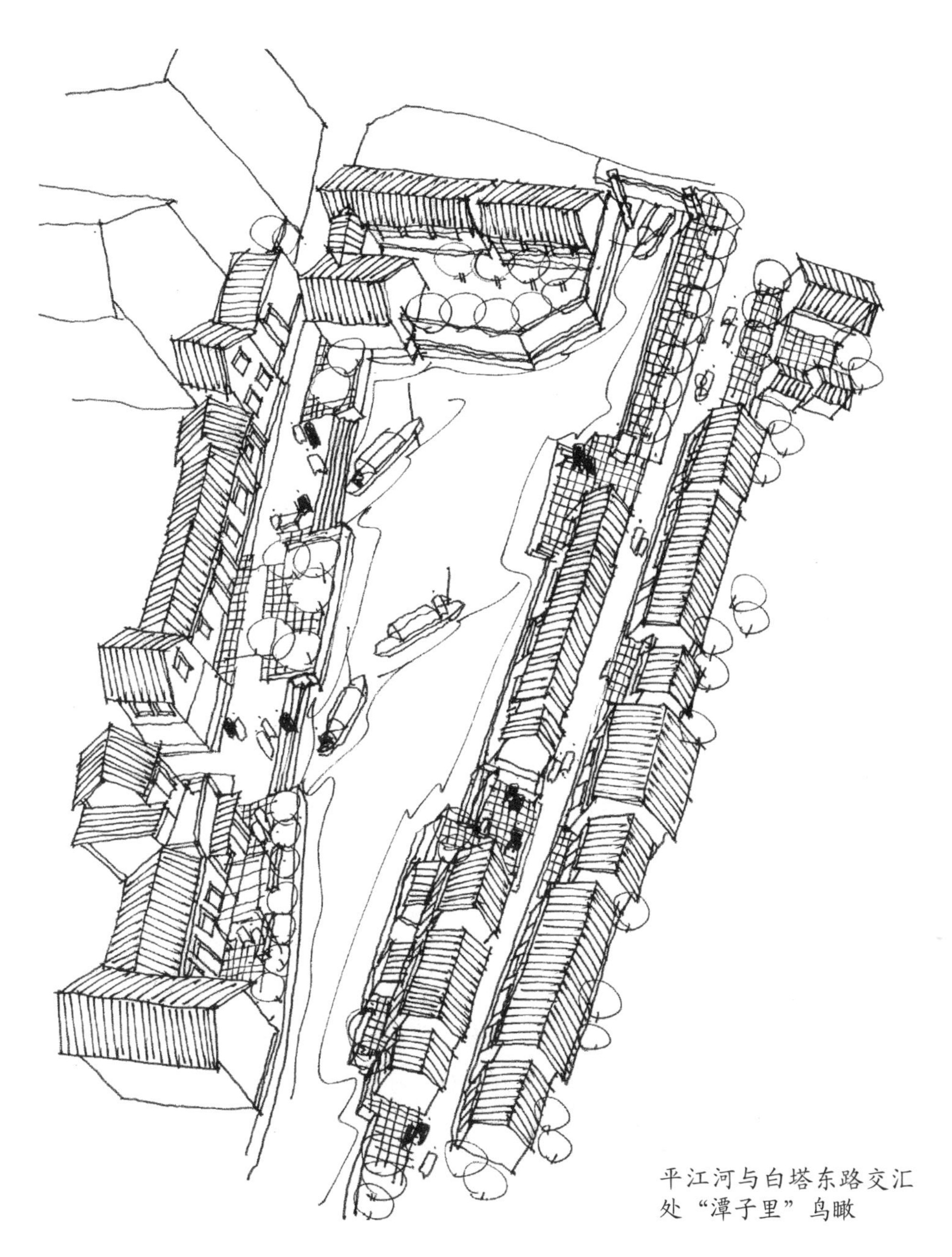

平江河与白塔东路交汇
处“潭子里”鸟瞰

民居与传统形式极为相似，并增设跨河廊桥，联系了两岸的建筑空间，使街道、建筑空间和水巷空间更为有机地融合在一起，丰富了街道与水巷的景观。滚绣坊段、乌鹊桥处也采用了同样的手法，设置了跨河廊、跨河楼，这种跨河廊、楼是苏州古城原来就有的建筑类型，50 年代都被拆光了，现在着手恢复。这些跨河廊、楼的设置既解决了沿十全街建筑由于地形限制而产生的面积不足问题，更使街道空间与水巷空间相互渗透。

在背河式街道中，河与街的空间关系相对松散一些，因此要突出水巷的位置，突出水环境，加强街道与水的空间联系，这主要通过两种方法来实现：

一是沿河街的建筑留出小型开放绿地空间，布置沿河街的绿化小品，这样人在街道上就能直接看到水巷，如寒山寺弄西立面原为完全连续的建筑，走在其中是看不到水的，改造后，增设了两条 1 米左右的水弄堂，行人就能在街道上直接看到水面，走近水面；同时，由于弄堂巷很窄，也不影响街道空间界面的连续性。枫桥大街也同样开设了两条通往水巷的水弄堂。有些还在河边设置较为宽阔的“水广场”，南浩街在中心位置留出了较宽阔的近水通道，并结合神仙广场和神仙庙设置了水广场、水上戏台，每年农历四月十四轧神仙[①]时，热闹非凡，现已成为苏州民俗活动的重要场所。

二是通过布置桥来突出水巷，如十全河上布置了多座小桥，特别是小拱桥，不仅形式优美，而且高于街面的拱很吸引人们视线，提示人们水巷的存在。水巷上有桥，桥架河上，拱券圆润，板桥疏朗，也是一道风景。桥上视点高，更是看风景的地方。过去许多桥被无知地拆除了，现在又重新建造起来。如临顿河上布置了多座样式各异的小桥，从水巷方向看过来，桥连桥，桥嵌桥，桥映桥，小桥流水的水巷韵味又重现了。

---

①轧神仙：苏州景德路、南濠街福济观，俗称神仙庙，又称吕祖庙，祀奉吕纯阳，农历四月十四日是神仙生日，民俗去烧香祈福，人潮拥挤，苏州话谓“人挤人”是“人轧人”，挤一挤就会有福气，而成习俗，前后三日。庙前及东中市一带有花市，花草树木和各种传统小吃。民间工艺摊位林立，人群拥挤，买了花的称为神仙花，去看热闹的称为轧神仙。

我国最早的城市平面图——宋平江图

在苏州文庙里，保存着一通宋代石碑，上面刻着称为平江图的宋代苏州城的平面图，这是距今八百多年前苏州城市建设的实录，是我国现存最完整的古代城市地图。

一、古城实录

苏州早在春秋时代就是吴国的都城，相传为吴王阖闾时，大将伍子胥所筑。史书记载："大城周围四十五里三十步，小城八里六百五十步，陆门八，水门八。"当时的城门有阖、胥、盘、娄、齐、平等。这些城门的名称，还一直沿用至今。城内地名，也与春秋时吴国有关，如"窦妃园"是吴王窦妃的墓地，今讹称为"豆粉园"；"憩桥""憩桥巷"相传是因吴军憩歇而得名：还有为吴王阖闾铸剑的工匠命名的"干将坊"；与美人西施有关的"馆娃坊"；还有以春秋战国时代的历史人物专诸、冯谖而命名的专诸巷、弹铗巷等。吴城在秦时为大火所毁，城址大约在今苏州城的南半部。在唐代的著作中，描写苏州城市情况很多，如白居易的《正月三日闲行》："黄鹂巷口鹦欲语，乌鹊桥头冰欲销。"张继的《枫桥夜泊》"姑苏城外寒山寺，夜半钟声到客船"之句更是脍炙人口。这些诗中的黄鹂坊、乌鹊桥、枫桥、寒山寺等，在《平江图》上都有记载，现在也还能找到遗址。

白居易还有诗云："七堰八门六十坊""红阑三百六十桥"，在《平江图》上就画

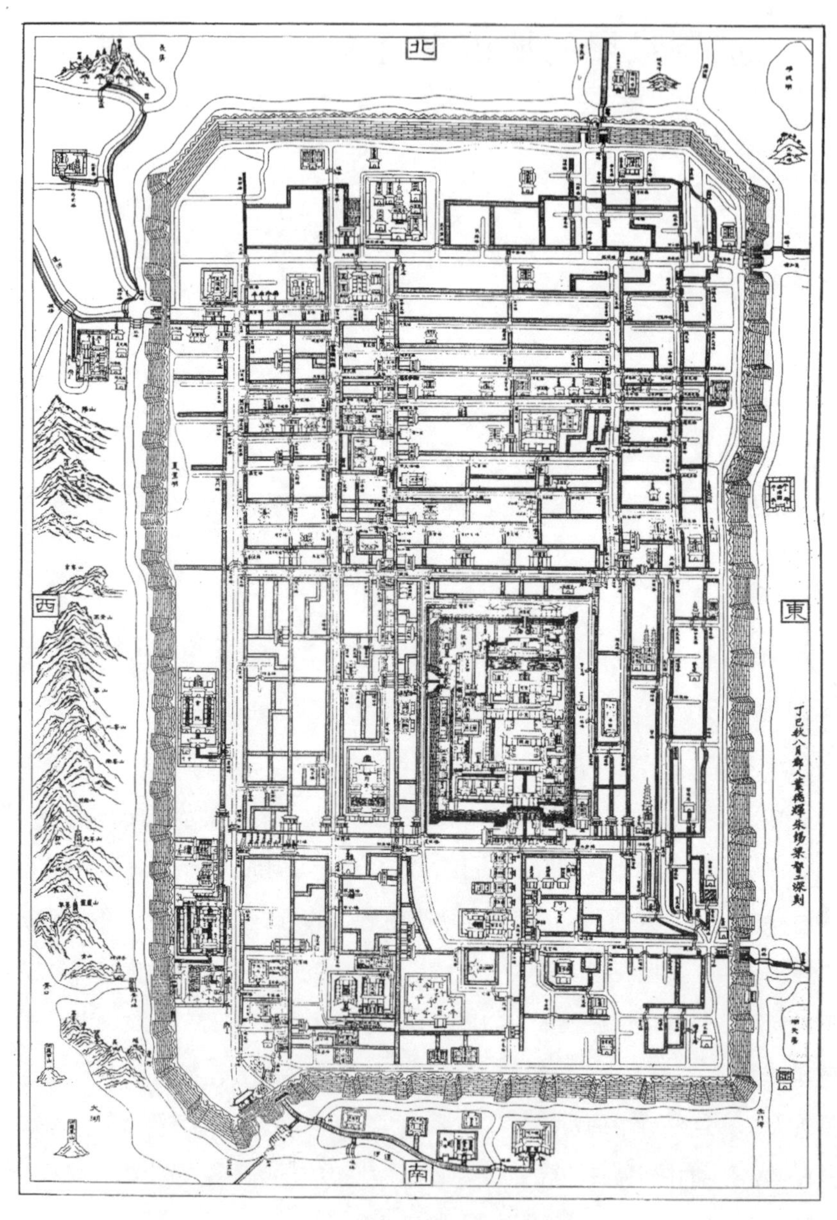

（宋）平江图

有 65 个坊，城内也确有桥梁 359 座。图上还画出了几座著名的寺庙、宝塔，如天庆观（今称玄妙观），报恩寺塔（今称北寺塔），定慧寺双塔等，这些雄伟的建筑，历尽八百载人间沧桑，至今仍然巍然兀立于苏州城内。据考古资料证实，《平江图》所记载的城市形制，不仅反映了宋代也反映了隋唐以来苏州城的概况。而图上所载的苏州旧城范围、城市格局、城墙、街道、河道的分布与今天实地相对照，仍然基本相符，一些地名也是沿袭至今，古图古城相印照，历尽沧桑存瑰宝。

二、古城的河道

苏州位于长江下游，又当太湖水系和大运河的航运要冲，商业与手工业十分发达。所以苏州一直是江南政治，经济、文化的中心。文献上记载：“吴郡号为泽口，因震

苏州－西门外运河

泽巨浸’，东接五湖，又来注入城门，纵横交流，居民赖以灌溉，凡舟楫舆贩，悉由旁通焉……”《平江图》上也明显反映了江南水网地区河道纵横的城市特点。

我们从《平江图》上可以看到，城墙外有宽阔的护城河，护城河西面一段就是隋唐时开凿的大运河的一部分，它通过水城门与城内河道相通。

城内的主要河道，东西方向有三条，南北方向有四条，人们称它为“三横四直”。此外有许多小河，它们常与城市的街道平行，形成一条街道一条河流，这在城市的北半部分，尤为明显。这些河流可能都是由人工开凿的，河道两岸都砌有坚固的石驳岸，岸上有的还设有木、石栏杆。这些河流组成了城市的主要骨架，成为城市内外与四乡农村联系的纽带。

城内的许多房舍前门临街后门沿河，门前宅后设有水埠码头，有石级踏步通至河面，成为居民汲水、洗涤的场所，也方便了航运。临河依水的民居，粉墙照影，蠡窗映波，一派清新明快的水乡风光。唐人诗云：“君到姑苏见，人家尽枕河。古宫闲地少，水巷小桥多。夜市卖菱藕，春舡载绮罗。”“东西南北桥相望，水道脉分掉鳞次。”

平江图上的河道总长约为82公里，相当于城市街道总长的78%，一直到上世纪60年代，苏州城内水运量还是比陆运量多。今天仍可见小船舢舨穿梭在城内河巷港汊之间，把应时鱼鲜运到城市各个角落。

在多雨的江南城市，这些河道对城市排水起着重要的作用。史书上说，“支川曲渠，吐纳交贯，舟楫旁道，井邑罗络未有如吴城者，故虽号泽国而未尝有垫溺之患……”

苏州城从古到今，历经数次兵火，有时甚至基本毁烬，但以后却仍在原址上重新建造起来。这与有些城市在改朝换代的兵灾中被毁后，就舍弃旧城另建新城的做法截然不同。这与当地是河道密布的水网地区有关。

苏州的河道形成了城市的骨架，在城市的经济生产和城市生活中起着重大作用，建筑物虽然毁于兵火，而河道只需稍加整修仍可使用，并且在城市的重建中，河道又能发挥运输与供应的重要作用。河道开挖或填塞也非一朝一夕之劳，这样城市的格局就长远地保持下来。

三、繁华的市肆

从五代到北宋，城市经济有了发展，手工业空前兴盛，为了有利于原料和产品的集散及同行业之间的协作与交流，社会上逐渐有了“行”的组织。南宋时达到四百行。在《平江图》上就载有以行业为名称的街、巷、坊、桥等，像米行、果子行、丝行、胭脂行、绣线行等，同时在交通便利的地方，出现了固定的集市。《平江图》上也标明了许多以市为名称的街巷，如米市、鱼市、花市、米市、珠市、皮市、药市等。

宋平江府城也是官僚、地主、高利贷者集中的地方，这里集中了巨大的财富，呈现出一片繁华的景象。宋代《吴郡图经续记》上写道：“当此百年之间，井邑之富，过于唐世，郛郭填溢，楼阁相望，飞桥为虹，栉比棋布。”宋《平江图》上就画出了大酒店“跨街楼”和一些私家园林：城南的“沧浪亭”，在宋以前已形成，南宋时曾为抗金名将韩世忠的私宅。子城西南有“南园”，文献记载：“酈池为三名，积土为山，岛屿蜂峦，出于巧思，求致名木，名品甚多……岁每春纵士女游观。”宋时苏州的园林已有相当规模，至明清时代，更加发展，形成独具风格的苏州古典园林。

《平江图》上记载有 139 个寺观，较大的寺还建有高塔，这些寺观在城市中占据了很大的地盘，布置在显要的地位，以突出它的雄伟壮观。高耸的宝塔，巍峨的殿阁，构成了美丽的城市立体轮廓，增添了城市的富庶景象。

宋平江府内居住了近三十万人口［吴县志：淳熙十一年 (1184) 户十七万三千四十二，口二十九万八千四］，居民的住处称坊里，在《平江图》上刻着 65 个坊表，这就是坊里划分的标志。图上所画前坊表都是跨大街建造，也不设门扇，可见这些坊表仅是作为街坊的名称并起一定的装饰作用而已，和唐代的坊里制度不同。

1985 年苏州市在市内乌鹊桥南整修下水道时，挖掘出一段宋代的街道，两侧是条石砌筑，路面铺砖，沿街有几对中有插孔的圆础石，这可能就是立路街牌坊的础石，街道只宽 3 米许，应算是较宽的街道了。

这些一座座的坊表、街巷内密集的民居，喧闹的商市、酒楼、香火缭绕的寺观以及树荫婆娑的园林，把平江古城装点得无比兴盛和繁华。

四、完善的城防

平江城的平面为南北长、东西短的长方形，城墙周长约 20 公里。在吴国时已筑起了夯土城墙，为取土方便，顺势挖了一条护城河，在城防工程上等于又加了一条防线。至隋代开凿大运河时，利用了城西护城河，并加以疏通，苏州因此成为对外航运枢纽。

平江城共开有城门五座，水门也有五座，城门既是内外的通道，又是稽查和防守

苏州东麒麟巷

的要地，战争中攻城时，城门总是一处薄弱环节，所以格外要严密设防。门上筑楼，起瞭望守备的功用，有的门外又加瓮城，更加强一道防线。如盘门就设有瓮城，也就是在城门外围，再加筑一圈城墙，开门在另一侧。这样进城必须经过两个转折，两道关口，而且必然暴露在城上侧射火力的攻击下。这样的防备工事是经过一番研究和能经受实战考验的。

宋代攻城已使用了火枪，平江城为了加强防御，在土墙外面包了一层砖，成为内土外砖的砖砌城墙，城墙上筑有向外突出的马面、射击用的堞墙，这些在图上都可以清楚地看到。

在城市中央有衙城，又称子城，为当时的政治、军事统治机构平江府所在地。这个子城相传为伍子胥所筑。从古代遗迹上考证，唐时确已修建。子城内有府院、厅司、兵营、教场、库房、庙宇、住宅和园林。主要建筑物布置在一条明显的中轴线上。子城四周也筑有城墙，墙有城濠，当时一般州府城市大多也是这样布置的。

此外，《平江图》的绘制，运用了古代传统的地图画法。在平面位置上把平江府的构筑物、建筑物的外形轮廓，规模、立面造型等作了简练而生动的描绘，使我们能清晰地看到当时的城市面貌。在图幅上也有一定的比例尺度，有相对的准确性，反映出当时较高的测绘水平，为我们研究古代城市建设提供了极为宝贵的资料。

双棋盘格局的苏州河街

苏州古城内河渠纵横，舟楫往来方便，路程较远则以舟代步，陆上多以步行，巷内少车马，特别是那些通往各家各户的小弄堂，人流更少，所以巷弄普遍较狭窄，但随着交通状况的发展，双棋盘之一的“路棋盘”显得越来越跟不上时代的需求，道路的改造更新就成了历史发展的必然。

从历史上看，街巷也是随着城市的发展而不断的变化，一成不变的街道是不存在的。如苏州南北向主干道人民路原名护龙街，路宽仅 3 米，石板路面；民国年代就曾多次拓宽，从 7 米、9 米到 12 米，路面也变为碎石和弹石路面；1949 年后对人民路又进行了多次拓宽、延伸和改造，1958 年时路宽已达 32 米。虽然道路始终处于不断的变化之中，但苏州古城的路网格局并未作大的改动，街道更新基本上是在原址上对道路进行适当的拓宽。即保持道路位置和名称的不变，在可能的情况下，保持走向的不变，对两侧的街景进行控制，同时对古城内河道进行严格保护，有条件的还要逐步恢复，力求最大程度保持古城的路网河道格局。

苏州古城里人民路是最早拓宽改建的，虽然人民路不是河街并行式的道路，但在与水巷交汇处都作了特殊处理，突出了水巷的位置，让人们在桥头可以看见深邃的水巷，如在西北河与人民路交汇处设置了小块空地，结合水巷做码头、亭子和绿地植物，临水巷建筑的建筑设计也充分考虑了与人民路的对景关系，行人的目光自然地被吸引到水巷中，道前街与人民路交汇口同样作了放大，在饮马桥上可以清晰地看到具有江南民居特色的一组建筑“小飞虹”。

20世纪80年代初，拓宽改造了临顿路悬桥巷至干将路段，由于拓宽道路不得不拆除沿街民居，但为了体现传统水乡风貌，采用了变一街一河为两街一河的方案，沿河设置了人行道和石栏，种植花木，桃、柳相间。这种拓宽方式由于突出了水的地位，同样也创造了良好的街道景观环境。这段道路因与观前街相连，是观前街的出入口之一，因此，人们在购物之余，总少不了来此小坐，领略河路相伴、粉墙黛瓦的水乡风貌。这种方法主要通过拆除道路一侧没有保留价值的民居来拓宽路面，拓宽后两侧的建筑基本保持原状，只稍作整饰、修景处理，因此实施简单、经济实用，成为以后古城内改建常用的道路拓宽方式。

改造后的干将路

同时期道前街的拓宽改造也如此，改造后的沿街沿河绿化带成为附近居民的休闲佳处。如今小河水波荡漾，岸边树荫浓密，花香弥漫，在高大树木的掩映中，小河、小桥更显清幽和雅致。

20 世纪 90 年代初分段改造了十全街，十全街是典型的"一街一河"及"背河式"传统格局，傍街的十全河是一条唐代就存在的古河道，史称"乌鹊河"，在宋《平江图》上它是苏州三横四直骨干河道中第三横河中的一段，河上横跨不同时期建造的十座桥梁。这次更新改造基本保持了原来的河街关系，两岸建筑高度合适，比例恰当，进退自如，风格统一，塑造了浓郁的传统街巷氛围。一座座拱桥将人们引到水边，传统风格的建筑贴水、临水、枕水，再现了小桥流水的水乡风貌。

20 世纪 90 年代中期干将路的建设是迄今为止古城内最大的道路工程，这次人们尝试将河道保留在道路中央，创造了满足现代功能的新"两街夹一河"模式：干将河位于干将路的中央，河道的两侧是各 5 米的绿化控制带，控制带两侧再设各 15 米宽的道路，由于路较宽，干将河的尺度特地从 4 ~ 5 米扩大到 8 ~ 10 米。河上还分布着大小不等的 19 座各种桥梁，有通汽车的平桥，也有只供人通行的拱桥（升龙桥）。在一些重要标志性位置还布置了各种景观设施和绿地，整条干将路的景象变化有致，体现了浓郁的地方特色。规划中还设了五座有地方建筑特色的人行天桥，既可方便行人与绿地、河道的联系，增强亲水性，又可丰富街道空间的景观，其中，连通苏州大学南北校区的一座古色古香的天桥现已建成。

中国众多的古城经过这几十年的发展与变化，其中许多城中都开了大马路，建了高楼，中国城市的历史风貌慢慢在人们视线中消失了。城市要发展，新房子要盖，现代化的设施也要引入城市中来，这是时代的要求，但是古城风貌也还是要的，因为她是历史的遗存和见证，是人们需要的记忆和精神的慰藉，更是民族传统文化的载体和代表，特别是像苏州这样具有 2500 年历史而又有美丽风光的古城，更应该好好保护。古城中有成千上万人生活着，人的活动会随着时代而变化，随着时间的推移，人们会不断地提出新的要求，因此，城市也要跟上时代的脚步。

事实上，过去的城市从未停止过变化，我们没有看到过唐代、宋代的城市，连唐代、宋代的建筑我们也极少看到，我们能够看到的古城大多是清朝末年和民国初年留下的东西。所以变是正常的，也是必然的，问题是如何变，怎么变。像湖北荆州城留下了明代完整的城墙，是国家重点文物保护单位，但旧城里原来的街道和老房子陆续改造，古城中央耸立起四幢30层的高楼，空间尺度全变了，历史的古城墙围着现代的高楼显得那么不伦不类。所以要全面保护苏州古城风貌，首先就是要抓住古城的空间尺度和那些古老的小街小巷、粉墙黛瓦、小桥流水人家。路要开，汽车也要放一些进来，但不能泛滥，控制的尺度是什么？古城中的居住密度太高，居住环境太差，要改善，怎么改善？

在古城保护中，空间尺度是灵魂，无论建筑用什么样的装饰，刷什么颜色，就像北京许多新建的大楼无论怎么加大屋顶、放小亭子，也还是"夺不回古都风貌"[①]一样，尺度变了，比例关系变了，再费劲也是枉然。苏州这些年来做得出色的就是这一条，今天到苏州去看看，许多街巷变宽了，但没有变成一般城市那样到处是三块板的大马路，古城许多房屋更新了，但没有像一般城市那样高楼突兀，楼房林立。苏州变了，但还是那样的娇小玲珑；苏州城新了，但还透出历史古城的清韵。

---

① 20世纪90年代中期，许多北京市民对北京老城的现代化无序建设不满意，认为把传统的老北京的古都风貌丢失了，当时的领导提出了"夺回古都风貌"的指示，要求在一些新建筑、新大楼上都要加上一些传统式样的屋顶或檐口、亭子等，形成了一个时期不伦不类的北京建筑风貌。

苏州街巷特色的传承

1. 连续和同一

苏州小巷迷人的原因之一是街巷景观有惊人的连续性。一幢接一幢风格相似的民居建筑紧密排列着，街巷外观有韵律、有节奏、富于变化，高度与尺度基本统一，形成连续的建筑立面，建筑的尺寸、尺度和细部处理上都具有某种相似性，但绝不雷同，可称是有差异的同一。这个特点使街巷处于多中心的平衡之中—没有体量与高度上的绝对主体，每个建筑都可能在不同的视角中成为中心，而整体又处于多中心的平衡之中。

同一是指整条街巷所有的房屋，层数大多是一层二层，墙面多是白粉墙或是灰粉

墙。瓦铺屋顶，门窗的样式虽有不同，但总是木质的，看起来是相同的，是一样的，显得平和、安宁。有了这些同一的房屋，才能有连续的街巷。

连续性是传统街道的特征，是构成更大整体的条件。连续有两层含义，一方面是指形态构成的连续，即人们所看到的外观风貌的连续；另一方面是指时间维度的连续，即历史文化的连续。现存古城内阊门附近和绵长几百米的东、西中市街道，两侧建筑均为上宅下店型制，建筑物基本保持了一致性：面向街道，开间、面阔、层高、檐口高度相基本一致，二楼一律采用裙板与半窗，也一律漆成了栗色，街面的整体性很强，但又不呆板，建筑平面有微妙的进退，层高也稍有差异，二楼木窗大体相同，花饰却各不一样，门面上的招牌形形色色，它恰到好处地给统一的街道增加了活泼与亮丽。如今，东中市也已成为有名的小配件一条街，小店面、小进深恰好适合进行小配件的买卖，形式与功能结合紧密，传统建筑风貌也保留得比较完好。

旧时的街巷也会有开口的功能需要，但苏州人总善于把它们处理得藏而不露。如苏州传统街巷用“水桥头”“水弄堂”来解决进落式民居建筑的交通、取水等问题，每隔几户人家便会出现一个水弄堂，为不临河的人家提供取水之处，也是船家的上下河通道。水弄堂的宽度一般只在 1.2 ~ 1.8 米，而两侧的山墙则可高达十余米，因此，

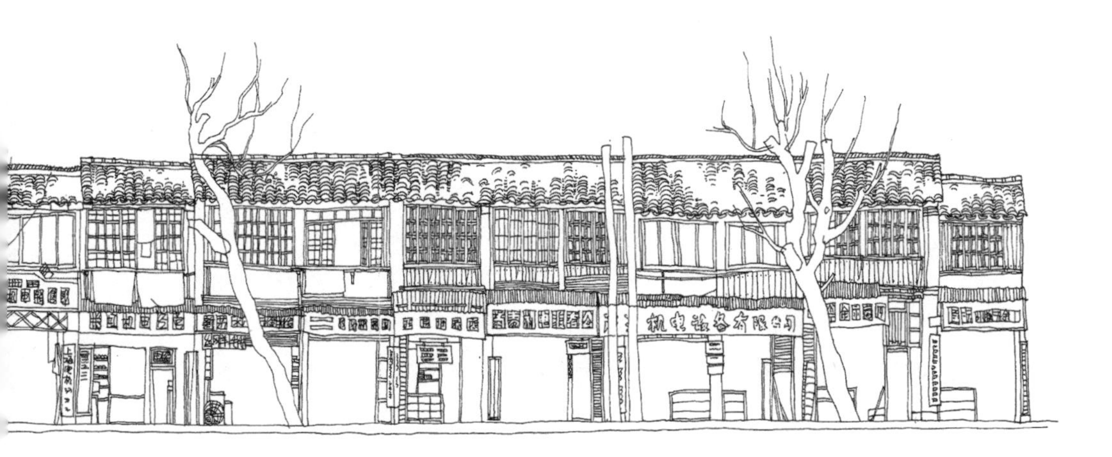

东中市街连续街景立面

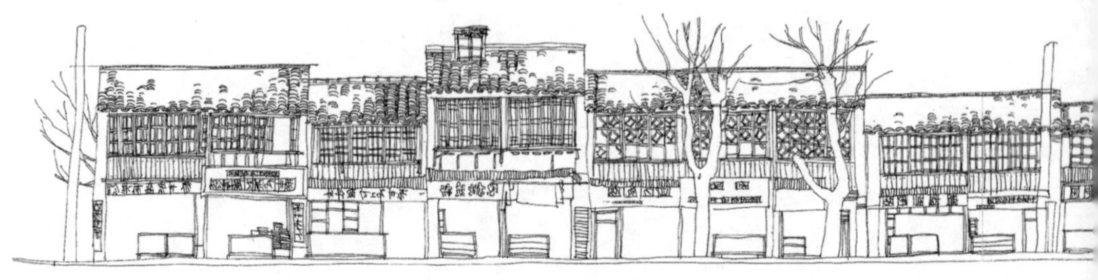

在街巷中行走时，不会意识到街巷中有开口的现象，而是一个连续的界面。水弄堂入口还时常处理成门的形状，这样就更增强了连贯性。水弄堂既解决了实际使用中的功能问题，又未打破连贯性，同时它还划分了居住单位，增强了邻里关系和领域感，增加了景深：在街巷里可通过水弄堂看见河面上来往的船只，而在水巷中又可以通过水弄堂看见街巷中活动的人群，生动而有趣。

街道连续性的另一表现是长街上的券门，连同马头墙、封火山墙共同形成了既联系又分割的空间领域。大宅还有照壁连券门，券门立面也是一个界定，因此建筑立面是连续的，而各户的景观又有所分割。这种形式以前很多，现在已较少见了。

还有用牌坊加强空间连续性的。1984 年在乌鹊桥南整修下水道时，挖掘出一段宋代的街道，两侧是条石砌筑，路面铺砖，沿街每隔二三十米有插孔的圆柱础，是立跨街牌坊的础石，整条街都有，令人惊异，可惜未能留下来。

近年来，古城内的许多街巷都陆续拓宽了，两侧新建筑拔地而起，许多新形成的街道仍不失传统的特色。定慧寺巷就比较好地体现了连续性特征：街巷外观在形式上比较完整同一，以双塔为构图中心，两侧建筑平缓而有序；同时新旧建筑和谐共存，体现了历史和文化的关联。

苏州在街道景观的建设方面也是走过弯路的。早期在改造人民路时，就没有注意到景观连续的重要性，一幢建筑的外观与另一幢建筑毫无联系，每一幢可能都有一定的特色，但从整体来看却给人混乱的感觉，街道景观失去了连续性，也就失去了整体

性。现在新建筑的设计总是单幢地进行，从不考虑左邻右舍，总是突出自己，每幢建筑各自为中心，整条街肯定杂乱无章。现代提倡城市设计，就是要防止这种无序与无章，但很难做到。

水平线较垂直线更有助于产生连续性，母题的反复运用也会起到联系的作用，如柱廊的运用等，观前街平桥直街改造中就增加了沿街柱廊，使街道界面的连续性更加突出。此外，形体轮廓、比例尺度、材料色彩、形式母题、构图划分、装饰细部等方面都可表现界面的连续，这些要素的重复可以让人感觉到整体性。20 世纪 90 年代临顿路、中街路、凤凰街全面改造后所形成的街道景观就表现出这种高度的连续性：平缓的轮廓线，同一的建筑风格，相似的色彩与材料 ，等等。

2. 走势和导引

苏州小街小巷通常具有良好的方向感，在其中行走，会有许多环境的提示在告诉你该向何处去，即使不熟悉的人也是不会迷失方向的。街巷一般不是一根直线，而是斜线、折线或曲线，但它们的斜率、曲率都不大，非常缓和，围合街巷的建筑都有不同程度的凹凸变化，或作了微小角度的偏转，这使街巷空间在不断产生变化。如改造前的桐芳巷、张菜园巷、定慧寺巷、寒山寺弄等，多具有一定的曲折变化，被人们称为街道的“走势”，也就是我们所说的方向性。

在有桥的街巷空间中常常会出现坡度，如通关桥连接的山塘街下塘和杨安浜街巷

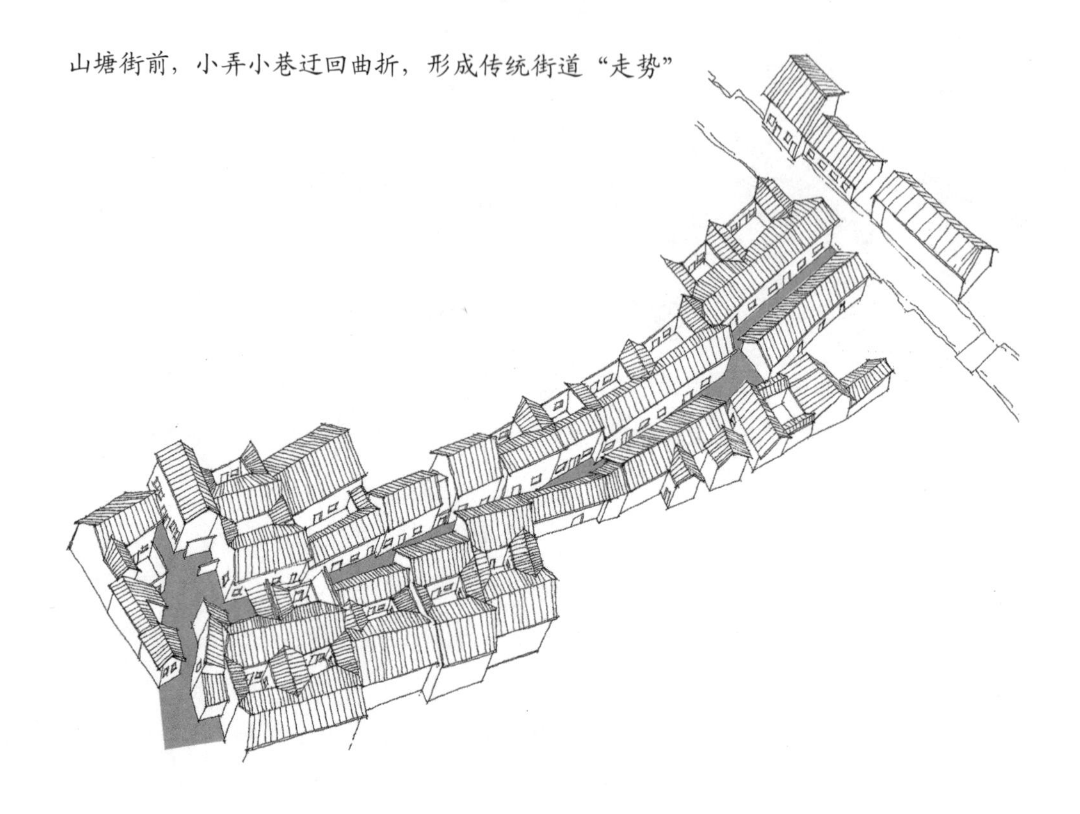
山塘街前，小弄小巷迂回曲折，形成传统街道“走势”

都有明显的坡度感，桥头就常常成为行动的起点和目标。另外，街巷空间景观的变化，以及一些标志物（如牌坊、井台）的存在都可以起到引导方向的作用。

新的街道也力求保持和延续这一传统空间品质。如在观前街改造中对原街道空间进行了有节奏的收放处理：邵磨针巷、大成坊、宫巷、临顿路等道路交叉口和入口处空间作了放大，给人开敞感；街道空间通过增设檐廊、骑楼来缩小空间，一收一放，产生了变化，空间的方向感得到了加强。南浩街的改造也通过现代设计手法产生开始、高潮、结束的序列感和方向感。

人民路在改造中为了保护文物而保留其原有的走势，使北寺塔在行进中成为焦点。这在别的城市的改造中是很少出现的，因为人民路是贯穿古城南北的最大干道，这种等级的路一般都是直线型的，而苏州的人民路却在寺前转了弯，这说明苏州人民对传统文化的珍爱是多么久远，因为这种珍爱，这样的美景亦可以伴随我们和后代，绵长不绝。

3．节奏和韵律

一群建筑布局有高低，有起伏，统一中有变化，而变化又遵循一定的规律，这就不显得单调。在音乐中有节奏和韵律，建筑中也有这种东西，只不过不是用耳朵而是用眼睛来感受的：苏州的小街小巷，苏州的黑瓦、白墙，它的高低，它的起伏，它的进退，它的宽窄……人在行进中都能感受到这些富于变化而统一的格调。这种节奏感常常是通过某种主题（母题）单元的重复获得的，主题可大可小，小到一种窗户的形式，大到一组建筑都可以成为母题。主题的不断重复加强了人们的视觉印象，使连续景观获得统一性，让人在行进中重复体验某种先前体验的形式，感觉到这些建筑中存在着某种联系。当然，主题的重复并不是指同一内容简单地不断出现，如果这样的话，毫无疑问就会产生单调感。

临顿路、凤凰街的沿街景观中都运用母题重复这一手段，建筑屋顶、山墙、菱形窗、栏杆甚至环境小品、绿化植物等都成为设计的母题，母题的重复加强了街道的节奏感和韵律感。

产生节奏与韵律感的另一方法是采用连续的小开间界面（也可以把小开间理解为一种母题），传统街道连续性强的原因之一就是沿街建筑以连续的小开间形式展现，苏州新的街道景观也延续了这一特色，临顿路、中街路、观前街、学士街等均采用了连续小开间的做法，即使同一商家占用的是大空间，往往也把沿街立面设计成“间”的形式，不作整体的处理，使街巷景观有了节奏与韵律。

今天，人们走在新的街道上，不仅让人感受到交通的便利，更使人品味到新街道景观当中所蕴含的传统特色和文化的气质。

传统街巷、水巷空间指标表

	比例数值	空间感受	实 例
街巷、水巷宽度(*W*)与河两侧建筑物的高度(*H*)的比例(*W*/*H*)	*W*/*H*<1 *W*/*H*=1 *W*/*H*=2.5 *W*/*H*=2~3 *W*/*H*=4	空间的封闭感较强，当空间连续采用这一比例时，有时会产生恐惧感。 比较舒适的封闭感 在此以上就不能产生封闭感 可产生舒适的外部空间（凯文林区言） 这时空间的封闭感就完全消失，产生类似庭院、广场的空间	○苏州山塘街杨安浜街，平均*W*=1.5米，*H*=6米，*W*/*H*=0.25 ○苏州寒山寺弄改造前，平均*W*=2.5米，*H*=5米，*W*/*H*=0.5 ○苏州百花洲路改造前，平均*W*=3米，*H*=4.5米，*W*/*H*=0.6 ○苏州枫桥大街改造前，平均*W*=3.5米，*H*=4.5米，*W*/*H*=0.8 ○苏州平江历史街区大新桥巷平均*W*=12米，*H*=4.5米，*W*/*H*=2.6 ○苏州平江历史街区胡相使巷平均*W*=13米，*H*=4.5米，*W*/*H*=2.8 ○苏州平江历史街区平江路平均*W*=16米，*H*=4.5米，*W*/*H*=3.5

4. 比例和尺度

苏州的街巷是亲切的，近人的，一个重要原因是它有良好的比例尺度。苏州传统街巷，特别是巷道，沿巷的住家多是一层房屋，即使豪门大宅，门厅也只有一层平房，有的只是简朴的砖饰门楼，大门对面做有照壁而已，显得安详和宁静。街巷一般都不宽，比例尺度通常可以通过街宽(*W*)与围合它们的建筑高度(*H*)的比值(*W*/*H*)来描述，比值不同，空间感受也不同。

上表就反映了这一情况，表中采用了街道的平均宽度和建筑的平均高度，反映出空间给人的总体感受，但现实的空间情况更为复杂和丰富，层高、街宽皆可能有所不同，因此蕴涵了更多的空间变化，每种空间的变化常常又伴随相应的功能变化。如桐芳巷改造前的空间比例变化与路型变化相对应，与功能状况也相对应。这三者是相互关联的，街道的空间形态与其中人的活动构筑了风貌多样的内容。

从上面的分析可看出，苏州传统街巷空间的 W/H 多数在 1 左右（滨河街巷 W/H 的比值达 2.5 以上），因此，单纯的街道或水巷空间就具有了明显的封闭感与连续性，使人很容易感觉到它的容量。在一些街巷中，特别是在街市中，两边店铺、民居的披檐很长，甚至相连接，或者有活动的卷篷，使整个街巷空间仿佛加了屋顶，街巷已成为一种类似今天称作中庭的空间了。

在另外一些无商业活动的街巷中，这样的空间同样存在。门或窗上伸出很长的雨篷，小巷上空架设着供晾晒用的一道道横梁，街巷也仿佛有了“顶”，空间的封闭性被进一步加强，成为“灰空间”。

同样，水巷空间也表现出较高的封闭性，窄窄的河道从两岸的民居中穿过，而两岸的居民仿佛一开窗就能相互传递物品，河道的窄小与两岸建筑的相对高大，加剧了水巷的封闭性，形成独特的空间风貌。

古城内临顿路、养育巷、中街路在拓宽、更新时就十分注意继承这一传统特色，

临顿路沿街景观

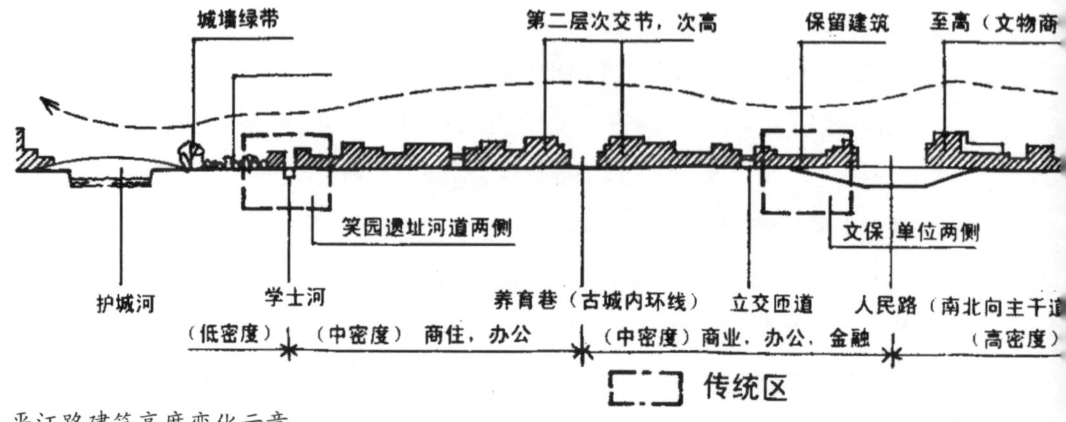

平江路建筑高度变化示意

两侧的建筑高度和街道宽度之比控制在1∶2左右，有的采用三幅式路面，在道路当中保留了两行高大的乔木，使视觉高宽比达到1∶0.65，在近人的立面还时常增加一层的坡顶、檐廊等，街道就显得更加亲切。开窗较多运用了水平向的窗，或为连续带形窗，或为水平向矩形窗，窗高、栏板高度也比较一致，空间比例、尺度和街道轮廓线呈现传统街巷的特点。

当然，并不是符合传统街道的空间比例关系就一定能达到传统街巷的空间效果。传统街巷之所以产生宜人的空间感，不仅因为传统空间的本身具有良好的比例关系，而且这种比例关系还与人体尺度存在着不可忽视的关联，实际上，是街道宽度 W、建筑高度 H、人的尺度三者间存在着恰当的比例关系。拿苏州古城最宽的街道干将路来说，虽然它也符合传统空间的比例关系，虽然空间中小河依然、小桥依然，可是它的尺度还是让人感到大了些。有些专家提议在建筑外增加一圈廊子，以减小建筑和空间的尺度，同时在河道两侧加种比较高大的树木，以改善空间比例。

街巷纵深上的宽窄变化可以产生空间的韵律，我们沿街巷15米取一断面，研究其断面的比例关系，并将其类型分类，就能发现其中蕴涵的韵律感。以15米为单位进行分析，是因为15米是人的近视距，在这一范围内可以清晰地感受空间，也是对

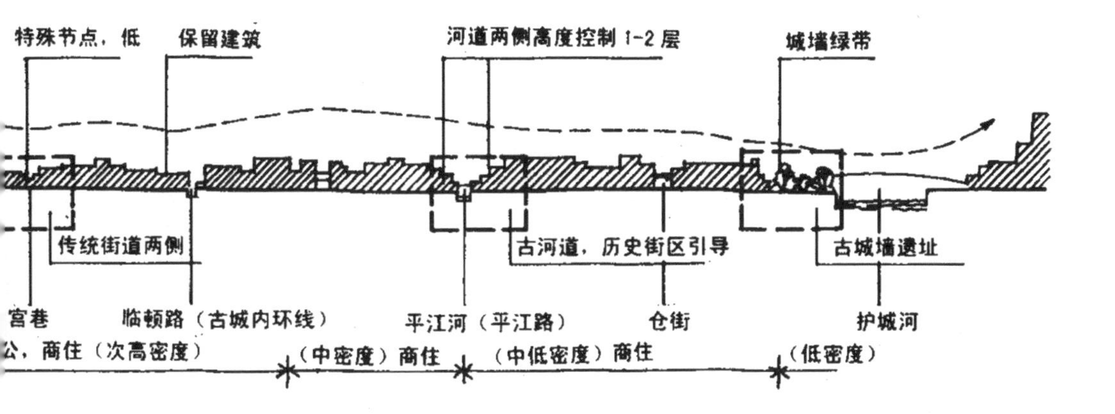

人影响最大的空间。

传统街巷比例的变化与空间的有机收放还有助于形成空间的“张力”，这种张力使人还能感受到空间的拓扑学关系。拓扑空间的性质是“紧张”的，也是富有诗意的，街道的张力使空间充满了弹性，获得了对比的统一性、可变的完整性和图形的均衡性，产生动态的美。艺术家们普遍认为，这种不动之动是艺术品的一种极为重要的性质。我们在不动的街巷水巷中看的是“运动”或“具有倾向性的张力”，这些构图的法则符合视觉的审美要求，使小巷、水巷深处处处入画，充满了艺术的气氛。

干将路的改造是在控制街道比例的同时，也注意对整条街道分段采用不同的比例加以控制，以创造出空间节奏变化和空间张力。干将路从西护城河到东护城河的古城区内，建筑高度控制在24米以下，由于道路比较长，设计了学士街—养育巷—人民路—临顿路—仓街这样几个相对较高、较大体量的建筑区，使整条街道的天际线富于起伏变化，也使人们从主要道路进入干将路时，有明确的标志感。同时，由于干将路有两个文物区：人民路西的怡园、顾宅、任宅地段和凤凰街东的定慧寺、双塔地段，因此对文物区进行了高度控制，建筑大都为二三层，双塔地段由于有视线要求，还要留出视线通道，整条街景也产生了变化。

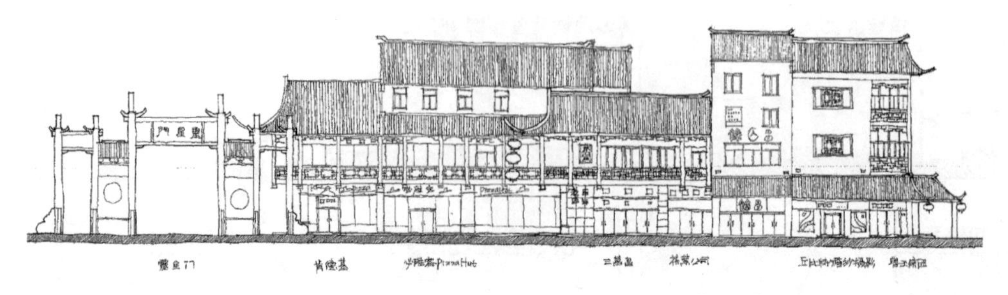

更新后的观前街棂星门广场南立面

5. 绿化和景观

绿化不仅有调节小气候、产生树荫的作用，也是产生风貌特色的一个因素。整齐的树木可以使原来杂乱的空间显得统一，连续的树木能增加街道水巷的连续感和景深，而点缀几株名木古树又可使韵味倍增。树木还可使人明显地感到季节的自然变化，创造出不同的季节景观。笔者旧时居住过的钮家巷沿河就植有高大的榆树和梧桐，应该有数百年的历史了，三四个人才能合抱。大儒巷、平江路也都是大树沿河，形成非常美好的环境，跨河还有十几顶廊桥通往隔河的每户，这些廊桥形色各异，与古树相映成趣。可惜在 20 世纪 50 年代全被砍掉了，河也被填掉了，廊桥也被拆掉了。

绿化的空间还常常是居民日常生活的场所，买卖、洗衣、拉家常和健身锻炼等活动都是在这种优美的环境中进行的，因为有了在这些活动，街巷才充满了情趣。今天，我们穿行在苏州的街道上，漫步在水巷旁，这种生活的场景依旧会不断展现，更新拓宽后的街道大多保持了传统街巷绿化特色和功能多样性的特色。

在街道旁布置一些不影响交通的活动场所，可以丰富街道附近居民生活的内容，这时，街道就不仅仅是交通通道了，它使人产生了停留的愿望。如道前街临河绿化与休息小品的布置不仅美观，而且内容丰富，为周边居民提供了一个休憩场所。有些街道由于用地的限制，不能整条街都设，这种情况下常采用分段布置各类活动场地，也取得了较好的效果，如中街路、汤家巷等有分段成片绿地活动空间；也有采用点式绿地空间的，即结合周边建筑布置成小广场，面积不大，却也产生令人满意的效果，如十全街就有好几处这样的点状绿化，做得比较精致，充分体现了苏州传统空间的特点。

20 世纪 90 年代后期，国内许多城市都在热衷于建宽马路、大广场，苏州却另辟蹊径，因地制宜，充分利用街道、河道边的空地，建成硬质铺地与花草树木相结合的室外小绿地广场。面积没有定数，也不拘于形式，还与社区室外的健身设施、儿童游乐设施相配合，形成多功能的活动中心。古城内现已建成的小型广场、小游园多达三百多处，它们与街坊、街道、水巷相结合，出门三百米就有一块小绿地，使用方便，更接近人们的生活需要，也改善了城市环境。

这些街巷小绿地与园林艺术相结合，被很多人称为苏州古典园林的“当代版”。如白塔路与人民路的交汇处有一小块广场，它的东面是一处保留民居，粉墙黛瓦，古朴宁静，在墙边植少量树木，叠石、修建亭子，与人行道交接处放大，形成面积稍大一些的硬质铺地。整个小广场、绿化空间占地不大，闹中取静，富有园林情调。

皮市街上也有同样的一块小广场，广场的东侧也是一组保留建筑。这组保留建筑原来是不临街的，在拆迁后露出了西山墙。整饰西山墙时，在山墙外侧增建了一道传统廊子，在北侧建了一个六角亭，亭边叠石种草，人行道处铺地扩大，形成供居民活动的小广场。

有的还结合古建筑、名木古树的保护，利用建设控制地带建成小型广场。如十六号街坊的春申君庙前广场，以草地为主，结合少量的硬地布置了晨练场地和休息坐凳，与道路交会处还有两株保留的参天古银杏。这个广场的设置既起到了保护古建筑环境的作用，又为居民提供了活动空间。

观前街在改造时，考虑到游客和市民的需要，在商业街黄金地段玄妙观入口处设置了棂星门广场。这个广场面积不大，以硬质铺地为主，在空间上它与周边的建筑结合得很好，仿佛就是室内空间的延伸。广场两侧分别有一组活动花池，花台上时常坐满了逛街休憩的人，洋溢着欢快热闹的气氛，如果节日需要较大的场地举办活动，可以移走花木，扩大广场。这种与商业街道融为一体的广场大大丰富了观前街的文化内涵。

这些绿化小品非常注意运用本地的树种材料来营造苏州特色，不用西式黄杨球，天鹅绒草坪面上常常是几竿竹子，配以一株罗汉松，放一块假山石，就形成很有看头的小花圃，也充满了苏州味，与白墙、黑瓦、窗楣极为般配。

在苏州这样一个以小取胜、以巧取胜的城市里，太大的尺度无论如何也不能形成良好的空间感。近些年来，在苏州古城里这类同街道、水巷密切结合的小型广场陆陆续续建了很多，符合苏州古城的城市肌理，符合以精巧见长的苏州特色，创造了丰富多彩的室外活动空间，丰富了街巷功能，使之成为多意义的场所。

苏州传统的街巷水巷空间通过独特的河街结构、丰富的空间层次、恰当的空间比例关系和多样化的市民生活，充分表达出了街巷水巷空间的连续性和方向性，创建了良好的物质风貌和人文风貌。这些空间因素都是传统街巷水巷空间意象的重要表现方面，这种意象包含了物质形式美的内容，也包含了它所体现的轻松、闲散的生活情调，这就是“小桥流水人家”的内涵所在。苏州传统街巷水巷不仅具有迷人的物质风貌，更具有醉人的精神风貌，这也是现代街道改造所要传承的精神内涵。

盂兰盆会和出会游街

在我小时候，每年阴历七月十五日，苏州城里都要举行盂兰盆会，要做道场，放焰口。那些超度亡灵、烧香烧纸等都是大人们的事，我们小孩子正值放暑假，就成群结伙地到处看热闹。

那时在临顿路、景德路上，路幅开阔处就会搭起台子，准备晚上做道场法事。住在附近的居民凑份子请来和尚或道士，请到的寺庙、道观用旗子挂出来，排场大的都有大红绣着金线的桌围、布饰，大红蜡烛、大香炉。一到晚上挂起了灯火，那时电灯常停电，挂的都是烧火油的汽灯，雪雪亮地照得像白天一样。和尚念经没有什么花头，伴奏的也只是皮鼓、镲钹、木鱼、铃铛等打击乐器。而道士就好看得多了，道士的台子一奏乐，有胡琴、笛、箫、笙、三弦、琵琶、唢呐，吹拉弹唱起来就会聚起一大堆人围观。音乐也真好听，有一套套曲子，后来玄妙观里道士们有时还演奏。

近年我到云南丽江去，听他们的纳西古乐，觉得曲调非常熟悉，乐器也就是这些，很普通，仔细一问，纳西古乐原来就是我们苏州的道教音乐在明代传过去的。丽江这个古乐队每年都要到英国、澳大利亚等国家去演出，受到热烈的欢迎，而苏州的道教音乐却逐渐地快消失了。

道士的道场音乐固然很好听，但有趣的还在于道士们玩弄表演的法术，实际上就是杂技表演。一是飞镲钹，就是把一片片镲钹飞上天去，像抛球一样，三个、四个、五个，闪亮的镲钹在空中飞舞，有时相互碰撞还发出声来，赢得一片叫好声。有的法师会表演飞符捉鬼，先是舞剑手挥舞着抓东抓西像跳舞一般，最后法师在桌上铺了符纸，就是印有花边的黄表纸，用笔画了谁也不认得的符咒。然后一手拿符，一手握一柄闪亮的宝剑，嘴里念念有词，突然手一扬，这张符纸会笔直地飞上天去，另一只手用宝剑戳过去，把符穿在剑上。我还见过更高超的把剑抛入空中，剑穿符纸，然后剑落下来带着符纸插在台桌上，把大家看得目瞪口呆。这就表示把恶鬼镇住了。

法师们画了一张张的符纸，有人买回去。第二天，在许多人家的门上就会贴上这些黄色的符咒，恶鬼就不会进门了。其实这是个心理安慰，钱都给道士们骗去了。

我小时候(40 年代)在苏州经常看到出会，逢大的节日或是公众议决的事，如久旱求雨，城里有了重大吉庆事，先前几天就由地保(类似居民组长)拿着本子到各家凑份子(集资，捐钱)。以后组织人员，还要排练预演，以免出错。

出会那天，众人先要到庙里集中吃斋饭。虽不是佛教斋素，但是敬神要虔诚，也不可茹荤饱食误事。出会实际上是抬了菩萨或神灵的塑像大游行，但这支游行队伍要讲究排场，要有节目花样。有时苏州城东、城西同时出会，各抬各的菩萨，但要比一比谁的队伍人多、排场大，或是有无“噱头”。

出会的仪仗队按所抬菩萨衔头的大小设各种示牌、旗幡。队伍开道的都是由四对或八对刽子手组成，这些人都找的是肉铺、饭店的掌柜、掌勺的大师傅，一个个都是肉膘肥厚的大块头，敞开肥壮的长着胸毛的胸脯和凸起滚圆的肚子，手捧着鬼头刀，头上插着野鸡毛，非常威风。

特别引人注目的是几十对“扎肉提香”的精壮汉子。这些人在手臂上用小铁钩 8 ~ 12 个，扎挂在表皮上，下面悬挂着香炉，有的挂着铜锣或是花盆等，有的东西太重就由几个人一齐挂着共提一件东西，行走时手臂悬伸着吊着香炉，点着香火，铜锣还要敲打，以示对菩萨的虔诚。走一段路休息时，有人来相帮歇力支撑手臂，在手臂穿孔处喷水以减轻疼痛，但不能放下，据说一松就要把皮绽开了。他们相互间还要比谁提得最重，谁最英雄就有人来披红挂彩。也有多人搭起高台，用三张大小不同的桌子叠在一起，上面有的放了水果、猪头、香烛等供品，有的就站了个穿了戏装的小孩子，摆出各种戏文的姿势。

各种乐队有道士拉琴、奏笛，有和尚敲钟、打鼓，有时军乐队也会来吹喇叭打洋鼓。最多是锣鼓队，这时敲出各种花样相互比高低。最后是菩萨的大轿、轿后伞、罩、旗和许多香客，队伍长的要成千上万人，浩浩荡荡确是一番景象。沿街的店铺、住家都要摆香案迎接，准备茶水、点心供应出会的队伍，全城都动员起来了，这也是旧时代人们相互协力、团结同心的一种精神表现。

淮左名都扬州

远古时大禹治水毕，分天下为九州，扬州为其一，载于《尚书·禹贡》。为何取此名？左书云："此地多水，水扬波，故名之。"不过那时的扬州是指包括如今整个华东地区的大区域。扬州建城始于二千四百多年前的春秋末期，吴王夫差在今扬州西北的蜀岗南筑"邗城"（"邗"音 hán），城周约十二里，版筑城墙，城西、北，东环以城濠，城东南筑有通航至吴的"邗沟"。邗城南界蜀岗，西至观音山，虽处于谷地，但地势高亢，土地平整，宜于人居，不久即成人丁兴盛的大城。公元前473年越国并吴，至公元前355年楚又吞并了越国，邗城属楚，此时改称"广陵"，但吴越、楚的都城都在邗城故址。

西汉初年吴濞在此扩建了城池，仍称为广陵城，范图扩大至十五里，考古发掘证实了汉代时为夯土城墙。因为夫差、刘濞两人对开发扬州有贡献，后人为他们在邗沟旁建庙造像。但是这两位吴王都是败国之君，怕冒犯当朝的君王，不好公开祭祀，市民就封他们为扬州的财神菩萨。财神是百姓崇信之神，于是香火鼎盛，也是一种隐晦曲笔的纪念。汉代筑的广陵城历经魏、晋、宋、齐、梁、陈直到隋唐，城垣虽有兴衰，但城址未变。

至隋代又开凿了大运河，扬州正处于运河与长江的交汇点，所以成为贸易大港。隋唐时扬州空前繁荣，江淮地区物产丰富，经济发达。当时，扬州还是东达山东，西至四川，南延湖、广的驿路大站，因此是河、陆、海的交通枢纽要地，成为重要的南北水陆转运中心。大量的米粮、布帛从扬州北运供应中原地区。唐时谚称“扬一益二”，意思说全国兴盛首推扬州，其次才是益州（四川成都）。扬州的繁华，吸引喜欢游乐的隋炀帝三下扬州。他建造龙舟及杂船万艘，锦彩纤夫数万人，极水陆之盛事。隋炀帝在扬州建造了规模巨大的行宫“江都宫”，在雷塘建造了专供玩乐的楼阁，幽房曲室互相穿插，门叠户重，号称“迷楼”。他的穷奢极侈促使了隋朝的灭亡，自己最后也被叛将宇文化及所杀。

隋唐时代扬州的繁华，在许多诗文中有描绘。当时扬州也是国内最大的市场，主要经营货物有珠宝、食盐、木材、锦缎、铜器等。扬州还是国际贸易港，著名高僧鉴真法师即从这里出海东渡日本，日本的园仁和尚也随遣唐使西来，在唐开成四年（839）在扬州登岸，这些都是中日友好史上的佳话。

唐代的扬州，城池连贯蜀岗上下，由两部分组成，在蜀岗上的叫“子城”，亦名“衙城”，是扬州大都督府及其他官衙集中地，也是先前隋炀帝的宫殿所在。“子城”范围基本与汉广陵城相符，至今还留下东华门、西华门，北水门的地名。城上的角楼和城墙，城濠的遗迹也很清楚，地面上遍是汉、唐时残留的砖瓦残片，俯拾皆是，此处已被确定为省文物保护单位。在子城下扩展的商业及居住地区称为“罗

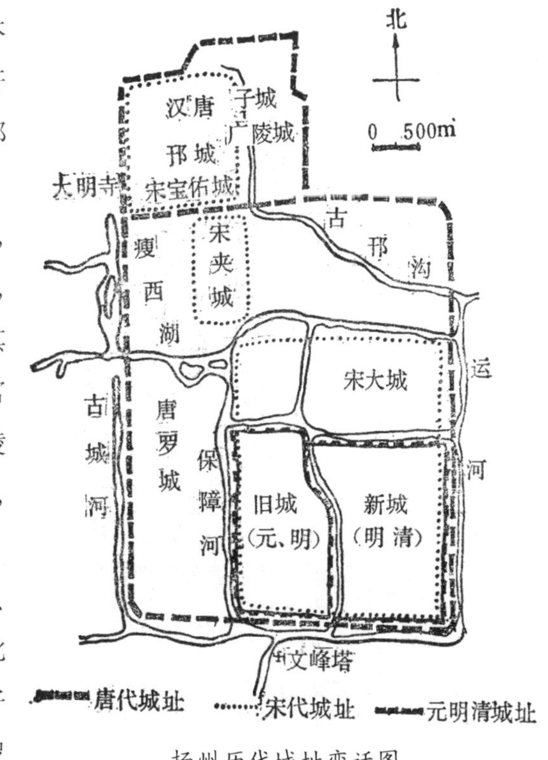

扬州历代城址变迁图

城”，是一长方形的城池，近年在唐城墙的遗址上出土了刻有“罗城”“罗城官砖”等字样的城墙专用砖块。现今尚存有唐代木兰寺的石塔和唐代古银杏树。

晚唐诗人杜牧诗中有“街垂千步柳，霞映两重城”之句，两重城就是指子城和罗城。日本和尚在《入唐求法巡礼行记》中说，“扬府南北十一里，东西七里，周四十里”，就是指罗城的范围。

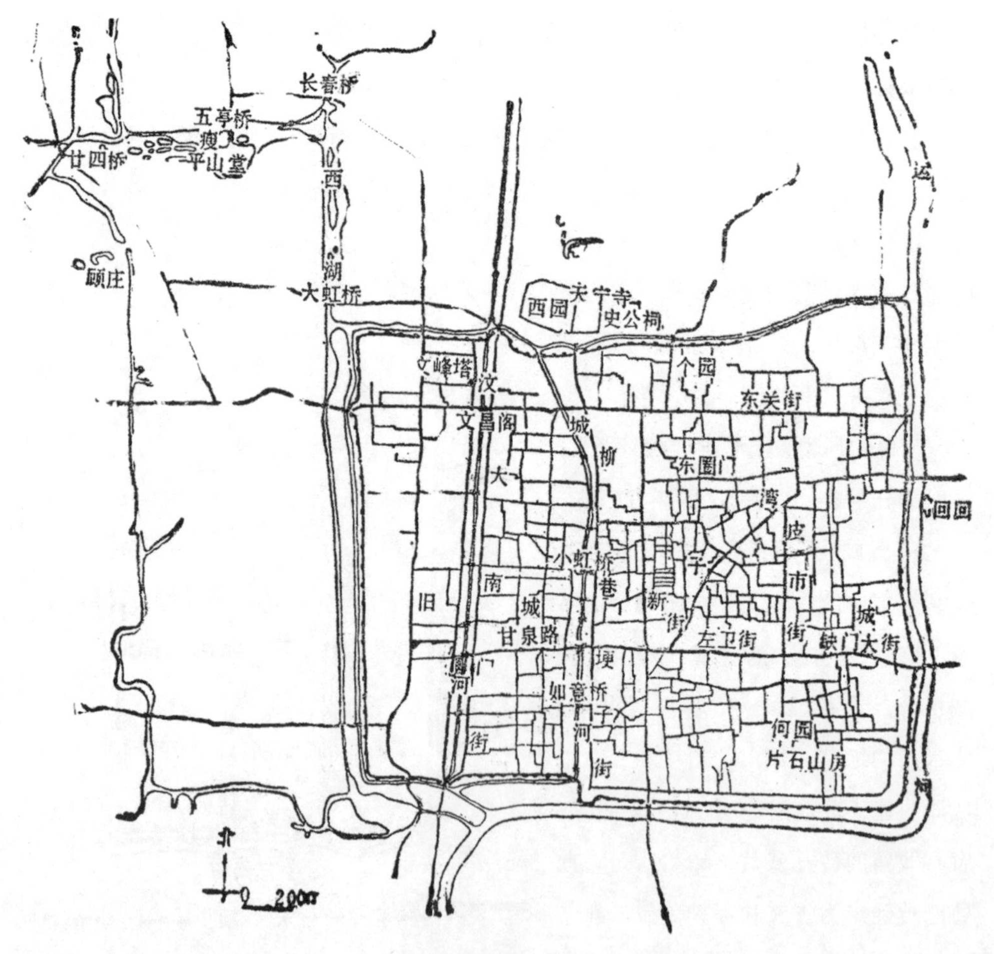

扬州城图（1949）

蜀岗唐城遗址

唐末，扬州在战争中被毁，宋代在唐罗城基础上进行了修复，名“宋大城”。至南宋时，扬州曾两次遭金朝女真军队的严重破坏，宋末为防蒙古南侵，在罗岗广陵城的旧址上筑城堡，城周一千七百丈，因在宋宝祐年间建，故称“宝祐城”，这样就有了一大一小两座城。后来又在宋大城与宝祐城之间筑夹城，把两城连在一起，以便于防守。因此南宋的扬州有三个城，即宋大城、夹城、宝祐城。元代扬州仍是重要城市，马可·波罗曾在此担任过官职，在他的《游记》中有记载。

经宋，金两朝的对抗及元代的残酷统治，扬州城市逐渐荒芜，人口减少。明朝初年，因旧城空旷难守，就截城西南隅围成明旧城。城周一千七百五十七丈五尺，有城门五，南北各有一个水门，城四周有城壕。明中叶以后，扬州又繁盛扩展，旧城以东与运河之间，成为商旅汇集之地，民屋商店，栉比鳞次。在明嘉靖三十四年（1555）

时常有倭寇从海上犯城，烧掠抢劫扰民为甚。为防其入侵，保护已建成的城区，在旧城东商业区筑新城，位置与宋城的东南隅相合，东，南以运河为城河，北挖濠与旧城濠相通，旧城的西城濠就成为城内河道了。

新城共长一千五百四十二丈，设七门，并有南北两水关，这样扬州新旧城成为一个整体，而由东、西两个部分相连，旧城区道路成方格网，很有规律，如与仁丰里在街相交的横巷就有次序地排为一、二、三……直至九巷，地方统治机构也都设在旧城。新城区是自发形成，道路布局不规则，如有斜街，即是明代报马所走的捷径，从便益门到钞关此路最近，还有大十八弯、小十八弯等小巷。

明清两代扬州的工商业非常发达，有许多丝织作坊，所产的锦、缎、绢绸名闻全国，至今尚有缎子街（多子街）的名称，手工艺的漆器也享有盛誉；水上交通的发达，

小市桥

文昌阁

使扬州成为粮食和盐的集散地。扬州也是当时的文化中心，一些文人雅士荟萃于此，遂形成了以“扬州八怪”为首的扬州画派。学堂书院也很多，由于许多豪绅盐商都喜爱扬州的繁华，在扬州营建别墅花园，著名的有九峰园、贺园、万石园、筱园、冶春园、个园、寄啸山庄（何园）、片石山房等数十处，扬州园林既有北方建筑之雄奇，又具南方建筑之俊秀，清雅别致自成一格，是优秀的建筑与造园艺术珍品。

扬州园林秀美，自然风光也很诱人，市区西北的瘦西湖，瘦小清秀可与杭州西湖相媲美，蜀岗上的平山堂处为古大明寺遗址，建有鉴真和尚纪念堂，其他文峰塔、普哈丁墓、文昌阁、四望亭、五亭桥等都是著名的历史古迹。扬州已被国家确定列入第一批二十四个历史文化名城，受到认真的保护。

扬 州 情 愫

我虽长在苏州，但父母亲及祖辈都是扬州人，许多亲戚都在扬州，因此能说一口道地的扬州话。抗战初期逃难到扬州，住过一段时间，那时我年纪还很小，但留下忘不了的印象。父辈们引以为自豪的是我家是阮元的后代，带我去过太傅街，看过阮家祠堂，也去过阮元墓，依稀记得离城很远，要坐独轮车，吱呀、吱呀走不少的路，现在扬州城大了，就在城边上了。

阮元是我的高祖，我的名字就是按他拟的字辈排行“恩传三锡，家衍千名”取的，我是“三”字辈，恩传三锡，“锡”古字同赐，就是皇帝恩赐的名爵，皇帝为九锡，太子七锡，亲王五锡，人臣极品为三锡，意思是说阮元家族有极高的荣耀，要儿孙们珍重延续下去。阮元做过大官，所谓“三朝元老，八省封疆”，历经乾隆、嘉庆、道光三朝，先后任浙江、河南、江西巡抚，湖广、两广、云南总督，后授太子太傅、体仁阁大学士。他在粤时严禁鸦片，修筑炮台，严惩不法外商，在浙时平倭寇。他为官廉洁，两袖清风，在家乡扬州也只留有少许墓田和老宅。他是清中叶时的大学问家，履迹所至以振兴文教为务，在杭州创“诂经精舍”，在广州设“学海堂”，选才讲学，兴盛文风，又重视所在地方文物，在广州时重修《广州通志》，在滇时编《云南通志稿》及《两浙金石志》等，而影响最大的当推著《皇清经解》和《十三经注疏校勘记》等，是经史研究的高峰。另外一直影响至今的是，阮元在继承中华书法艺术上提出《南北书派论》和《北碑南帖论》，纠正了明清以来馆阁体充斥时事，书法艺术衰微萧条的状况，使书法重开胜境。广州和杭州都把阮元列为城市名人，我也以有这样的先辈而自豪。陈从周教授曾在我1990年著《古城留迹》一书序言中说：“曩岁余究扬州古迹园林之学，屡客其地，至则先瞻太傅街阮芸台先生元故居，仰乔木，景先贤，盖先生清之名相，名儒，史册昭然，其故居犹存，史迹也。裔孙仪三从余游，承家学，好学敏思，尤留心中国城市历史之迹迁，成《古城留迹》一书，嘱为序，把卷佤，益思阮氏有后也。”

五亭桥和白塔是扬州古城的标志

陈先生博学广闻，在我大学一年级时，他看到我的名字时就问我：“你是阮元的后人吧？”他教导我说：“你的先人特别重视地方文化，在云南修地方志又疏昆明城中的翠湖筑堤，后人称为‘阮堤’，在杭州也编书疏浚西湖壅泥成岛，后人称‘阮公墩’，八十多岁退休在扬州也闲不住，四处寻访发现并修复了隋炀帝陵，宣扬隋炀帝修大运河的业绩。阮元虽做大官，但做了一辈子的学问，成为‘大家’，你这个后代要好好学习啊！”这一番话真使我终生受益。

进了同济大学建筑系后，我跟陈从周先生学古建筑园林，他对扬州情有独钟，也很喜欢我这个扬州人。上世纪五六十年代，他带学生把扬州的古园林和老宅子都测绘了，我帮他整理资料，对扬州的这些建筑精华有了一定了解。

1982年扬州被确定为第一批国家级历史文化名城。1984年在扬州召开全国名城会，成立了全国历史文化名城学术委员会，我忝列为委员会成员，在议论时周部长（周

三元路上的石塔和文昌阁

干峙，建设部原副部长，两院院士）、罗公（罗哲文，国家文物局专家组组长）和郑老（郑孝燮，建设部顾问）跟我说起确定了国家历史名城，名城如何保护？怎样做名城保护规划？我是研究城市规划的，可以试试。我就带着学生，连续两年对扬州古城的保护进行研究，对一些重要历史地段，像仁丰里、校场、东圈门、小秦淮及几个私家大花园附近等，都做了保护和发展规划。

做规划要熟悉地形地物及风土人情等，我跑遍了扬州古城里的大街小巷，也和一些老扬州们泡熟了。现在回过头来看，假如当时的规划能有所实现，扬州古城会更具传统特色。

2001 年邗江区政府找我做隋炀帝陵和阮元墓的景区发展规划。隋炀帝陵早已湮没了，是阮元发现并整修的。我觉得义不容辞，后来这个规划获得了很好的评价。为扬州东圈门历史街区保护与整治争取国家级立项并争取专项资金，我也出过不少力。作为国家历史文化名城研究中心的主任，要面对全国的名城，但对扬州的事，总觉得应特别花些气力才对。

2008年江苏省文物局为保护省级文保单位名人故居，拨款100万元整修阮元家庙，扬州市政府委托我总其事。家庙共有三进，基本留存晚清原貌，左右各有住宅七进，都已破败，居住了30多户人家，市政府花了5000多万元迁走了这些住户，才有整修的可能。我们认真做了完整保护、全面修复的方案，经两年多修缮，已基本恢复历史风貌，现已成为扬州古城内重要的景点，也将成为扬州学派及阮元研究会的活动场所。

扬州仰仗于长江运河之便，唐、宋以来的繁盛冠甲全国，留下了丰富的历史文化遗存，直到最近，古城及其周围，只要一动土，就会发现珍贵的古董和重要历史古迹。悠久的历史、丰厚的沉淀，孕育了扬州人较高的文化素养，使扬州的古城风范尚能承继。

我最赞赏瘦西湖，在中国所有城市风景区中，瘦西湖的景观保护最好，在其四周

扬州名城会议同济校友合影（前左一奚永华，中左二吴明伟，中左三王平虬，中右一阮仪三，后左二万国鸿，1984）

极目四望，没有高楼大厦，没有烟囱水塔，没有广告牌和大标语。一汪碧水，湖光旖旎。那长堤柳丝低垂，芳草茵茵；那朱栏一字的虹桥，衣香人影；那白塔，不是藏传佛的信物，却是造风景的点缀；那五亭桥，15 个相通的桥洞，水波掩映。

对瘦西湖地区如没有严格保护与控制，就没有今天瘦西湖这样美好的风光，也没有二十四桥景区的延续与再现，这是扬州人的高明。说到此，扬州这座古城孕育了众多拥有文化修养并热爱家乡的贤人达士，扬州古城里拥有丰富的历史遗存，许多名人故居、名宅大院虽早已年久失修，但没有大片拆迁。双东地段的旧区更新，更是创造了居民民主参与、国家补贴的办法。老居民们自发组织起来，自己遴选切实能原样修复的施工队伍，群众共同研究房屋的外部式样，大家不要瓷砖贴面、大玻璃窗等现代装饰，不要方盒式时髦造型，而要小青瓦，灰砖墙，外表古色古香，内部设施齐全，既改善了生活环境，提高了生活品质，又保持了历史街区古朴的氛围。彩衣街地段的改建是中国所有历史文化名城中传统民居改造的典范，是一个创造。

扬州在城市建设发展中发现许多地下留存的遗迹，譬如东城门、北城门都有完整的宋、元时代的东西，扬州的做法是原样废墟式留存展示，不像有的古城把老城墙、老城恢复重建，这反映了扬州人的文化素养，是符合世界遗产保护原则的做法，而非迎合一般发展旅游做假古董的俗套。我听舅舅朱懋伟（扬州 50 年代城建工程师、科长，80 年代建设局长，后任人大城建委副主任，是扬州著名的老专家）说过当年如何花力气保护古城墙遗址和瘦西湖环境的事，与当时想呈现政绩的领导及许多有钱有势的大单位争斗的历程。扬州就有赖于这样一些对扬州历史文化有研究又有一腔热爱家乡的仁人志士，这是扬州的财富。

20 多年来，许多历史名城在大规模的城市开发中，守不住祖先留下的文化遗产，急功近利，目光短浅，导致许多美好环境消失，像杭州西湖边盖起多幢丑陋的高楼，山水甲天下的桂林，已是高楼甲山水了，后悔来不及了。我期望扬州在发展现代城市的同时，永葆古都风采。

江南访古

模范城市南通

南通是一座历史古城，清末以前一直是州府城市，在近代受到资本主义工商业发展的影响，而得到迅速发展。清末状元张謇在南通兴办民族实业，开工厂、办农垦、建学校、修马路及创办一系列社会福利事业，使南通在城市性质和城市面貌上发生了巨大变化。他能吸取当时一些外国的经验，聘请外国工程技术人员，不墨守成规，因而在他影响下南通的建设也就不同于当时一般的中国旧城，在中国近代城市发展史上成为别开生面的另一种类型。

南通城市发展时期大致从 1895 年到 1925 年左右，第一次世界大战结束后不久，帝国主义又加强了对中国的经济侵略，外货大量倾销，南通的私营工业企业经不起冲击，而逐渐衰落，城市的发展也就停滞不前。

一、南通的历史沿革与旧城城制

南通地处长江三角洲东部，原是浅海地区，大约在六千年前，长江的出海口还在江阴附近，在南北朝时 (420 ~ 589) 这里开始出现沙洲，当时称为壶逗洲。后周显德五年 (958) 筑城，始称通州。明代 (1368 ~ 1644) 倭寇常侵扰我国，南通也遭到倭寇的烧掠，当时城门以外聚居了许多居民。明万历二十六年 (1598) 在南门外筑新城，这样南通城的面积有了很大的扩展。明中叶以后，随着城市经济的繁荣，又突破了城墙

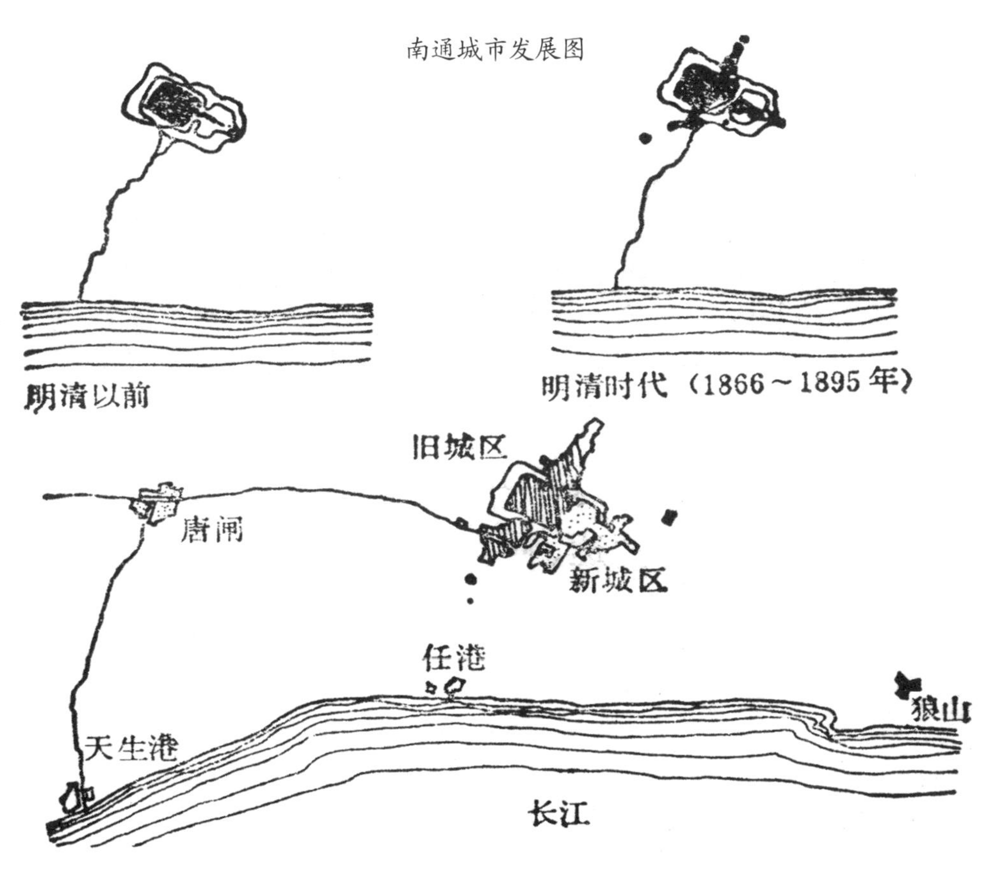

南通历史上的隶属与建置

年 代	朝 代	隶 属 与 建 置
420 前	晋以前	江口河域
420 ~ 581	南北朝	胡逗州（壶逗州）涨出
581 ~ 618	隋	胡逗州
618 ~ 907	唐	为盐亭场，曾设浙江狼山镇遏使
907 ~ 960	五 代	吴置静海都镇，后周置通州静海县
960 ~ 1279	宋	通州静海县
1271 ~ 1368	元	通州、静海县属扬州路
1368 ~ 1644	明	通州属扬州府
1644 ~ 1911	清	通州直隶州，海门县并入州
1911 后	近 代	废州设县改称南通县

的外框，在东、西门外，通向城门的东门、西门大街两侧，店铺林立，成为热闹的地带。

南通自宋代(960 ~ 1279)以后一直是州府所在地，城市形制规则，呈方城十字街，县衙在城中心。清中叶(19 世纪)在城东及城北设置了行政及军事机构，由于西门靠近通扬运河(南通至扬州)，商业较为发达。

二、南通城市的近代发展

南通与我国近代的工业中心上海只有一江之隔，较早受到近代经济发展的影响。整个地区盛产棉花，1895 年当地著名的士绅张謇在提倡实业救国的口号下，在离城

天生港大达轮步

7 公里的唐闸首先开办了大生纱厂，以后又在附近陆续开办了榨油厂、铁工厂、面粉厂等，在工厂周围建造起工人住宅区，形成了一个完整的工业集镇。同时在唐闸南面沿长江岸边，兴建了港口——天生港，并与旧城之间开通了公路。唐闸和天生港建成之后，推动了南通旧城的发展，新的建设活动大多集中在老城南门外地段。在城南濠河南岸东西两端，集中发展成为文化区：东面建了我国最早的博物苑，并建成了图书馆，开办了医院、农业学校和农业试验场；办起我国第一所规模较大的师范学校；在西部充分利用了濠河宽阔的水面，逐步修建了东、西、南、北、中五个公园，以东公园为最大，其他有的是堆土成岛，有的则是沿岸绿地。

大生纱厂

在通向唐闸的桃坞路两侧，则是新建的商业区，中心部分还有好些大型建筑物，如总商会、更俗剧场、交易所、百货商店等。还建了不少里弄住宅和私人住宅，这些高大而且有外来形式的建筑与南通旧城的低矮平房，形成强烈的对比，标志了南通城市新的变革与近代资本主义发展的兴盛。

城市道路也作了规划，将全城道路分成干线与支线，成立专门机构——路工处，测绘了全城地形，修筑了五百余里公路与沿线的桥梁，并开辟了我国第一家民营公共汽车公司，行驶于狼山、天生港、唐闸与旧城之间。南通还兴办了许多社会福利事业，如中小学校、职业学校、体育场以及养老所、栖流所、习艺所、幼儿园等。

在短短的二十多年时间内，一个破败没落的封建旧城，建成为工业发展、商业繁荣、文化教育发达、社会福利设施较好的城市，曾在民间赢得了模范县的称号。

三、张謇与南通的建设

张謇字季直，清咸丰三年（1853）生于江苏海门常乐镇，光绪二十年（1894）42 岁时殿试中状元。1895 年他作为“新政”的支持者，鉴于洋货行销，利权尽为外人所夺，在提倡“实业救国”的口号下，积极开办工厂。他利用自己的官场关系，筹借款项，收购了因故滞留黄浦滩上的进口外国织机，先在南通唐闸创办了大生纱厂。由于南通出产棉花，四乡农妇又赖以织布为生，洋纱洋布倾销，使其生计日艰。大生的创办供销两利，很快获得了巨大的利润，于是就继续增建各种工厂，大多为农副产品加工业，如榨油厂、面厂、蚕丝厂以及铁厂等，开拓了天生港，办了轮船公司，垦殖海滩办农牧盐场，等等，数年内便很快发展起来。他还兴办水利、开马路、办学校，在城市中也搞了不少建设，进而搞起了地方自治。他自己投资，使南通按着他的意图进行建设。在当时政治腐败的清政府统治下，和后来民国初年军阀混战的年代中，全国大多数中小城镇日趋破败，而南通却呈现出一派欣欣向荣的景象，在 1915 年美国巴拿马世界博览会上陈列张氏所办事业各项成绩获得了荣誉大奖，张謇也以兴办实业出了名，在推翻清王朝后的首届民国政府中被委任为实业部长，又在袁世凯政府中任农林工商部长及全国水利总裁等。

张謇不愧为民族资产阶级中卓有见识的人物，他看到了要办好各种事业，必须要有各种建设人才。他在南通大力发展教育事业，开办了师范、工业、农业、商业、医学以及其他专业学校，培养了不少人才，如师范学校设有土木科、测绘科，聘请外国工程技术人员讲授，将优秀毕业生送出国继续深造，这些知识分子的培养使南通的建设事业得到很大的促进，如测绘科的学生就测绘了全县的地图，纺织技校的学生成了纱厂的技术骨干。

张謇

四、南通城市的发展特点

南通在1900年前基本上还是一个封建旧城，城市的内部功能和外部形态都和中国一般州府城市相类似。由于人口增加，商业的繁荣，越市内部也不完全是居住与行政机构了，开始有了手工业及运输业，于是城市沿着主要道路方向向外发展，突破了城墙的范围，出现了关厢地区，使城市成了不规则的外形，这是明中叶以后南通城市的情况。南通城市的外部轮廓仍旧是城墙高塔组成的古城旧貌。自1900年张謇在南通创办了工业及其他事业后，对南通的发展注入了崭新的因素，使整个城市的结构起了根本的变化，城市的面貌也随之改观，城市的立体轮廓出现了新兴工业的烟囱和高

文峰塔

国棉一厂（原大生纱厂）

人民公园

唐闸运河

大的现代房屋，旧的格局被打破了，城市进入新的发展年代。

南通近代发展的特点可归纳为：

1. 合理布局的唐闸工业区

选择唐闸作为工业区，张謇是作了研究的，唐闸离城不远，仅7公里，且位于通扬运河右岸，有支河通向天生港，交通条件便利；离城远，地价较低廉。把唐闸、天生港、南通城作为一个总体布局来考虑，为合理发展创造了条件。唐闸内部的工厂设置也没有像一般自发发展的工业集镇那样，居住与工厂杂乱地挤在一起，而是事先进行了大致的分区，纱厂及以后建的油厂、铁厂等，布置在运河和支河（输航河）之间，在输航河与工厂间布置了仓库和堆栈，住宅区主要在北面和西侧。工厂住宅成片建造避免了散乱。工厂东侧沿运河留出马路和建成二层为主的商业街，越运河设唐闸公园及学校，从风向看工厂和居住相对位置也是合理的。

2. 旧城附近开辟新区

一些商业、文化教育设施要设在人口集中的旧城，但由于旧城内居住密集，张謇就在城市南部的新城内，以及城外附近地段开辟了新的城区，这样用地可以宽绰，又可借用濠河宽阔的水面，取得了较好的风景效果。他把性质相同的学校、文化机构集中于东边，而商业、文娱则集中于西侧，并将城南中心地带改造开辟成模范市场。张謇虽然拥有雄厚的资金，也有一定的影响力，但他没有在旧城内进行大拆大建，或见缝插针的搞建设，而是基本上让开了旧城。这一方面避免了拆迁的麻烦，更重要的是保存了旧城的风貌。在新区建设中注意了城市面貌的改善，旧城四周濠河环抱，而水面有宽有窄，结合地形建设了五个公园，濠南沿岸遍植树木，浩波绿荫，古城塔影形成南通独特的景色。

南通南门

3. 整个城市组团式发展

南通旧城、唐闸工业区、天生港码头区形成了三足鼎立的形态，在城市功能上却是一个整体，彼此距离不远，有河道及新筑的公路联系，又互不干扰，各自可以合理发展。这样组团式的形态不同于一般近代城市的同心圆式的发展，避免了一圈居住，一圈工厂，层层重叠，生产居住混杂，交通不畅，环境恶化的缺点。南通建成了一城多镇，城镇之间又是广阔的农村，为工农，城乡的结合创造了市利条件，并可防止旧城向外围无限制扩大。

近代南通的建设，为我们提供了许多有益的经验，值得我们在今天的城市建设中借鉴。

如皋古城与董小宛

如皋位于苏北平原水网地区，坐落在南通西北约六十里。考古发掘证实，这里还在五千年前就已有部落聚居。春秋时期，如皋这个地名已见诸文字记载，《春秋左氏传集解》（第二十六：绍公七）有："昔贾大夫恶，娶妻而美，三年不言不笑，御以如皋，射雉，获之，其妻始而笑。"因此如皋又名"雉水""雉皋"。东晋时正式建如皋县，但县治在今如皋城，《太平寰宇记》云："县西四百五十步，有如皋港，港侧有如皋村，县因以为名。"港即今之秀水港，已废。直至唐太和五年(831)县治正式置于此，自此以后，如皋城有了很大发展。

如皋城的建设，始于宋。宋庆历年初(1041)，县衙界建有樵门，"门仅出入，楼设钟鼓司晨，夜时守望"。这座樵门于元末毁于火灾，明初重建，嘉靖十年(1531)改建为谯楼三间。嘉靖十三年(1534)砌造了六座城门：东为先春门、西为丰乐门、南宣化门、北北极门、东南集贤门、东北拱宸门。四周没有筑城墙，是沿着市河为界，此时全城人口已逾五千户。

明嘉靖三十年(1551)，倭寇侵犯我国东南沿海，滨海各县纷纷筑城以抗御，如皋也于是年筑城，一年即成。城池范围向外扩张了，城墙周长一二九六丈，高二十二丈五尺，墙顶宽五丈，城墙脚宽五丈。设四门：东曰靖海门，南曰澄江门，西曰钱江门，北曰拱极门。沿城墙外新挖了河壕，就是现在的城河，原来的城河全包进了城内，改

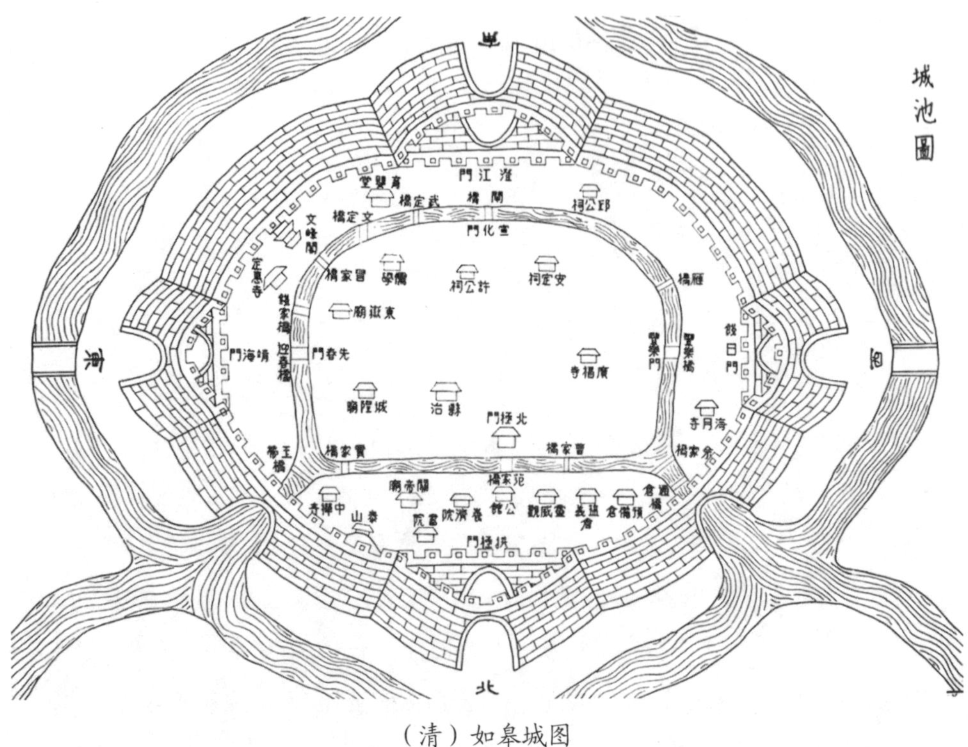

（清）如皋城图

称为市河。东北城墙设二水关，以通船只。

明万历二十年(1592)增筑月城，二十七年(1597)增设敌台23座。由于城墙为防倭寇入侵而仓促建成，以后有过几次倒塌和重修。清乾隆二十三年(1758)开始，花了三年时间进行全面整修。1949年城墙被全部拆除。

如皋县城又称如城镇。城区被内、外两条城河环绕，内城河略成矩形，东西长约750米，南北宽500米。外城河呈圆形，直径约1300米。旧城内主要街道为十字形贯通四门的石板铺筑的大街，小巷成方格网状通向大街。城内民居多为低层砖木房，朴素整齐。小巷深处形成的许多宅院、门楼磨砖雕琢，院落栽树植花，装饰整齐，窗明几净，呈现舒适安详的居住气氛。城内水面较大，共17公顷，占城区面积的6.5%。

沿内外城河两岸，绿树扶疏，细柳拂水，市桥相望，碧波映影。据记载，城内原有大小园林十数处，在城内东北隅，河港交会，积水成池，就是著名的水绘园。

水绘园为明代冒家的别业，是我国历史上的名园之一。明末才子冒襄与金陵名妓董小宛有一段佳话故事，后来两人又居住于此，该园因此而名益扬。

冒襄字辟疆，自号巢民，如皋人，生于明万历三十九年(1611)，卒于清康熙三十二年(1693)，享年83岁。他幼时俊才，十岁就能赋诗。明天启年间与桐城方以智、宜兴陈贞慧、商丘侯方域一起被称为四大公子。后又结复社，反对阉党魏忠贤的爪牙阮大铖，而遭到阮的迫害。冒曾中副贡，授台州推官，后来隐居不仕，在水绘园中读书作文，宾客游宴，盛极一时，著有《朴巢》《水绘》两集。

董小宛，名白，字青莲。明天启四年(1624)生，金陵名妓，与当地的柳如是、顾横波、李香君齐名，后客居苏州。董小宛天资聪慧，美貌绝伦，不仅能歌善舞，女红娴熟，又喜读诗书，食谱茶经莫不通晓，尝集古今闺帏之事编纂成书，名《奁艳》。她遇冒辟疆后坚欲委身，两人如胶似漆。后冒因经济拮据，事将破裂，适逢好友助金赎身，玉成了这一对才子佳人的好事。清兵南下，董、冒渡江避难，辗转于离乱之间达九年。顺治八年(1651)董殁，年仅27岁。冒辟疆作《影梅庵忆语》，记录了他们的感情始末。

冒辟疆与董小宛的史实如上，但民间传说是董小宛先为金陵名妓，清兵入关后，董进了北京皇宫，成了清顺治皇帝的宠妃。实际上当皇妃的是董鄂妃，不是这个如皋的董小宛。那些说书的民间艺人将两个姓董的女子故事混编在一起，哗取听客，歪曲了董小宛的形象。

水绘园的变迁，《民国如皋县志》卷二上说："在城东北隅中祥寺、伏海寺之间，旧为文学冒贯一别业，名水绘园。后司李冒襄楼隐于此，易园为庵，中构妙隐香林堂、默庵、枕烟亭、寒碧堂、洗钵池、小浯溪、鹤屿、小三吾月鱼基、波波主亭、湘中阁、县雷山房、涩浪坡、镜阁、碧落庐，一时海内距公知名之士，咸游觞咏啸其中，数传后仅存荒址，已属他姓。嘉庆元年(1796)，冒氏族人赎而复之为家祠公业。"现已扩建为公园，虽非旧貌，而境界自存。所谓水绘二字，尚能当之，而面水楼台，掩映于垂柳败荷之间，倒影之美，足入画本。此一区建筑群之妙，实为国内孤本。

陈其年《水绘园记》载："水绘之义者，会也。南北东西皆水绘其中，林峦葩卉，块北掩映，若绘书然。"此园名之由来。今所见者建筑，依池而筑者，琴台、竹屏、水明楼，中为新安会馆，西侧雨香庵。园门前为通城巷，通城巷与冒家巷连。此一遗迹，宜妥保之。

冒家桥之南有定慧寺，北向开门，大殿，环筑楼台，而寺之外又三面皆水，此亦佛寺建筑之特例，称之为"殿环楼，水绕寺"，为如皋又添一景。今存大殿，建于清顺治年间，用材坚实，结构完整，这些都是如皋历史的证物，到那里足以停足，小事游览的。

如皋

与王平虬(左一,江苏省建设厅,同济58届)、陈从周(中)合影于如皋水明楼(1980.11)

近年来，如皋城发展很快，城内东西大街及南大街已拓宽取直，由于公路从城西绕道而过，水运也在城旁切过，对城内均少干扰，所以如皋城内部依旧保持了宁静朴素的苏北小城镇风貌。

常州城外古淹城

在江苏省常州市南面，离市区约七八里许，在一片开阔平坦的农田之中，隆起了好几道环形的土丘，这就是距今两千多年的淹国都城——淹城遗址。至今还完好地保存了城墙和城河的形状，这在江南地区是很罕见的。因为在战国时期，这里是吴国和越国所在地，除了它们的都城苏州和绍兴以外，今天很难找到当时城市的遗址了。

淹城有三重城墙，分宫城、内城、外城。外城是不规则形的圆形，城周长约三公里。内城是方形，城周约一公里半。宫城在最里面，也是方形，周围约半公里。城墙都是用土筑成，奇特的是三道城墙都只开一个城门，而这三个城门又不开在一个方向上，从城外只有一条道路通向内城门。宫城的地势较高，中间有一块高地，当地的农民，称它为紫禁城，是当年淹国国王建宫殿的地方，现在盖有一座小庵庙，庙墙上留有清代的石碑，碑上提到此庙位于淹城紫禁城。城墙底宽约25米，三道城墙外都挖有护城河，宫城的护城河已湮没为低洼的农田，但河床的痕迹很明显，内城、外城的护城河，河面宽广，河水清澈，碧波涟漪。在外城河外还有一圈隆起的土丘，可能是历史上挖河堆起的积土，也可能又是一道城堤，这就有待于考古专家们挖掘证实了。

淹城城内及护城河里，散布着许多印纹陶器碎片，还发现了20个印纹陶罐，据考古学家们鉴定，是战国初期的遗物。1959年，淹城还出土有铜尊、铜盘、铜牺器物，具有战国时期南方文化的特征。在护城河内，近年发掘出长11米的独木舟，经放射

淹城鸟瞰

性碳14测定，为两千余年前战国以前的交通工具，这条独木舟现藏北京中国历史博物馆供人参观。后来，这里又挖出两条类似的舟船。依据这些可靠的考古资料可以确定，淹城是战国时期的城市遗址。

在古代史籍上，对于淹城没有明文记载。最早见诸文字的是西汉人袁庚所撰的《越绝书》。书上说："毗陵县南城，故古淹君地也，东南大冢，淹君女冢也，去县十八里，吴所葬。"清代顾祖禹撰《读史方舆记要》载："淹城在府东南三十里，其城二重，壕堑深阔，周广十五里。"《越绝书》称："毗陵县南古淹君地……又隋末为沈法兴、李子通等所据。"《常州府志》上有关淹城的文字有："其城三里，周广十五里，今外城多蹊圮，惟内城中城屹然，向中壕外壕广可十五丈，深亦减三丈，水涸时斩得朽木，可以宿火。或去吴王囚质子处，故有淹留二城，一云淹城即古毗陵县，一云沈法兴所据。”文中所指毗陵县即今常州市；沈法兴者，是隋朝末年吴国郡守，隋炀帝被杀后，沈起兵自立为梁王，经三年后被灭，这是公元617年到619年的事。

对照这些文字资料，可知淹城是淹国的都城。史书上记载，在今山东曲阜、泗水一带有一个称为淹国的小诸侯国，后为周所灭。过去有人认为这个淹城，就是商城末年在山东建国的淹君，被周人追逐而南迁到长江下游常州来的。但从考古实物来观察，出土的文物都具有浓厚的南方地方色彩，与当时黄河流域文化遗物大不相同，因此这个淹城应该是在战国时期早就在南方定居的一个小国家的都城，而不是从山东迁来的，因为国家小，在当时城址又较偏僻，故史书上记载较少。

《常州府志》上记载“吴囚质子”“沈法兴所据”等，大概都是后人利用了这个古代淹城旧城址，而不是新筑的。

《越绝书》上提到了“有大冢，淹君女冢也”。在淹城内城西北堆有三个大土墩，当地农民称为头墩、肚墩、脚墩。民间传说淹国公主出嫁吴王为妻，吴王贪婪，企图吞并淹国，当淹女回娘家淹国时，吴王设计引吴兵偷袭了淹城，但由于淹君的警觉，加上有三道城墙、三道城河，层层设防严密，吴兵未能攻占，只得退兵，然而可怜的淹国公主却因此犯了祸国罪。淹君为严正法纪，忍痛将公主斩成三段，葬于城内，以戒国人。从这段故事中可以看出，淹城的城墙确实在防守中发挥了不小的作用。

淹城规模不大，但形制却较为完整，有规则的三套城墙，说明了在建城前先就有了周密的计划。在江南水网地区，建造这样规则的城市，必是经过仔细勘察地形，充分利用自然的河道，这样才能循势省工。战国时期著名的赵国邯郸城、齐国临淄城等都是在平地上建造，而且都只有并列的两重城廓。相比之下，淹国在城防上显然是更胜一筹了。

从内城和外城地面、地下散布许多陶片的现象来判断，可以肯定内城当时住有不少居民。1978年笔者去该地考察时，在城河中用锄头钉耙随便地捞了几下，就拣出

与同济校友、常州市规划局总工张苹植在常州淹城古城遗址勘察（1980.3）

了好几块印有明显战国粗陶特征的回字纹、席纹的陶罐碎片，当地农民不知道这些东西的价值，碎片乱堆，成形的盆罐等就用来盛放杂物，如做油灯盏、肥皂盆、盐缸，有的大容器就做猪食槽、狗食钵，真是可惜。常州博物馆的有识之士，想到了如果去征收或收购，必然会引起农民们的猜疑，或造成乱挖，或匿藏外卖。于是他们从城里运来了搪瓷脸盆、暖水瓶等日用品，用关心农村，改善农民生活的赠送方式，交换了这些散失在各家各户的陶器、铜器，这确实是做了一件大好的事情。

淹城中出土了许多的铜器，其中除酒具、餐具、礼器外，还出土了一组类似编钟的镯，以及制作精良的独木舟，说明淹国当时的生产水平和文化水平是相当高的。

淹城遗址于1962年列为省级历史文物保护单位受到保护，1988年列为国家级文保单位。淹城，在我国城市建筑历史上具有重要的价值。

古台州府城临海

临海古城位于浙江省临海市城区中部，四面群山环抱，城北以北固山为屏，东南有巾子山耸立，浙江省第三大河灵江自西南绕城而过，东部有东湖碧波荡漾，整个古城不仅形势险要，而且风光秀美，背山面水，实为风水宝地。

临海古城历史上称台州，为府治所在，据记载始建于东晋隆安末年(401)，唐代台州定治临海后，规模进一步扩大，宋时子城、罗城具备，作为台州首府，商业很发达，有“府城日日市”之称。现仍存西、南、北三面城墙，东面已被拆除，西、南两面也是防阻灵江洪水的江堤，经过多次修筑，显得坚实雄伟，至今仍担负着抵御洪水的重任。原七个罗城的城门尚存四个，其瓮城均保存完整，由于古城依傍着北固山，北部的城墙就依山就势修筑，近年已逐步修复，重现了昔日的风貌。

在青葱的山岭上，古城墙堞矢突兀，随山势高低错落，攀崖越岭，蜿蜒起伏，气势生动，成极佳景致，有小八达岭之誉。市内文物古迹有巾山群塔、千佛塔、大成殿、元帅殿、太平天国台门、鼓楼等。

临海古城内三条主要大街贯通南北，在大街两旁伸出了许多横巷成鱼骨式布局，穿插成不规则小巷，整个街巷体系既整齐又不失活泼。

临海西门街、紫阳街等是清末至民国二三十年代形成的商业街道，因当时商业繁盛，沿街全为店铺，其特点是下店上宅、前店后宅或前店后坊。为方便行人和顾客，

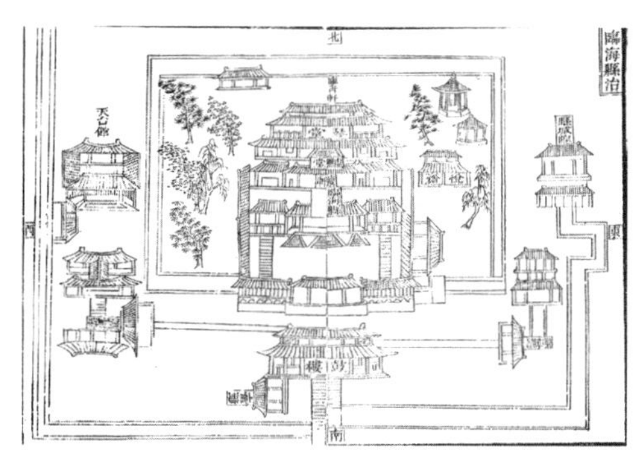

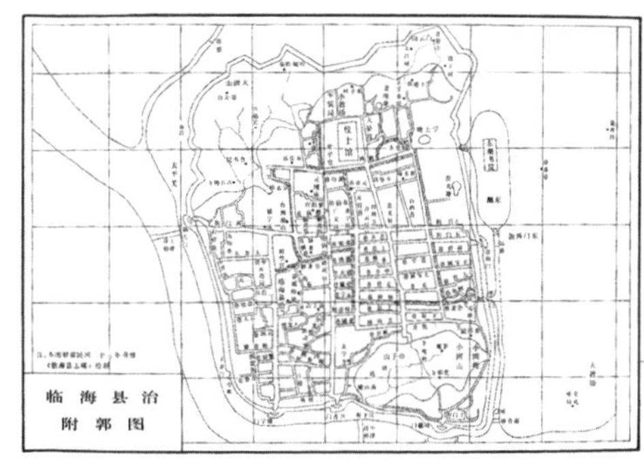

临海古城图

一般店铺多做檐廊，这个廊棚有的从门前搭出，有的是房屋的腰檐，有的就是檐廊，随着店屋的高低，檐廊也就高低不一。长街为防火和分隔，建有多座门券，标列有名称。在街道交叉口四角店铺屋檐都有向街心的檐角，以突出街口的位置。整条街全用石板铺筑，整齐光洁。整条街道由于历年修建，宽窄不一，房屋也不划一整齐，而造成空间有宽有窄，显得不呆板而有变化。街道留有趣闻典故，如桥上桥、楼对楼、小白塔、千佛寺等，街道上的老店招牌犹存，时代更迭依稀可辨。店铺里陈列的土产乡情浓郁，街道后面传统民居托衬，使这条以紫阳道人名号命名的街道成为极具特色的历史传统街，有道是：檐角互对，门券相望；檐廊起伏，石板光亮；老店名品，典故流长；老街乡浓，名城之光。

临海的民居平面组合多三合、四合院，大型住宅以“十三间头”最常见。布局精巧，多有变化，院落重重，堂屋居中敞亮，檐廊出挑深远，天井铺石板，居民喜摆设盆景花草，雅致而生机盎然。

民居用砖木结构，立帖穿斗木梁柱，空斗砖砌墙，石灰刷白，朴素淡雅。有的宅门为砖雕门楼，吉祥图案花饰。玲珑剔透，一般宅门为石板门梁框，略有雕饰，清秀挺拔。

民居多合院式楼房，为了防火，两厢房的山墙常作马头墙，层层下叠，极具韵律，

临海城墙

古城门

小型民居山墙多用云头、观音兜等造成丰富的轮廓。

民居全用木屋架，小青瓦铺顶，中脊两坡为主，屋顶高低，房间大小不同而使屋瓦脊檩交接变化多样。

木门、木窗、木墙板，窗格简单的多作直条格或串花格，考究的则图案精美，墙上开窗多方窗，也有八角窗，外墙窗顶有窗楣。临海民居屋瓦毗连，山头起伏；巷道深邃，门头华丽；外形简朴，内部得体；天井敞亮，漏窗灵空；院落重重，堂屋居中；大户清雅，小家安适。

浙东古城——余姚

余姚地处杭州湾南岸，在浙东沿海平原和四明山区的交汇点，城市横跨姚江两岸，是一个历史悠久的古老城镇。

这里很早以前就有人类居住，在余姚县的河姆渡村，存有距今约 7000 余年以前的原始社会的村落遗址。在遗址中，发现了最早用兽骨、木制作的耕作农具，以及最早采用榫卯技术构筑的木结构房屋部件和极为精美的艺术品。遗址规模庞大，说明当时这里已是稳定的居住地区，以及有较高生产技术和文化水平。

余姚地名的由来，据县志载：“舜支庶所封之地。”相传虞帝舜姓姚，约在公元前 2200 余年，继承了唐尧的帝位，这一带为舜的庶子受封之地，故称余姚。又舜禅位给禹，夏禹东巡时会诸侯于会稽（今绍兴），后不久去世葬于会稽，夏中兴之主名少康的，封其庶子无余于会稽，以祭奉禹陵，此地属会稽，故名“余姚”。

余姚建县于秦代，秦汉唐时属会稽郡管辖，元代升为州称绍兴路余州，明清时均为绍兴府下属县治。在三国时就修筑了城池，当时范围很小，在龙泉山之东，姚江北岸，周围仅长一里二百五十步。到元至正十七年（1357），出于军事需要，将城郭扩大，城墙延伸到九里多，设有五个城门，三个水门。环城挖有护城河，可通船只。

明洪武二十年（1387），大将军汤和巡视浙东时，认为此地宜驻重兵制险塞，加修城池，城防更完善。但尚只有姚江以北的北城。

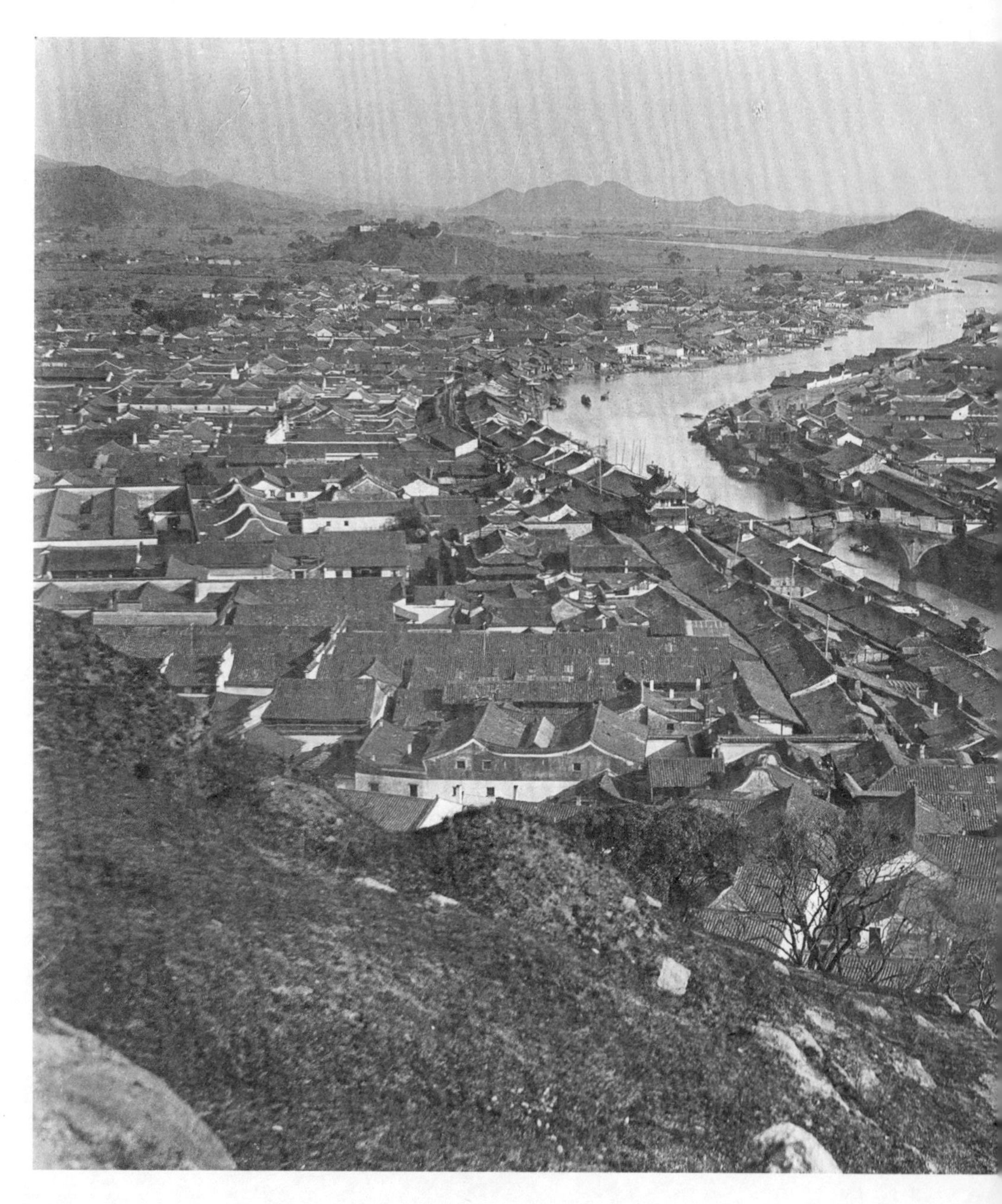

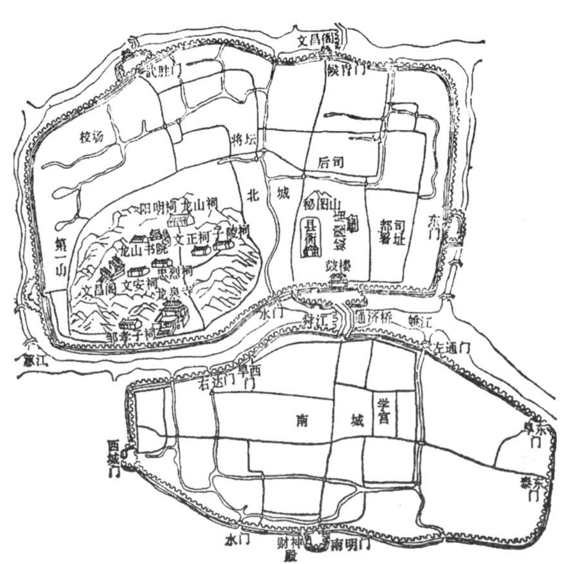

余姚南北城图 (1899)

明嘉靖年间，倭寇侵扰，浙东数县为之骚然。倭寇犯上虞，蹂四明，四乡百姓纷纷逃往余姚城避难，北城容纳不下。嘉靖三十六年（1557）九月，皇帝下诏兴筑南城，次年六月竣工。南城墙周长一千四百四十丈，有陆门四、水门二，陆门上皆有重楼。自此，两个城池，夹江南北相对，南城的北固楼枕江与北城的舜江楼对峙，江上建有通济桥，沟通南北两城交通。

由于余姚地处于海防前线，明代倭寇经年入

上世纪 20 年代前后的余姚城

侵，对沿海城镇大肆烧掠。据县志记载，嘉靖年间每年数次入境烧掠，人民深受其害。于是在余姚外围，修筑了两座防御性城堡城——西北的临山卫城和东北的三山所城。

临山卫城在余姚西北六十里之庙山，因依山临海曰临山，又名卫东。城墙用石块垒成，周围五里三十步，高一丈八尺，有四座城一个水门。城上有城楼五座，敌楼十四座，更楼一，窝铺三十八，月城三，墙堞九百六十七。城外有濠。

三山所城在余姚东北的浒山，城长三里一百一十步，高一丈六尺，有城门四座，月楼四座，角楼四座，墙堞六百三十五。也设有深城壕。

余姚的南北两城及两个卫所城都设有完整的防御设施。城有陆门、水门，主城门外筑瓮城及月城。城垣上设敌楼、窝铺、角楼、女墙，城墙外挖有深壕。卫城外还设有瞭望台、烽火台以报敌情，临山卫城的山地制高点上筑有炮台。这样构成了一个完整的防御体系，余姚南、北两城相互依托，临山、三山左右拱卫，依山临海，成为主城的屏障，加强了浙东的海防。

在南方水网地区，河道是城市经济发展和人民经济生活的主要命脉。余姚地处水

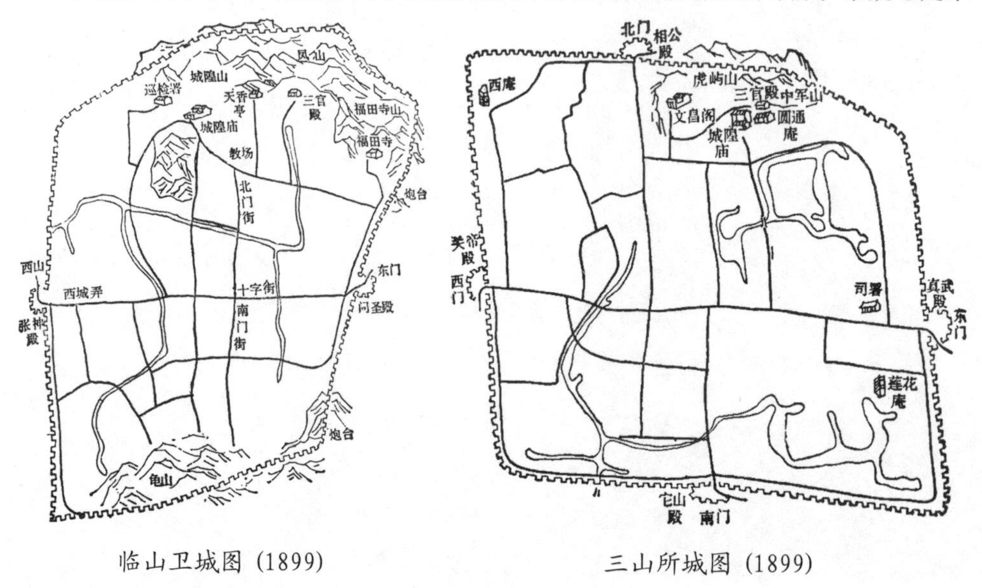

临山卫城图（1899）　　三山所城图（1899）

网丘陵地区，城市布局与河道相适应，城内密布河道，街道大多顺应河道走向，城垣多处设水门以利船只通行。因受地形制约，城市外形与内部道路，都是不规则形，不同于一般县城那样方城十字街，对称布局。并由于防御要求，一些重要建筑如县衙，也不正对城门，以利防守。

卫所城也根据地形修筑，没有硬性筑成规则的方正形制，这也是南方城镇的特点。但在这些防御城堡中，却都建有许多与战争活动有关的宗教建筑，如真武殿、关帝殿、张神殿等。

1949年后城市有较大发展，建设了一些轻纺、食品等工业企业，是周围2000平方公里范围地区，140万人口的经济中心。至1982年，余姚市建成区面积约为2.55平方公里，人口6.15万人，水陆交通便利，有铁路、公路等。

从余姚的城市发展历史看，自秦时置县，迄今两千余年，从未因天灾人祸原因而迁移城址，因此从历史、自然条件、经济发展诸因素考察，表明余姚城作为这一地区的中心城镇是稳定的。过去因海防要求的防卫城市特点，随着历史进展而消失了。而今天余姚作为并处于杭州—宁波间带状城市集群中的一环，在积极发展小城市的方针指导下，会有一定合适的发展与建设。

虞山琴川话常熟

常熟位于长江下游，是一个有3000多年历史的江南古城。县境内地势大部平缓，河道纵横，西北部为虞山，深入城内，古人曰，“七条秦川皆入海，七里青山半入城”。城镇面貌山清水秀，风光旖旎，文物古迹著名于江南。

常熟在战国时称勾吴，秦属会稽郡，汉为虞乡，三国时名沙中，西晋太康四年(283)建为海虞县，东晋改为南沙，梁大同六年（540）始称常熟，这是因为这里土地肥沃，而又无水旱灾害，年年丰收之故。当时的县治在福山，唐武德四年（621）迁到现在的城址。清雍正时分成两县，以琴川为界，东为昭文县，西为常熟县，民国初又合并为常熟县。

常熟的城墙开始于西晋年间，到唐武德时规模还很小，周围只有二百四十步（不到1里），高一丈厚四尺，只竖一些竹木为栅门。在宋建炎年时开始建了五座城门。但是从后百余年宋宝祐年间绘的《县境之图》上看只有门而没有墙，城制还是很不完整的。

元末张世诚起义以苏南为基地，常熟成为要害之地，筑了砖砌的城墙，范围也扩大到九里三十步，高二丈二尺。到了明嘉靖三十二年（1553），为抗御倭寇入侵，费了五个月时间，重新整修了城墙，周长一千六百六十六丈，高二丈四尺，内外都挖有沟渠。外渠较宽，西北环山叠墙，开七座城门，东滨汤，西阜城，南翼京，东迎春，

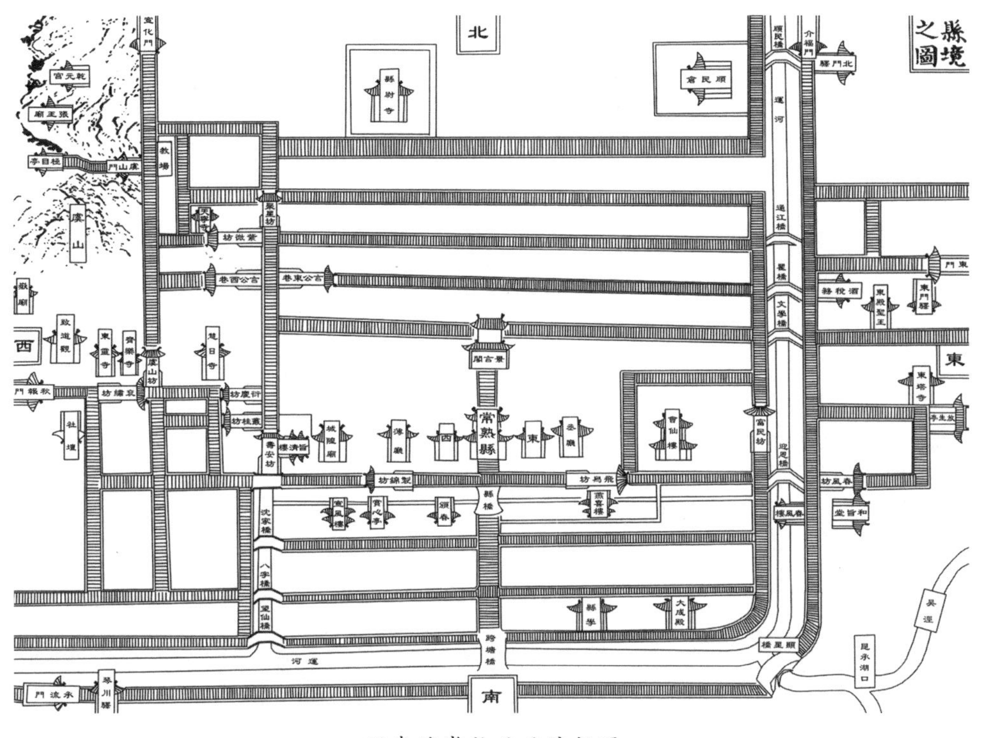

明嘉靖常熟县县境新图

东北望洋，西北镇海，在山巅曰“虞山门”。以后陆续有修整，1949年后大部拆除，现今在虞山公园的山阜上还留有一小段城基。

由于常熟是先有居民点而后建城，故城制就不像一些封建王朝的州府城市那样规则整齐，城墙周围的形状呈大致的圆形。内部道路不是南北东西的成十字街，也不直接通向城门。特别不同于其他城市的，是把一座山的一角包入了城内。推断起来，这是因为虞山东麓自古以来就是常熟的文化荟萃之地。殷朝末年，周王的两个儿子泰伯、仲雍为让帝位于弟季历，避至南方，为吴人尊为国君，虞山即以葬仲雍而得名。虞山东麓还葬有孔夫子七十二贤弟子之一被称为“南方夫子”的子游，称为言子墓。这两人历史上被称为东南文教之祖，以后这里就是进行文化活动的地方。

相传南北朝的萧统也在此读书，编撰了著名的《昭明文选》，留有遗址读书台、焦尾泉等，山上风景优美，有虞山十八景之称。而当地居民房屋街道市肆又紧挨着虞山，因此在后世建城的时候，就把虞山东麓划入城内，城墙的修筑也就环山而垣，形成青山半入城的独特风貌。

常熟城内有一条贯通南北的河流，原先有七条横向支流，好似古琴上的七根丝弦，故名琴川。这个名称在宋代以前的文字记载中就见到了。宋宝祐年间修的县志就命名为《琴川志》。今日琴川河已逐渐淤塞，七根琴弦只剩下了短短两根，主琴河已不幸成为常熟城内的一条排污死沟，一些工厂废水、居民垃圾均倾倒在内。有的河段黑泡翻腾，两岸居民不堪其秽。

怎样处理这条琴川河？有的认为非填不可，填了可以开路；有的说只要疏通一下，换水冲洗改善水体；有的说要搞就得彻底治理，要拆除一侧民房，拓宽河道，挖深河底。常熟城区总体规划就有这三种不同的方案。

且不论在江南水乡城市中，城内河道对增添城市妩媚风貌中的重要作用，仅从城市历史发展角度审视，琴川作为常熟城兴起繁盛的渊源，亦不能割断。自宋代起，琴川河就是城市的主要骨架，夹河两岸街衢并行，河上架有多座桥梁。在清末城市平面图上，琴河位于城池正中，县署、文庙都靠近琴川，是城市的命脉和中心。再从城市工程看，虽然今日城市交通已不再以水运为主，但对城市排水，地下沟管的排水量无论如何是及不到开敞河道的。苏州城内的河道，1949 年后填埋了许多，如今不仅使水乡城市名不副实，并且数千年历史上从未有过“垫溺之患”的苏州，解放后却淹涝过数次，如今已后悔莫及，于是制定了重新开挖恢复的规划，这是深刻的教训。许多同志大声疾呼要保住琴川，要继承发展常熟优美的山城水乡的城市风光，要续写历史。要续弦而不要断弦啊！

常熟在其数千年发展过程中，曾出现过不少著名的诗、书、画家，文物古迹遍布城区各处。如有著名的宋代古塔，脍炙人口的唐诗“曲径通幽处，禅房花木深”所称

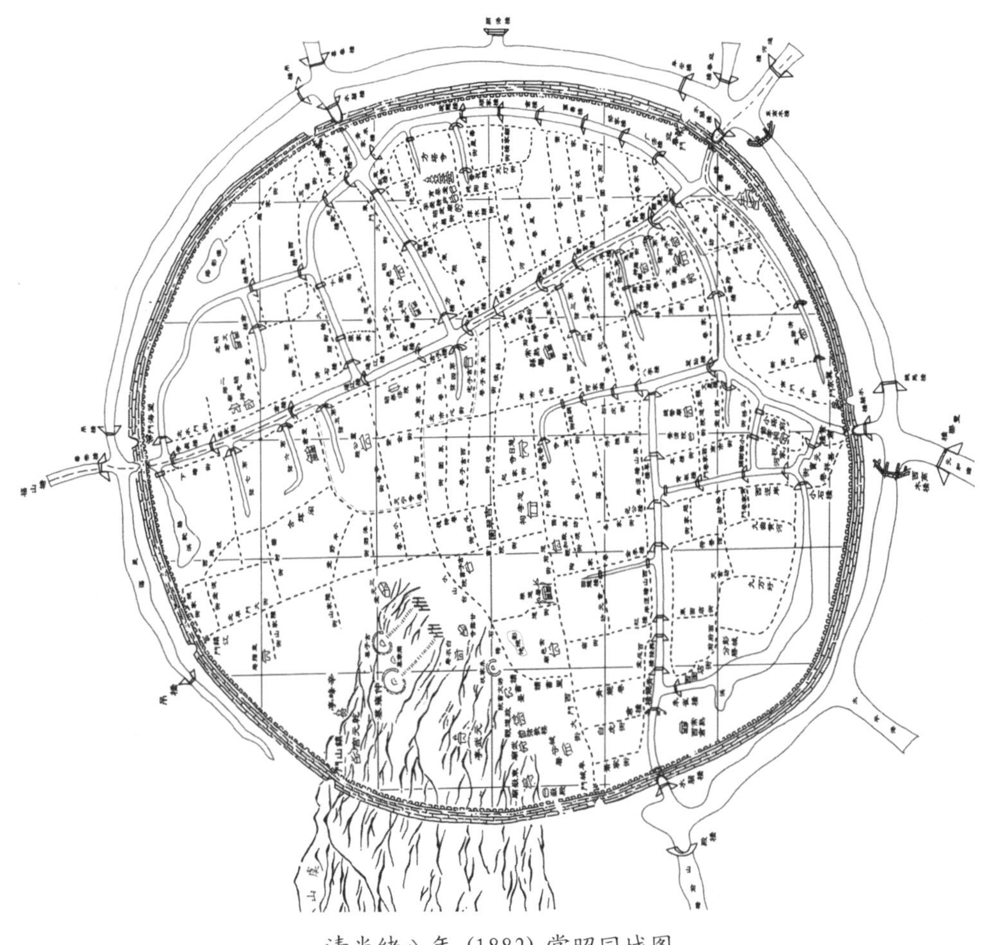

清光绪八年（1882）常昭同城图

颂的破山寺，名匠戈裕良堆砌的黄石假山的燕园等，有山有水，丰林拥翠，既有水乡之秀，又有山城之美。1949 年后常熟有了很大发展，建立了许多工业，也发展了传统手工艺、纺织业等，工业产值不断提高，人民生活逐步改善。我们希望常熟在城市建设中能充分认识和考虑这些特点，保持江南水乡小山城的幽静、秀丽、整洁的特色，把常熟建成一个具有传统特色的欣欣向荣的社会主义新城镇。

无锡近代的发展和早期的城市规划

无锡位于江苏南部，南临太湖，西倚惠山，山明水秀，物产丰高，交通方便，素有“鱼米之乡”和“小上海”之称。

无锡历史悠久，战国时是楚国春申君的封地，秦时属会稽郡，汉高祖五年（前202）建城并正式定名无锡县。传说周代时无锡惠山东峰盛产锡矿，至汉朝时锡矿采尽，故称无锡。东汉时曾在惠山掘得一碑曰：“有锡兵，天下争，无锡宁，天下清……”佐证了地名的来历。王莽年间（9 ~ 23）曾一度改称有锡县，至东汉建武元年（25）复称无锡县，元成宗元贞元年（1295）曾升为无锡州，清雍正四年（1726）划为无锡、金匮两县，辛亥革命后又合并为无锡县。

明嘉靖三十二年（1553），为防倭寇侵犯修筑城墙，七十日而成，周围一千七百八十三丈余，高二丈一尺，设四门，以后多有整修，至1950年拆除，城墙基处成为今日之环城道路。

无锡历代为江南大米的主要集散地之一，曾名列“四大米市”。

明清以来江南的大米多在此集中，转运北京。清雍正元年（1723），无锡的敖源粮行曾代理清皇室的粮食转运，以后无锡承办的漕粮每年平均在一百三十万担以上。当时主要米市集中在城北运河两岸的北塘一带，西岸多是堆栈，东岸则是米市场。除大米之外，无锡还是棉布的集散地，早在16世纪就曾以“布码头”与汉口的“船码头”、镇江的“银码头”齐名，所以无锡的商业很早就很繁荣了。清末南北大运河淤塞，南北货运逐渐由津浦铁路取代，但运河南段仍旧通畅，因而无锡并未受到影响。1906年沪宁铁路通车后，水陆交通更加便利，无锡城市便进一步发展了。

无锡地处富饶的太湖三角洲中心，稻麦、棉花、蚕丝等丰富的农产品提供了发展轻工业所需的大量原料，又有大运河和沪宁铁路的便利交通和广大农村广阔的销售

无锡市城区干路计划图

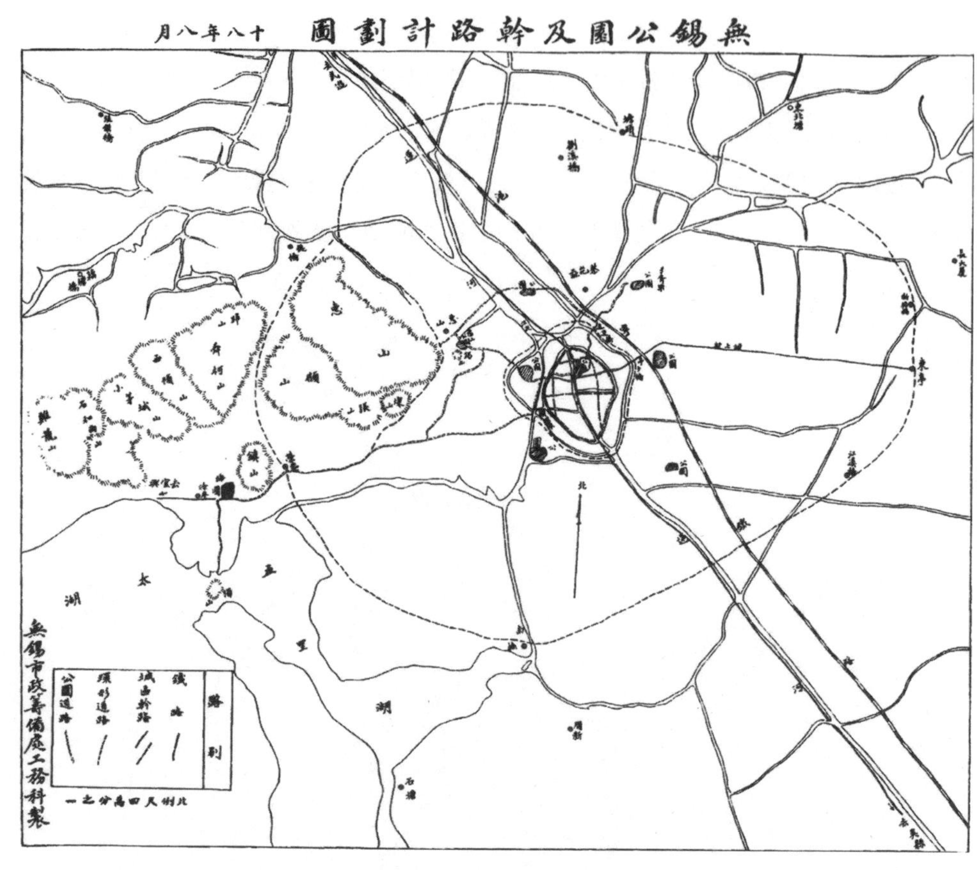

无锡公园及干路计划图（1929.8）

市场，它既接近大工业中心上海，有优越的技术条件，但又不像上海那样直接受帝国主义控制，加上无锡本身有悠久历史的商业和手工业基础，而在第一次世界大战期间（1914 ~ 1918），帝国主义又忙于战争，无暇顾及对中国的经济侵略，使无锡的近代资本主义工业有了迅速发展。在这以前全市仅有工厂 19 家，而在这个时期新增了 34 家，遂使无锡成了一个比较繁华的城市。

因无锡原来不是州府城市，布局不规整，旧城呈不规则的卵圆形，城内为密集的居住地段，住房大多为平瓦房，质量不高。一般街坊建筑密度高达60%，北门外大街两旁的街坊竟高达90%，居住条件很差。城市道路也是自发形成，不成系统，街道狭窄弯曲，缺少市政设施。商业集中在城北部及北门外运河码头附近。沪宁铁路建成后，自火车站通向市区的街道两侧也逐步形成为热闹的商业街。

无锡最先开办的现代工业企业是1894年开办的业勤纱厂，因为大宗棉花从运河运来，而又要接近城市商业地区，故厂址设在城郊运河沿岸。以后新建的工厂也大多在运河沿岸，如东北方的庆丰等厂，南门外的久大丝厂、申新厂等，以及东门外的嘉泰丝厂等。各厂的仓库码头都争占河岸建造，几乎将环城河及运河沿岸全部占满。以后沿沪宁线又发展了一些工厂。

无锡的工业发展虽快，但大多是轻工业，主要为纺织、缫丝、面粉、榨油、碾米、造纸、肥皂、印刷等。厂很多，但规模小，如1932年统计共有工厂171家，这一特点对城市发展有明显影响。工厂分布在旧城四周，与居住区混杂，大量烟尘、废水对居民区造成严重污染。

在一些较大的工厂附近，资本家也建造了一些成片的工人住宅，从商店到服务行业全由资本家出资经营，例如庆丰厂附近的庆丰里、丽新厂的丽新工房等，大多是瓦平房，卫生条件很差。

无锡濒临浩瀚的太湖，风景优美，也有许多名胜古迹，历来是游览胜地，但一些好的风景地段被私人花园和资本家的别墅所垄断。

无锡迅速发展，给城市建设带来了许多矛盾，国民党政府及当地的资本家曾于1922年和1929年两次提出无锡城市规划的意见和方案，企图找出解决矛盾的办法。但在旧政府统治下，最后只能是一纸空文。从规划的具体内容上看，主观片面而粗浅。

1922年提出的名为《商埠计划意见书》中提出："……于运河两岸各做马路一条，中间横贯铁桥，岸上各划土地数方里，分为九区，如井字形，两岸共十八区，以左岸为行政机关及商店和住宅；右岸为工厂、堆栈和船坞用地。沿土地四周筑马路，其井字形划为长街，各宽七八丈。左岸九区中取中区为行政、交通、教育、巡警等公共建筑，新埠马路不仅行驶人力车、马车、汽车，并需考虑将来设置电车轨道之可能，所有新辟马路，其中心之宽，宜以五丈为标准，二边人行道之宽，每边各以一丈为标准……”

1929年做的无锡都市计划，记录在《无锡市政筹备实录》上，当时调查统计了工业、商业、交通、公益、公用、宗教、气象等方面的情况，收集并制定了各种市政管理的法规和章程，对全市进行了测绘。在规划中运用了当时国外流行的分区方法及所谓田

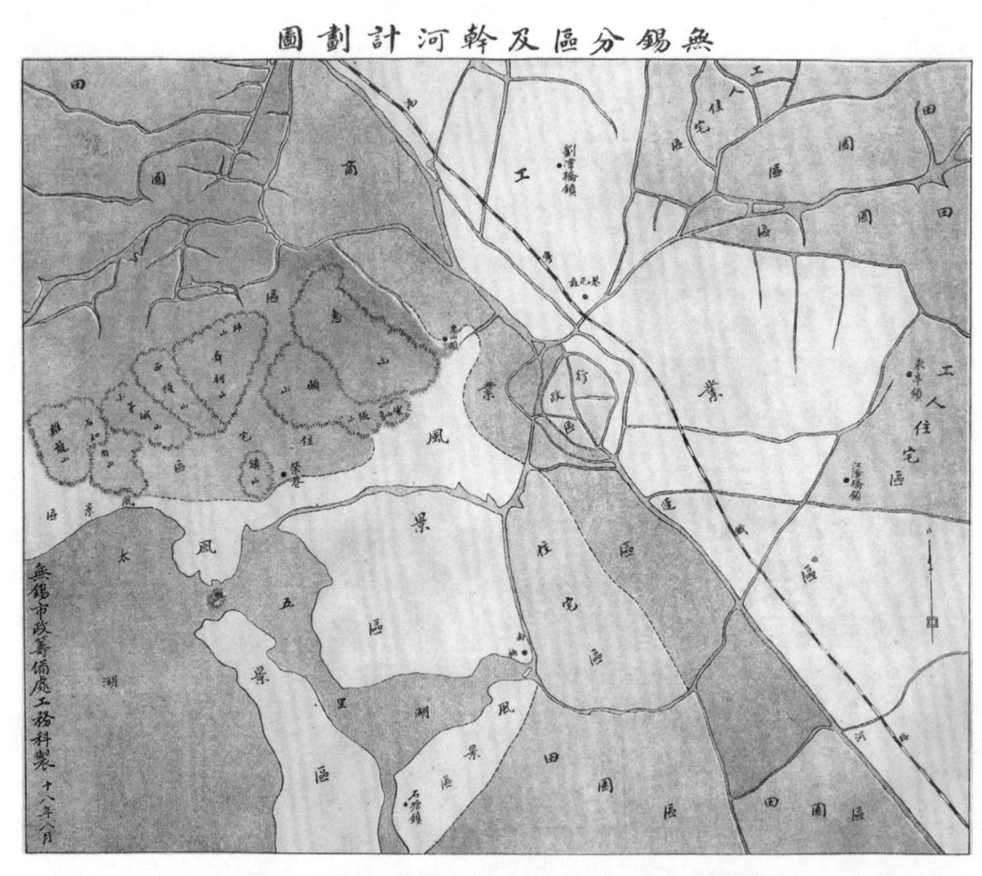

无锡市分区及干河计划图(1929)(张振强提供)

园城市的理论，把整个城市分为：

①行政区：无锡旧县城内，集中各种党政机关、经济机构。

②工业区：沿铁路及运河设置，在已有工业区范围内。

③商业区：东北以运河为界，西南经钱桥、惠山镇、城南公园西南，宽约两千米，在街道两旁设银行商店及一切贸易场所。

④住宅区：设东、南、西、北四个小区，居民可就近择居，东、北两区是在工业区内的工人住宅区，西、南两区靠近惠山及太湖风景区。

⑤田园区：市区周围为田园区，再外为农业区。

⑥风景区：在沿湖滨一带。

做了市区分区图和干河、干路计划及公园分布计划，道路布局分两个外环，及四条放射性道路，市区道路分三级：特等路 18 米，甲等干路 12 米，乙等干路 9 米，支路 4 ~ 6 米。由于脱离实际，更重要的是政治因素，这些城市规划工作虽没有起到实际作用，却记录了当时城市建设工作者的苦心和理想。

绍兴的名城保护模式

在2006年3月绍兴市召开历史文化名城保护委员会的成立大会上，有一个主题报告中提到我在历史文化名城保护规划中提出了“绍兴模式”，就是绍兴保护好了几大片历史街区，其他地段进行了城市更新，作为一条好的经验在宣扬。他们曲解了我的意思，原本是贬义，现在却变成了褒义。

1982年国务院公布了第一批24个国家级古城，后来就成立了历史文化名城保护委员会，我已经做了平遥等保护规划，在一些学术会议上多次作过介绍。那时几位老专家郑孝燮、罗哲文等就和我说：“你是城市规划方面的专家，历史文化名城的规划应该怎么做才好？怎样用城市规划的手段来做好保护工作？在中国应该创造些经验。”我从那时开始就致力于此项工作与实践，找了扬州、绍兴、苏州这几个第一批的名城，我与这些城市比较熟悉。苏州是我的出生地，从小长大的地方；扬州是我的老家，父母亲的出生地，我也去过多次；绍兴是陈从周先生的故乡，我曾帮陈先生在绍兴做过调查，在1958年大跃进时期，当时搞粗线条规划，我作为学生在绍兴搞课程设计，也背着行李在绍兴做过总体规划，对绍兴很早就留下了较深印象。

1982年开始，我连着4年带学生在绍兴选课程设计和毕业设计课题，帮助绍兴作城市规划设计，偏重历史文化名城保护方面的题目，因为用的是同济大学的教学和科研经费，绍兴只要配合提供一些图纸并聘请绍兴城市规划建设部门的一些技术人员作为辅助指导，所以决定权在学校，同时这些规划也只能提供当地政府参考。后来政府逐渐重视城市规划工作了，就有省级机关要求邀请学校和设计院帮助市里做规划，这就有一定的指令性，但不收取费用。收费的事要到1990年代以后市场经济政策出来后才有，所以那时做的规划约束力不强，一般城市领导不以这些规划作为城市发展建设的依据，但有时从宣传、扩大影响或满足某种需要方面考虑，也还要规划来装装门面。我们做规划明知作用不是那么大，但总可以说明一些问题提供领导决策参考，有时能起教育和宣传作用。

我们注重绍兴的整体保护规划，因为当时绍兴整个老城还没有大动，基本保持了原有格局，那些小河、小桥、民居都很完整，给人感觉比苏州还要秀气安逸，而且那些名胜古迹老宅名人故居都很集中。城中有座府山，围绕府山有一圈河，山上杂树杂草显得很古朴，河道里的水也清冽，一些牌坊也没有拆尽，特别是水边各式各样的河

绍兴中山路秋瑾碑

埠，生动有趣。

但是那时开始有建设活动了，绍兴市的领导热衷于开拓马路、建高楼，以体现城市建设的成就。当时绍兴城市总体规划中争议的焦点是要拓宽城市中央贯通南北的解放路，以呈现城市新面貌。那时解放路还很窄，特别在中段的东侧有一条河，河上有一顶顶石桥，沿河两岸有不少文物古迹，其中最著名的是秋瑾烈士碑（孙中山题名）。当时碑立在十字街头，那一段还是小街格局，但很有气氛，鲁迅的小说《药》里有生动的描写。此外还有13处文物和历史建筑物，我们坚持这些要保护。

当时的市委书记有次在会上公然大吼："这13颗牙齿，我要一颗颗地拔脱伊。"他们认为这是社会主义建设的绊脚石，当然后来也就一颗颗被拔掉了。

秋瑾纪念碑在专家和群众一再呼吁下总算没有迁走，但十字街被扒掉了，这块碑孤零零站在大马路中央，谁也难以靠近它了（据最近报道，这座秋瑾碑被汽车撞倒，此种情形以前多有发生，2012年8月注）。我当时还专门论证了，可以保留老城另建新城的发展模式，当时叫学生作为毕业论文，得到优秀成绩的是王富海，后来担任深圳市城市规划研究院的院长。当时在绍兴搞规划的还有李晓江（现任中国城市规划设计研究院院长）等人。

后来眼看古城保不住了，但那些历史地段还很好，还没有大片拆除居民区，我就在绍兴古城里划了几个历史保护区，它们是越子城、鲁迅故里、西小河、八字桥和书圣故里五个地段，并做了保护区的详细规划，接连几年都深入地做规划，出了图和说明，无偿提供给绍兴市，希望他们能控制住这些地段，不再使它遭到破坏。

另一方面我也多次反对绍兴对城市干道和城市中心广场的改建。那个绍兴中心广场的规划方案是同济大学搞景观的老师做的，我认为把原来传统特色的环境破坏了，我持不同意见。大善塔是宋代的砖塔，原来在民居中与周围环境一起形成良好的历史

从府山俯瞰西小河景色

风貌，设计方案把老屋全部拆除，古塔成了光杆司令，孤身孑立，挤在现代建筑中显得滑稽可笑，在山坡上还修了一条假城墙作为装饰。绍兴城的城墙原来不在这个地方，完全违反历史的真实，把这些古物当作现代广场的装饰品，不伦不类，在艺术观上似乎是新意，却表现出了对历史的无知，但至今还有不少人认为这是新旧结合的佳例。关键是他们把原来非常好的历史建筑和历史风貌环境肆意破坏光了，这是做了对不起绍兴这座名城的蠢事。

绍兴古城在 80 年代的大规模城市建设中，整个城市原来的格局和古城风貌遭到了全面破坏，古城中开拓了东西南北大马路，建造起了许多高楼大厦，城市似乎现代化了，但原来的历史遗韵，那些鲁迅先生笔下的风情已经很难找到。

还是在 1990 年，第三次历史名城委员会全体会在绍兴召开，这个名城委员会的委员全是各个名城的市长，会议期间要组织参观，去看了鲁迅故居、三味书屋、兰亭、大禹陵、东湖这些历史景点，后三个在近郊，而鲁迅路已经开成了宽马路，这些代表们、市长们都说绍兴古城不古了，何处是老绍兴？

在休息时我带了一些人去看了西小河和咸欢河那些残留的绍兴历史地段，大家看了说这里才能看到绍兴水乡风光，不能再拆掉了。这个意见我久久萦绕在心头，常常在许多场合讲，希望能引起绍兴方面的注意。

直到 2002 年，江南水乡的历史地段保护和旅游开发，取得了明显效果，一些历史名城也开始重视历史街区的保护与利用了，这时绍兴市也想起来要搞历史街区了。在我的多方支持与主动请缨下，先做了仓桥直街，再是书圣故里和西小河以及鲁迅故里的保护与整治规划。我们希望把其他地方已整治好的经验，在绍兴能有所发展，主要坚持原样原修，所谓“修旧如故，以存其真”。一定不搞大片拆迁，人口也不搞大迁移，尽量保护这些街坊风貌的原汁原味，生活的真实性。

绍兴方面成立了专门的保护整治办公室，在整修中居民都不迁走，工作很麻烦，因为人住着，要翻修屋顶、要拆墙，晚上还要睡觉，白天要煮饭过日子，施工起来很

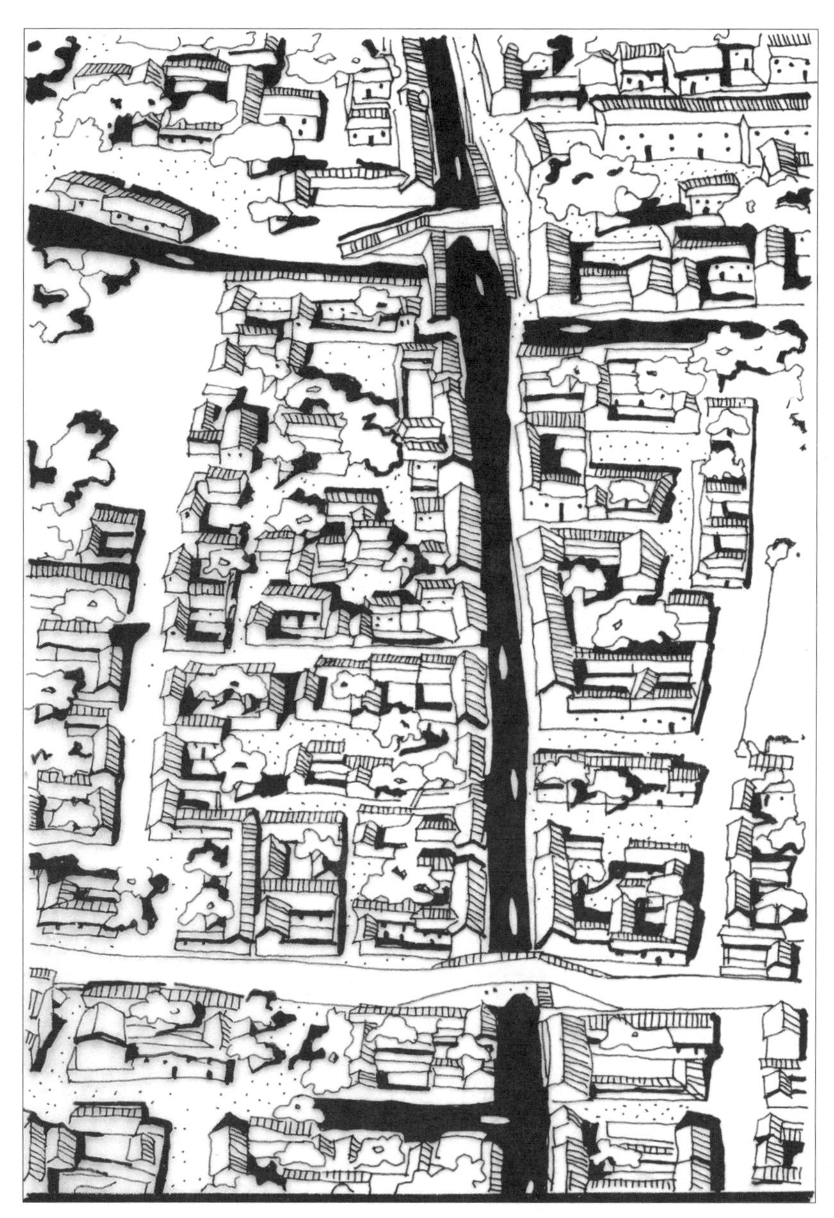

绍兴八字桥沿河规划设计鸟瞰图

修缮后的绍兴历史街区（陈立群摄）

费劲。但这样也有很大的好处，因为说是原样原修，不大拆迁，老百姓就在旁边监督，常常七嘴八舌地讨论，原来老房子是怎样怎样的，逼着工程队照老法式施工，所以修好了，倒真是恢复了原来的式样。

这些修复工作就和一般造新房子完全不同，也培养了一批修老房子的技术工人。这些历史街区修建进行了一个阶段，专门请名城保护的专家们开了现场会，当时王景慧及周干峙、吴良镛等都来看过，表示很满意，然后再扩大范围推广，这样绍兴的历史街区总算保住了。

我曾在多次讲课中提到中国历史城市的保护存在三种模式：一是保护古城，另辟新区，新旧协调发展，古城保护得很好成为世界遗产，如平遥、丽江；二是保护了城市中的一些地段和街区，其他进行了更新，如扬州、绍兴等；三是只保护住了一些文物单体和历史景点，城市已全部改观，如沈阳、南昌、长沙等。绍兴市就依据我这个讲话总结为绍兴模式，并广为宣传，以为是先进经验。我是作为教训来讲的，他们则认为是成绩。不过话说回来，绍兴比起其他一些历史城市来，总算后来还清醒了一些，这些历史街区还是保住了，总算还留住了一些古城的地段风貌。

在这些历史街区的保护中却有两件事应该记下来“立此存照”。

其一是绍兴历史街区中最重要最引人注目的鲁迅路街区，这里有鲁迅故居、鲁家大台门、三味书屋、咸亨酒店等，这条路在60年代开通并拓宽了，在“文革”中拆了老的鲁迅纪念馆，新建了一个“文革”式的鲁迅纪念馆。但在这条街上还保留着不少老房子，有许多老台门，当时我们同样按保护历史街区的要求做了规划设计。绍兴市政府对我们做的不满意，主要是他们认为要做成新的旅游景点，要全部拆除沿街老房子、老台门，建一个新的鲁迅纪念馆，建一个新的老台门、新的咸亨酒店，路两旁全变成所谓有传统特色的旅游商店。

这种造假的做法我当然不肯做，他们就请了某大学专搞民居的一教授领衔来做，后来开评审会，我在会上批评了做假古董的错误，当时以省人大常委会副主任毛昭晰等为首的专家们完全支持我们的意见，一致认为同济大学做的鲁迅路规划是好的，支持我们的方案。事后绍兴市还专门来找我，希望我对方案做某些调整，但过了不久却传来消息说：该大学的方案有利于开发，有利于取得经济效益，不用同济的方案，后来绍兴市设计院以该方案为基础重新做了设计。不久就将老房子全部拆除，建了全新的一条旅游街，老的鲁迅纪念馆也推倒重来，做了一个全新的基本上是现代风格的纪念馆。两旁开满了旅游商品店铺，街道也封死了，成为一条专为旅游服务的步行街。绍兴市宣传这条街是：重现了绍兴历史风貌，提升了鲁迅路的文化气氛。

可很有讽刺意思的是，在鲁迅路这条封闭路口两头都有一些三轮车工人手里拿着照相册，向游客吆喝："这是条假古董街，不是真的绍兴老街，真的老绍兴请看照片，我带你们去，坐我车五元就可以看真正的绍兴风光。"这些三轮车工人说的真绍兴老街，就是仓桥直街、西小河等地方。许多老百姓对政府的这种做法也很反感，我就收到多封来信，控诉拆掉历史建筑的事。

最近（2006 年 3 月）我又收到一批绍兴普通老百姓寄来的信件，说是在鲁迅路旁边又要搞房地产开发，拆掉许多老台门，从他们寄来的图纸、照片看，我觉得这些老百姓说的是事实，查询之下说是原定计划就是因为要开路，所以必须要拆除。

2006 年 3 月 21 日，我应邀去绍兴参加绍兴历史名城保护委员会的成立典礼，我在吃饭前抽了个空档去转了一下，不看不知道，一看吓一跳，在鲁迅路北侧，新建路西侧北侧直抵咸欢河沿一大片房子全都拆平了，现在辟为临时停车场，有四个足球场大，已砌了围墙，开路只要开一条道，这样肯定是房地产的开发基地。当天吃晚饭，有副市长和规划局长及文物局长、名城会长等，我就问这件事，所有的头头都支支吾吾不回应，有个管文物的局长说："拆掉的全是破旧房子，教授你没有到现场看，看了就知道都是危房。"我就发火了说："所有的历史建筑，有价值的房子都可以说成是破烂，几百年的房子不修哪有不烂的，绍兴还搞保护名城，不是做样子吗？"他们都无言以对，顾左右而言他。

不过回过头来看，在全国的历史文化名城中，能认真地把旧城中的历史街区进行整治的，真的为数不多。绍兴这些年对古城中的遗址和五个历史街区是下了决心、花了功夫的，据说一年要花几个亿来大力修缮，三年来花了十几个亿，在同类城市中是比较少的，而且大多修得比较好，所以联合国对其中的仓桥直街授予了奖项。在这些地区还能领略到历史街巷的风采，基本上还原汁原味，当然鲁迅路一带应该除外。

楠溪江畔古村落

有一年我到欧洲去，有机会在奥地利乘游艇泛舟多瑙河，船缓缓地在水上滑行，船上响起了《蓝色的多瑙河》优美的乐曲。河水闪着波光，两岸青青的田野，簇簇的树林，远处农庄里高耸的教堂尖顶，游客们都陶醉在这如画的景色和如诗的音乐里。傍岸游览了著名的度英斯坦古镇，16 世纪的古堡，18 世纪的老房子、老街道，野地里开着绚丽的鲜花，给人一种古老、神秘、幽雅的感受。导游小姐用充满激情和自豪的语气，夸耀着他们的多瑙河，他们的田野和他们的古屋古镇。我心里马上涌现出了楠溪江，就很想告诉同行的外国朋友，可以到我们中国浙江楠溪江来看看。

多瑙河当然是美的，可楠溪江的水，那何止是蓝色呀，是水晶般的清澈见底。楠溪江两岸不光有田野，还有山，有高高低低、远远近近的山，山色的俏丽令你叫绝。两岸也有古村，是宋代就留存的，这些古村落不但景色优美，形制古朴，而且有深厚的文化沉淀。在这些古村里，原木寨门、石砌的墙、砖木的房、久远的牌坊、祖坟，还有池塘，石块铺的路，百年老树，青翠的竹林，都会让你久久不能忘怀。

我到过许多地方，见过许多河流、古村，而楠溪江和楠溪江畔的古村落是最令我心动的，时常萦绕在我的脑海里。

楠溪江的古村落处于温州市的永嘉县境内，楠溪江在浙江的括苍山和雁荡山山脉之间流淌，一些古村落就分布在楠溪江两岸的丘陵盆地间，依山傍水，风景秀美。永嘉是文化兴盛、人才辈出的地方，南朝时谢灵运任永嘉郡守，“郡有名山水，肆意遨游，所至辄发为歌咏”，开山水诗先河。在书画领域，这里曾留下过书圣王羲之的脚印，元代的存世巨作《富春山居图》作者黄公望和画家黄振鹏都是永嘉人。小小一个县，自唐至清末近千年间考取进士 725 名，其中还有状元 4 名，永嘉无愧于“东南邹鲁”的美誉。

在这个文化沉淀深厚，山光水色风景优美的地方，沿楠溪江聚族而居成宗族村落。楠溪江中游地域著名的有苍坡村、芙蓉村、岩头村、花坦村、蓬溪村，以及白泉、廊下、林坑、方巷等。这些村落从它们的形制和布局来看，古人在建村前是认真地择地选址，然后统筹策划，再有序地营造建设的，至今留存的这些村落，清晰地反映了古人的文化和智慧。中国传统的土木营建历来受堪舆的影响，而苍坡、芙蓉两村落的规划思想

楠溪江晨曦

却表现出儒家耕读文化的主导思想，体现了文化的亲和性。

苍坡村将中国古代的文化象征“文房四宝”，作为村落的规划主题。首先将贯穿全村东西的主街象征为“笔”，笔街指向西部山头，形为笔架的山峦象征笔架；次之以巨石为墨，在笔街和西池之间，放置了一块大石条，象征为“墨”；其三以整座村庄和四周的田野为“纸”，村民在田野耕作，就是在纸上作画、写文章；其四凿大池为“砚”，这是全村主要供水和用水的地方。苍坡村的规划者，以极高的文化品位，通过“笔墨纸砚”来象征，寓意了“耕为本务，读可荣身”的耕读思想理念。

芙蓉村则是按“七星八斗”布局，以村中十字路旁的石砌平台象征“星”，以村中的水塘象征“斗”，“斗”能上纳文曲星宿，寓意“魁星点斗，文风昌盛，科考夺魁，人才辈出”。这两个村中的村门都称为“车门”，“车门”即公车所在地，史载汉代以来，以公家之车送应征之士，后人又以公车为进京会试举人的代称，时时提示学子们进出村门要以进京入泮为去向（太庙、孔庙前有泮池，能进入学宫读书称入泮）。苍坡的东门是木造牌楼式，斗拱轩昂，出檐深远，木柱倾斜作“侧脚”式，有宋代式样遗风。

这些古村落都砌有石头的寨墙，显得坚实和雄厚，主要用于防卫，同时也具防洪的功能。楠溪江流域春夏时暴雨山洪为灾。寨墙壕沟的作用很重要，史志上载：“砌石为垣，老幼负寨以居”，“筑堞浚壕，有事则凭寨以守，无事则启门出耕”。高峻的石块寨墙，设防的寨门、石砌拱券门、原木的寨门楼，黝黑的顽石，岁久的老树，缠绕丛生的藤蔓、蒿草，呈现出古寨的沧桑。

进入这些村落，映入你眼帘的是满眼巨大的卵石，街巷的地面、房屋的墙基、宅院的围墙，都是用卵石铺砌的。这些取自楠溪江和其支流的沟壑、河滩的卵石是大自然水流千万年冲刷的痕迹，透出了水的灵气和柔情；这些既厚实又灵性的石块被人们搬进了村庄做了基础、做了地面、做了墙基，上面盖的房显得格外的稳固。高高起翘的马头墙，出挑的屋檐，露出素木的梁柱，通透的窗棂轻盈明快。这些民居建筑与远处突兀秀美的山体融合在一起，夕阳斜照在卵石铺就的古巷道上，归耕的农夫和老牛踏着蹒跚的脚步，是一首宋词，是一幅古画。

楠溪江的民居保存着浓厚的宋、明以来的遗风，建筑材料直接取自山中的蛮石、素木，石块不加磨削不求平直，木料不涂油漆彩画，没有繁复的雕饰。房屋结构开敞通透，显得朴实而大度。柱础多用方木，这是明代江浙一带通常的做法，这里却一直沿袭下来，包括一些梁架也多沿用明式（经考证清乾隆时期为多），更显得古朴和年久。

楠溪江的建筑别有特点的是山墙屋角的檐角，有多重的出檐、窗檐、三角形的大挑檐，加上屋顶的举折，墙体的侧脚、升起，形成了多重曲线，显得特别丰富和富有动感，在阳光照射下投下重重光影，摄人眼目。民居大多建有场院，用卵石铺砌的场地，简朴而又实用的院门，一片石墙，一坡或两坡的门顶，粗硕的柱梁，半掩的木门栅，也是极妙的图景。

楠溪江的民居疏密相间，密处房屋成片相连，疏处有竹林、果园、菜地，淙淙的流泉在宅旁流淌，不几步一方水塘，女人们在洗涤，盖一个亭子，老人们在这里闲坐。

遮阴的大树，径边的野花，使村落和民居终年掩映在浓绿明翠之中，楠溪江的村落是自然与人工和谐结合的典范。

对于古村落的保护，关键在于人，在于还继续生活在古村落里的村民，他们的祖先生活于此，依赖着好山好水，“敬天爱人”地创造了璀璨的文化，而今天这些历史文化的价值不为人们所看中，正面临着毁灭性的破坏。

楠溪江的古村落，千百年来盛行耕读文化，家家户户崇文重教，他们精心构筑了充满文化气息的家园，留下众多的古宅和众多的历史足迹，还绽发出翰墨的馨香。现在经历了几代人，由于整个社会经济结构的变化，古村里已经很少有饱学之士了，过去书香门第的后代，有的已变成单纯的农户。大多数青年人都进了城市，留下了一些老人，对于这些古代文化的遗存，他们不再有什么深厚感情，只觉得对自己没有多大的用处，以至于老房子坍了也不心疼。祖上留下来的功名匾牌，柱上的楹挂，雕花的窗扇，古老的家具，房屋的装饰构件，有古董贩子来收购，就毫不犹豫地把它卖了变成了现钱。

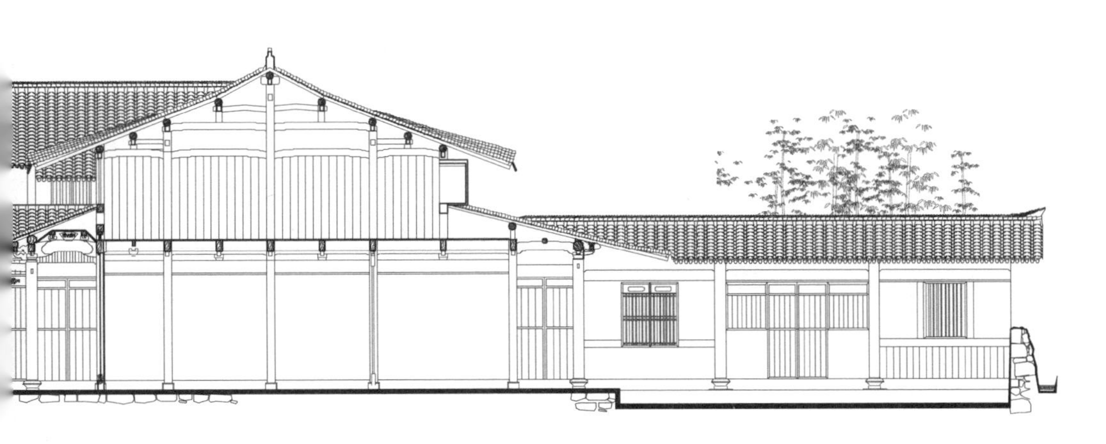

清华大学陈志华先生对楠溪江古村落做了很多的调查研究，出了很好的著作，书里发表的好些优秀的明代、清代住宅，只有几年工夫，有的已经不存在了，据说是不慎火灾，其实有人告诉我是为了造新屋故意干的。

我在2000年初就和鲁晨海和朱晓明老师做了苍坡、芙蓉、岩头丽水街等保护规划，后来又做了整个楠溪江地域的生态和历史村落保护规划，把应该保护的自然山林、河流、村寨及有关用地控制起来，不能乱开山、乱开路、乱设旅游设施，希望用控制的手段来保护好这个宝贵的资源。前年去看过，情况很不乐观，在经济大潮影响下，旅游业是发展起来了，但保护和合理开发的理念还没有被有关人士认识和理解，真的担心得很！

最近有机会又重访楠溪江，山水依旧，可是在经济大潮下，这些幽美的山村里建起了不少小洋楼，山村风貌已大为逊色。据当地政府说要下决心整治，沿江开了高速路，虽然避开了景点，但随之而来的商业、旅游就四处铺开了。

我在2002年预见到经济旅游业的兴起会给固有美好环境带来重大影响，当时就向时任省建设厅副厅长杨××提出要做一个风景区建设发展控制规划，她也认为很有必要。我和鲁晨海花了四个月的时间，把楠溪江沿线40公里，纵深1～3公里范围内规定死哪里不可以开发、修路、建房，哪里可以搞旅游设施，光图纸就几十张，杨××主持了评审会，我要求她将此变成楠溪江风景区永嘉县和沿线各村镇共同遵守的规划，可惜随着杨成为贪污犯出逃国外，此事也没人管了。后来我去问过省厅，就没人知道有这回事。楠溪江的环境，有些地方就遭到了无序开发。但楠溪江的深山僻壤处还留有一些原生态的小山村，我最近又应当地邀请去看过，真可说是世外桃源。我只有一句话，绝对不能让旅游业盲目闯进去，地方政府要有好的对策。关键是老百姓还能耐得住清贫吗？

铅山老街和连史纸

2008年6月应铅山县之邀，专程前往踏察，古镇风貌依存，兴趣盎然，然天气湿热，我不慎力竭而昏厥，所以留下难忘的印象。

铅山今属江西省，在上饶西南方，有铅山，山旧产铅故名，今山已陷，铅矿已竭。旧有铅山场，五代南唐就场设县，明属广信府，清仍之，铅读沿(yán)，为何尚不得解。信江和铅江从境内流过，过去是重要的水运码头，沿江而成繁盛街市，其中心地段为河口古街，留存了清代中叶以后的历史风貌。古街区由一、二、三堡街和两端的半边街组成，全长约五华里。古街东西走向，北临信江，街宽五六米，路面用长条青麻石铺成，石板表面历经岁月鞋靴踩踏光溜浑成，并留有经年磨损的车辙印痕，是悠久历史的见证。

沿街店屋连排密布，多为木质门面，均为两层店铺，下为排门板店面，打开内有柜台，楼层有花栏杆或花窗，也有平板小窗。屋顶出檐深约二米，用雕饰木牛腿支撑出挑，不做腰檐门廊。屋檐各户高低不一，街巷显得狭窄高峻，屋顶高低而有错落，沿街店面装饰各异。以清代木楼为主，穿插有民国时期建造的店铺，有西式砖柱花饰，显得古今交融，丰富多样。

沿街店铺都是前店后坊（手工作坊）或是前店后宅，店铺前临街，后连续多进，有的进深可达数十米，最后一进开门临水渠或弄巷。这些商号和住宅房平面呈长条形并联，每幢房少则三进，多则五六进，每进有天井、堂屋，大多是侧天井。天井上有的盖有玻璃天棚，侧向大多分前后间，有的还有左右间，底层高四米许，再加楼层显得高狭阴暗。天井侧成为前后进的通道，在地形图上呈现出并排的狭长条形屋，与一般城镇布局有很大不同。

从临河街至后街，连有巷道，石板铺面一侧有水沟，分户的券门，两侧砖墙上布满了青苔蕨草，幽长阴森。据说这就是当年从河码头上运货的通道，当是苦力挑夫肩舆踵接，绝不是今日景象，墙上还留有清代禁牌告示，惜已年久风化漫蚀，字迹难辨。江畔尚存有大石条的码头和孑存的几处吊脚楼，由于近年防汛墙的修筑，成为混凝土的驳岸高堤，已失当年景色。对江是九狮山，圆墩的红石崖一个个突兀隆起，在汩汩信江畔，绿树山丘形成独特又秀美的风光。由于上世纪七八十年代以后上游兴修水库，水源不济，已不复通航，河面开阔，波光粼粼，水质尚清，目前尚未遭严重污染，但

铅山老城屋顶景观（陈立群摄）

铅山老城街巷临河景观（陈立群摄）

镇内水渠已成黑臭，前景堪忧。

铅山原盛产纸张，明清之际曾与景德镇的制瓷，苏州、杭州的丝织，芜湖的浆染，松江的棉纺并称“江南五大手工业中心”，但现在制纸却渺无痕迹。产什么样的纸，当地领导们也无所知，询之听说叫“连史纸”，但那几个字也说不清。我回忆起，幼时知道连史纸，常见于账册和药方、信笺，五六十年代以后此纸逐渐消失。我查了老《辞海》上载有此条：“连史纸，产福建、江西两省，江西铅山县出品最著名，本称连四，转名连泗，今之讹称连史。江西省志：‘司礼监行造纸名白连七纸，结连四纸，棉连四纸。’原料完全用竹、色白，永无变色、变质之患，凡贵重书籍、碑帖、信笺、书画、扇料等多用之。”

这里曾是舟楫往来，商贾云集，号称“八商码头”，留有全国重点文物保护单位“鹅湖书院”，是朱熹和陆九渊、陆九龄等“鹅湖之辩”的纪念地。南宋词坛巨擘辛弃疾，晚年卜居于此，留下两百余首诗词和他的墓地。已列入世界遗产名录的三清山距铅山仅百余公里，铅山真是蕴藏了极为丰富的文化资源。

我在老街踯躅流连，浮想联翩，清澈的信江上倒映着赭红色的九狮山，连史纸、古街巷、老店铺、旧宅院、古人、今景，历史文化遗产如不认识、不保护，就会在不经意中逐渐地湮灭消失，而经过发掘、保护、整治，将会使她重新焕发出生机。

回 头 是 岸

一、常熟：续弦还是断弦

2016年12月出席常熟市历史文化名城公布30周年纪念会，回想起当年许多城市在大规模城市新建和旧城改造时，带有很多的盲目性。那就在1980年以后，我在董鉴泓先生指导下搞历史城市调研，同时又担任着同济大学城市规划教研室副主任的职务，各个城市开始有了城市规划的工作，所以与许多城市有接触来往。江苏的几个名城就在上海旁边，来去方便，在城建部门工作的同济毕业的学生也多，所以业内故事也有不少。

1984年常熟做了首次城市总体规划，邀我参加评审会，我先前对常熟做过调研，就认真做了准备。因为我了解到常熟是历史悠久的山水之城，城市紧倚虞山，城里还有人工开凿的运河，南北向的叫主弦河，另有七条横向的支河叫一弦、二弦……七弦，像一把七弦琴的形象，所以也称为琴河。在宋朝宝祐年间编写的县志，就命名为《琴川志》，而这个“十里青山半入城，七条琴河齐入海”的形制在历代都有详细的记录，比较清晰的是清光绪年间绘制的城图有专门的画卷。我调研时，在市档案馆里找到了《琴川志》，在市图书馆里找到了城市平面图画卷，这是珍贵的城市历史文化的记录。

就在那次的城市总体规划评审会上，我看到了常熟市新编的规划，居然把主弦河截断了，支弦只剩下两条半。我在会上发言就提出质疑，整个会场中城市部门的领导

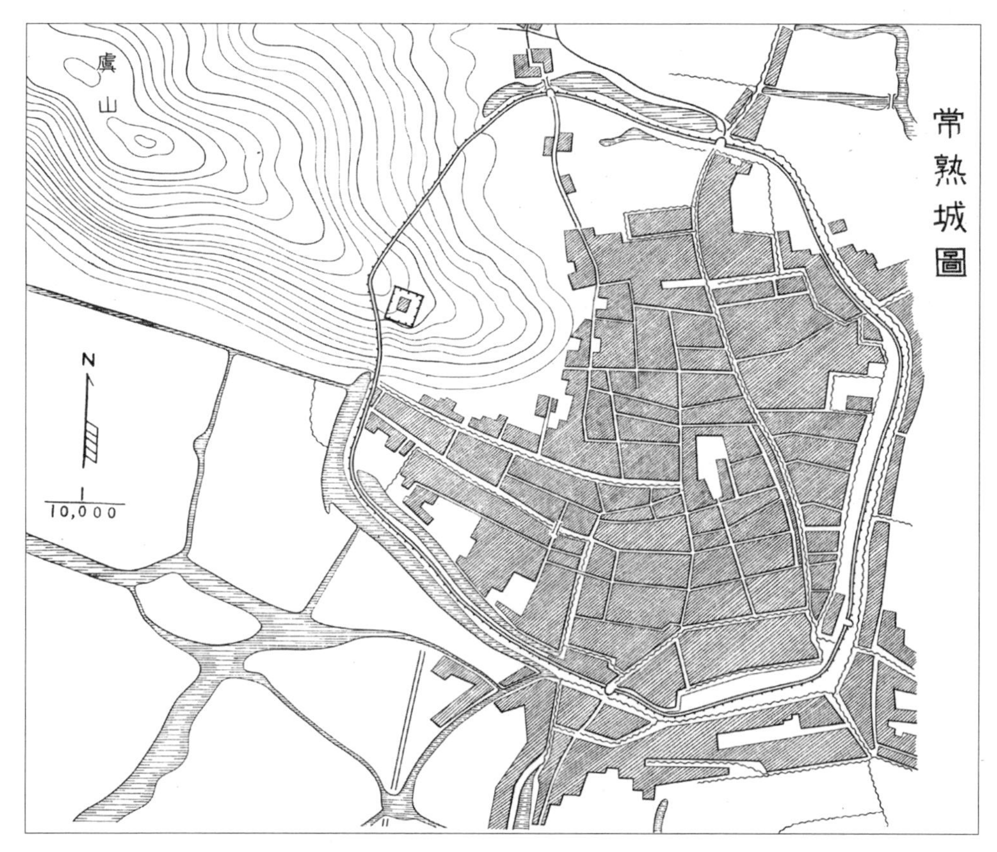

常熟城图（《中国城池图录》）

和技术人员居然没有一个人见到过这个《琴川志》和清代的图卷。我指出要保护住常熟这座珍稀的山水城市卓越的格局，要重新开通已被湮塞的琴河，常熟城要“续弦”①，不能“断弦”②，老祖宗留下历史智慧，后人要继承、要发扬。我的发言得到了绝大多数同志的支持，会上就去调出志书和图卷，提高了大家的认识。常熟际此也从中打出“十里青山半入城，七条琴川齐入海”的旗号，1986 年被评为第二批国家级历史文

①②过去民谚：家遭不幸，少妇夭折，娃娃幼小无以抚养，再娶妻室以育幼娃，谓之续弦。意谓琴弦断了可以接续，再奏音韵，不然后续无望。

化名城。我后来也多次参与了常熟市的多项规划事项，我的那次发言后，整理成文章登载在常熟市政协办的刊物上，常熟的调研收录在我的第一本著作《旧城新录》中，原文写于1981年，附有当时手描的附图，一晃30年过去了，弹指瞬间，忆来颇有回味。

可是现在七条琴河依然不全，只剩四条半，今人已在老河床上建设了房屋。2016年常熟市又聘我为城市建设顾问，我在会上呼吁常熟还要续弦，历史传统的城市形态破坏不能熟视无睹。我以苏州古城喻之，这些河是历史遗迹，苏州古城内干将河、平江河等都重新挖出来了，江南水乡的河道是城市赖以优化环境的见证，要下决心纠偏。市里领导唯唯称是。

二、南通城市布局的争论

南通是近代发展起来的城市，我在研究中发现清代晚期的状元张謇弃官回家，发展实业，振兴了城市，并且有许多城市建设的新措施，一反当时各地腐败慵懒的现象。他办工厂，兴实业，扬慈善，建公益，都有记载和实例，留存为博物苑、图书馆、剧场等。我在城里有关机构到处找寻这些城市建设的资料，后来还是在张謇创办的大生纱厂的老资料室里方找到一些积存的旧档案。

我非常惊喜地发现张謇有非常先进的城市规划理念。他新办的企业和公益事业，都是有序的，按当时最新的城市规划理论组团式布局，目光长远，新建工业区和港口码头能源区独立成区，和南通老城区成三足鼎立组团式布局，各自相距8公里。老城区新的建设，博物苑、图书馆、师范学堂等都设在古城濠河南面，新旧分开，没有拆旧建新。新建的唐闸工业区内布局也是生活居住、绿地、仓库分开布局，一反过去城市发展沿交通线无序延伸或是摊大饼的圈层式扩张。这种崭新的布局，估计是在外国专家指导下逐步实现的，成为全国孤例。它的城市建设成就在巴拿马博览会上获得金奖。

我找到这些资料非常高兴，并去访问了当时还健在的张謇私人建筑师孙支厦老先生。他原是南通师范测绘科毕业生，张謇将他送到日本进修土木建筑，回国后就主持了张謇的厂房建筑和私人别墅的设计和建造，其中包括博物苑和濠南别墅。当年（1965）孙老已有80高龄了，坐在藤椅中和我娓娓道来，他已瘫痪，但记忆很清晰。次日他女儿专门找到我住的招待所里，要我再去他家，孙老还要见我。我是第一个和他谈论张謇建造新南通的事情的人，觉得遇到知音了。交谈中又得知我是同济大学教师，他有一些资料可以托付给我，就请他女儿拿出了一卷图纸。我打开一看全是濠南别业（张謇住居）的原始设计图，是用铅笔画在铅画纸上的原图。我问他，房子就是按照这图来造的吗？他说，是的。当时不分设计图、施工图，工匠都能看得懂，很多是靠现场指导，边做边设计，不画太多的图，也没有人来画。

我拿到这份珍贵的礼物，当然非常激动，感觉到这是老一辈工程师对后代的期望，同时也感到老人对世态的感慨与忧伤。那个年代张謇还未被人认识，更不用说孙支厦了。后来我想这个图纸还是应该收藏在南通市图书馆，我把它交存给南通图书馆（博

南通

物苑），后来还展出过。这是发生在“文化大革命”前，假如没有这个机缘，这份图如还在孙家，肯定也会在“文革”中销毁了。

拨乱反正后，1982年南通开总体规划评审会，我参加了会议，看到新做的南通市整体规划，全然不顾原来张謇主持的一城三镇的布局，而是以古城为中心摊大饼式的一般城市布局。我在会上提出异议，引起了激烈争论。我大声疾呼要继承南通特有的优秀城市传统，而这种组团式布局，是当今世界城市发展中的新理念，它具有摊大饼式的城市所无法拥有的生态、和谐、合理以及对人的关怀，一反传统城市规划雷同的放射线、圆环路和方格网的俗套格局，而张謇留下的珍贵遗产是南通的财富和骄傲，不能轻易丢弃。当时我的意见得到了著名建筑前辈杨廷宝先生支持，他是学部委员（现称院士），又兼江苏副省长。杨老一言九鼎，南通原先的规划方案就得以大翻盘，使南通的城市布局结构得以延续组团式的形态。际此，我和南通就有了较多联系，之后也协助他们做历史名城保护规划，在名城保护中还有的精彩故事后面再说。

南通老城中心有明代的城隍庙，保存完整，2000年市政府准备建新的市中心广场，要拆除这座城隍庙。当地有人来告诉我，我知道了就去劝阻，它是省级文保单位，我就告诉省文物局，一定要把住关，因为省里不批准，拆除就是违法行为。江苏省文物局长说他们绝不可能批准的，但是主持城市建设的南通市副市长就越过省文物局，直接去找管文化的省委领导，越级批下了拆迁城隍庙的文件，决定要拆除。

我在南通开会时，曾大声疾呼，要保护这座珍贵的历史建筑，明代的城隍庙在全国少有，南通也是孤例。城隍庙过去是城市重要礼仪建筑，从古城布局上讲“左文右武，左府右衙”，是城市标志性建筑，就是城市中左面建文庙（孔庙），右面建武庙（关帝庙），左边还要建城隍府，右边建衙门。过去老百姓敬天地，信鬼神，拆城隍庙是犯了老百姓心理上的大忌。南通的城隍庙又是府城隍，明代建筑保存得很好，拆了的话从一般人们讲究城市风水布局来讲更是不妥的。

有了我这一番话，南通市里的建筑工程队一家也不敢接这个任务，那个副市长就从海门调了个工程队来拆。庙拆了，老百姓们还是有人去原地烧香。2005 年，南通又要开会请我出席，南通规划局派了辆车来上海接我，在路上开车的司机就告诉我："当年拆城隍庙你说破了风水，要闯祸，今天应验了。"他有声有色地告诉我，那个动手拆庙的工程队长出了工伤事故，从建筑脚手架上摔下来死了，那个主张拆的副市长犯事（贪污）被"双规"抓了起来，省委批准拆庙的副书记得了绝症生癌了，事情就这样凑巧，真是天有报应我到了南通许多人都来告诉我这个消息，一个接一个，作为一个喜讯传闻，反映了老百姓对那些乱拆建古建筑的一片谴责之声。

三、常 州

常州是有悠久历史的古城，原来拥有完整的古城格局和历史街巷肌理，像青果巷就存有多个大宅和名人故居，也有许多名胜古迹、名人遗踪。在上世纪 80 年代初期改革开放得先机，地方工业特别兴盛。当年江南这些城市经济的排序是常、锡、苏，常州是走在最前面的。我还记得说"四龙腾飞大开发"，纺织业生产的灯芯绒，机械业生产的柴油机和小拖拉机，电子工业的自动电话集成线路等领先全国。工业搞得轰轰烈烈，城市建设也红红火火，拆老屋，建新房，开马路，建广场，我也参与过常州新市中心广场的方案设计。

1986 年我受历史文化名城专家委员会委托专程赴常州，找到市政府主要负责同志，建议常州申报国家及历史文化名城。我还记得接待我的市长姓洪，他一口回绝了申报的要求，说现在是城市快速发展时期，用"发展是硬道理"这句话来顶我，申报了名城就有保护的要求，必然会影响城市发展的构想，不予考虑。我在无锡、南通等都碰了钉子，也有经验了，只能向他提出要保护好古城中重要的历史文化古迹和遗存。当然我这种建议是一种无奈的诉求。

紧跟着常州古城里就出现了成片历史地段的大规模拆迁，我也收到好些常州老百姓呼吁保护老房子的信件，信件里充满了惋惜和义愤。我也曾去看过拆迁现场，我在常州的学生陪着我诉说着一腔无奈和无助。那些年我在清华大学吴良镛教授建议下，做了常州古淹城遗址的保护规划。这个淹城遗址是文物部门重要的考古发现，我在1972年去现场考察，写了考察报告，第一次登载在考古杂志上，这在当时是很难得的学术成果。

淹城遗址是战国时代的南方诸侯小国，新石器时代的遗址，它有三圈城墙还留在地面上。常州市博物馆的同志陪我考察，告诉我现在遗址范围内农民还常常发现有当时的遗物，说河沟里就会存有古代陶器碎片。他就到附近农民家借了两把锄头，我们挽起了裤腿在河里捞，不一会就捞出好多块碎砖瓦片，也夹杂着古陶片。他非常熟练挑出了有新石器时代特征的陶片来，有绳纹、有回字纹、有席纹等，再领我到这些农民家里看，灶台上、猪圈里到处都有这些古代陶器残破的器具用作食钵、盛具。我说太珍贵、太可惜了，他嘱咐我不要多说，老百姓都还不知道这东西值钱，当年也没有古董买卖，这些都是农民无意中捡拾到的，不知道价值也就都不当回事了。我劝他想办法收回这些散落的古董，一定还有更多的好东西。

我做的淹城保护规划首先要迁出遗址内的村庄，划定保护和周围控制范围。当时我国还没有这些规定和范例，我找了国外资料参照了做，只留了一条步行小径，可供今后游览，四周留出大片控制保护的绿地。另辟地块可以搞旅游设施，2000年以后发展成为淹城游乐园。常州的淹城是南方也是全国唯一还留存在地面上的战国遗址，现在是著名的遗址公园。可惜常州古城就没有留下明清以来的古城遗迹。到了2005年，保护遗产的事被人们逐渐地认识，常州现任领导就奋力创造条件专门聘请我做顾问，要申报国家级名城，真是叫“亡羊补牢”，但好羊、大羊都跑光了，但瘦死的骆驼比马大，常州还是成了新的历史名城，我心里太明白了。

水乡古镇

江南水乡古镇的特性

江南水乡古镇，处于同一地域，文化趋同，建筑材料和建筑艺术相同，建筑形态和风格大致相仿。建筑在单体上以砖木结构的一二层厅堂模式居多，为适应江南气候的特点，建筑布局多天井、院落。构造为小青瓦屋顶，空斗填充墙，立帖举架，木椽屋架，观音兜山墙或马头墙，形成了高低错落，粉墙黛瓦，有腰檐、长窗，沿商店则为统长排门板。大宅为江南厅堂式或院落式，小宅为独进平房。沿街商家常为前店后宅，上宅下店，房屋因地制宜成多种平面布局，富家重装饰，砖、石、木雕刻工精细，花饰纹样极具地方特色。创造出素朴的，但又很有文化内蕴的独特建筑风格。这些古镇具有以下一些共同特性：

①江南典型水乡之镇：江南古镇均是镇外湖荡环列，古镇中河港交叉，临水成街，因水成路，依水筑屋，风格各异的石拱桥将水、路、桥融为一体。镇内房屋依河而筑，鳞次栉比的传统建筑簇拥在水巷两岸，毗连的过街骑楼、临河水阁、河渠廊房、驳岸石栏、墙门踏渡疏密有致，构成了独具特色的水乡古镇景色。

②明清繁华贸易之镇：江南水乡城镇以水兴镇，以水成市，以水得利，带动了周围农村的经济发展，成为苏州四郊农村手工业中心和商品集散中心。史载，周庄农村不但盛产水稻，而且从事植棉、纺纱、织布的农家甚多，所生产的纱、布销往江浙各地；镇民还从事竹木业，生产具有特色的工具等，形成了周庄以粮食业、棉纺织业、

竹木器业、水产业为基本行业的经济结构，在乡村都市化的进程中发挥了城市和农村的纽带作用。同里古有“粮仓”美誉，16世纪以来成为发达的米市和油坊集中之地。古镇街上店铺相连，有六百多家商店，百舸争泊，市河为塞；南浔、乌镇为丝市；西塘盛产黄酒，行销上海、苏州。

③文人雅士寓居之镇：江南水乡方便的生活条件，幽雅的居住环境成为官宦退隐、富贾置产、文人雅居之地，因而这些古镇人文荟萃，从而造就了古镇的文化兴盛。历史上有许多著名的诗人学者仰慕这里美好的居住环境而寓居于此，这些古镇也诞生了许多著名的作家、画家，在古镇内保存了众多的历代人文景观和许多名宅名园。

④民风淳朴生活之镇：江南水乡城镇居民生活富实恬淡，民俗风情丰富多彩，千百年来世代相传。如角直等地水乡妇女头戴包头巾、腰束兜裙、脚穿绣花鞋，别具风韵。节日里有许多民间节庆活动如舞龙灯、划灯船、摇快船、打田财，热闹欢快。各镇还有自己的风情，如周庄老年妇女吃“阿婆茶”、同里的“走三桥”，有味有趣，人们乐此不疲。传统食品如万三蹄、三味圆、焐熟藕、莼菜鲈鱼羹、白蚬汤、麦芽塌饼、青团子、芡实等构成独特风味的饮食文化，深得游客的青睐。

周庄、同里、南浔、乌镇、西塘、角直六个古镇处于同一地理、文化背景，具有基本相同的风貌与特色，但由于各自历史的因循，文化的生成，环境的美化，时代的机遇相异，因而深入观察又各具特色，各有风韵。

周庄是繁华的商业市镇。前街后河，前店后宅，家家枕水而居，户户踏级入水；双桥有佳话，迷楼遗诗情，桥楼相峙，画窗映波，凭栏闲情，水乡美景尽收眼底。

同里是恬静的居家市镇。湖塘环抱，河道纵横，拱桥跨波，退思园、耕乐堂，名园老宅犹存；河沿小路旁，竹树掩映着白墙黛瓦，洋溢出一片水乡柔情。

直角因唐代创建保圣寺而兴寺建镇。遗存唐代彩塑和斗鸭池，古树、古墓勾人怀古情思。小河、小街、小店、小桥及水乡妇女们的清丽服饰，独具风韵。

乌镇是幽雅的河街市镇。修长的街巷，昔日的廊檐、石板路、水阁房，引人遐想，

同里庆善堂轴测图

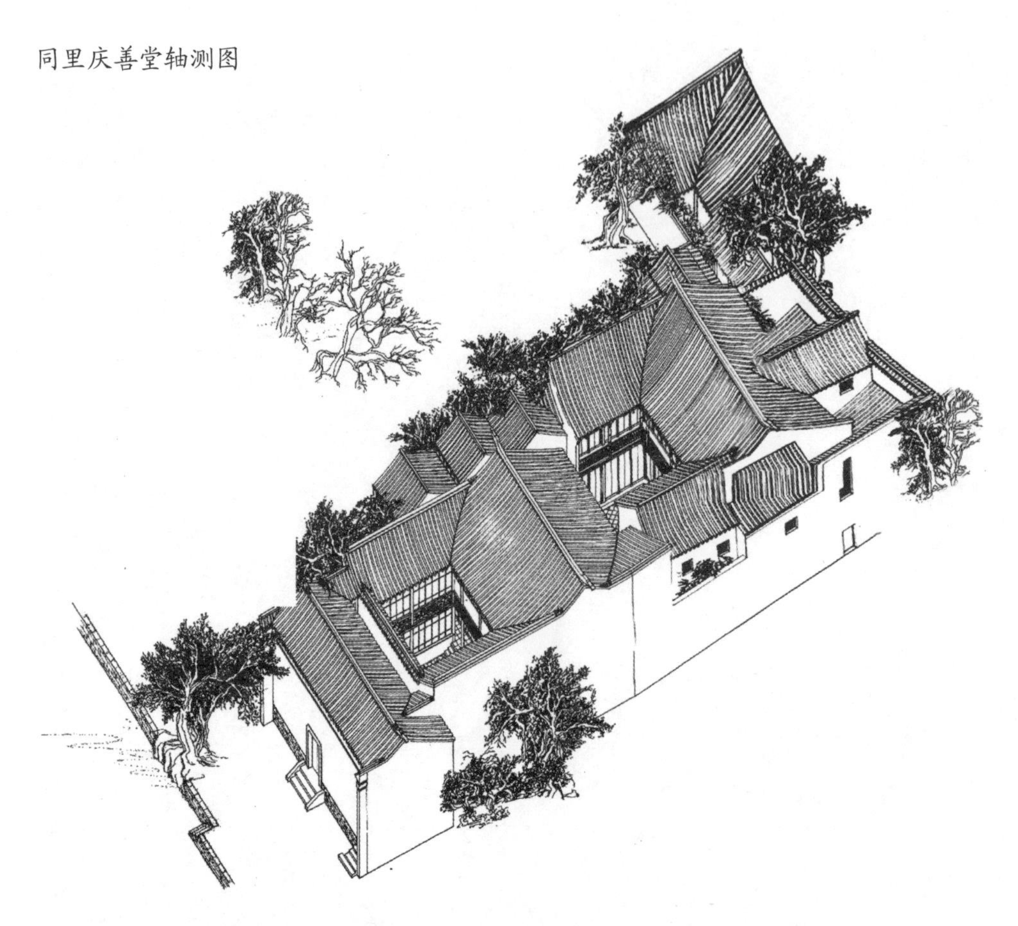

小船悠悠，河水涟涟，纯朴明净。老茶馆、老药店、老作坊、古戏台，古趣盎然。

南浔是盛产蚕丝的古镇。素有崇文重教之传统，嘉业堂藏书楼、小莲庄大花园，文化底蕴深厚；百间楼处，河道弯弯，倒影重重，风光旖旎、婉约。

西塘是盛产黄酒的鱼米之乡。河道开阔，细柳拂水，碧波漪漾，河沿廊棚连绵数里，瓦屋檐、马头墙高低错落，鱼市、花市、酒坊，令人陶醉留连。

（2001 年，中国邮政发行水乡古镇邮票一套六枚，由黄里设计，小本票说明为我撰写，以上六古镇特色即为六张邮票的说明文字，略有改动。）

淀山湖畔水乡古镇——昆山周庄

近年来，农村经济空前繁荣，由于乡镇企业的发展，农民富裕了，开始修筑住房，改建镇市，推倒旧屋盖新居，填了河浜开大路，使原来的农村集镇有了极大的改观，这是大好的事情，也是不可阻挡的历史潮流。但是由于未能重视保护与合理的规划，在江浙一带，历史上留下的许多布局精巧、富有特色的水乡城镇，在这场大变革中遭到了无情的破坏。许多优美典雅的水乡城镇，具有悠久文化传统的街市完全改变了面貌，代之以千篇一律的、枯燥的、单调的方楼房。纵观江南一带，木渎、吴江、震泽、盛泽、桐乡、南浔、菱湖……全是千镇一面，甚为痛惜。

苏南一隅，幸存周庄小镇，由于至今镇市不通汽车，远离繁华城市，地处诸县市交界，因而发展缓慢。镇区之内，新屋零星、窄街小巷，古老的街市沿河伸展，粉墙黛瓦的民居，间有深院大宅。石板路、石拱桥、石河埠，绿树翠竹、水光帆影，没有高楼大厦，没有车吼尘扬，实是一座幽美的江南古镇，正是“水乡纷杳何处觅，请君绕道到周庄”。

周庄镇隶属于江苏省苏州市昆山县，位于昆山县境之最南端，与上海的风景旅游点大观园隔淀山湖仅 6 公里之遥，西与苏州吴江县相接壤，现有镇区面积 40 公顷，常住人口 2000 人。

周庄始建于宋代，传说为宋迪功郎收获设庄之处，故名之。宋高宗南渡，金十二

周庄镇全图

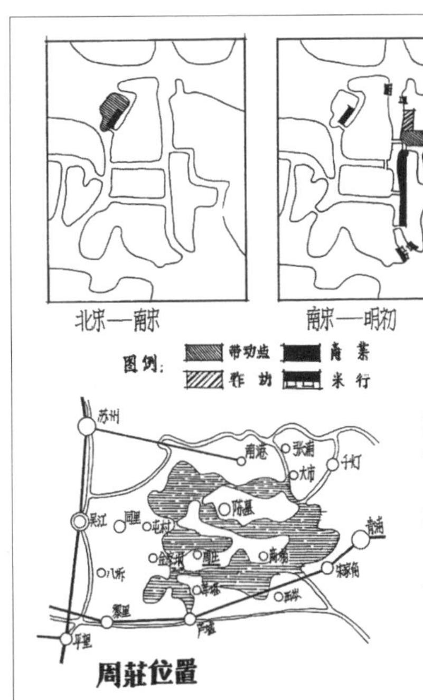
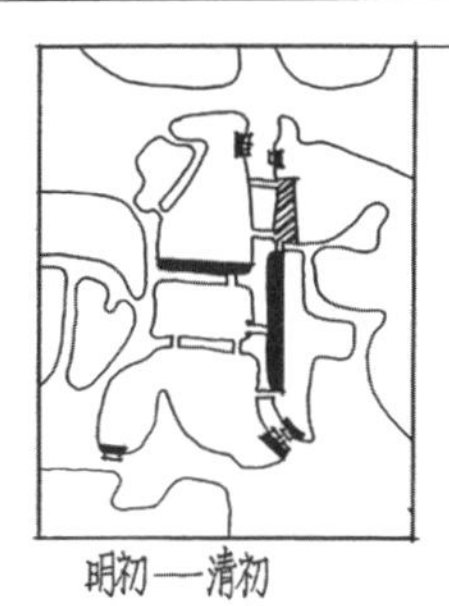
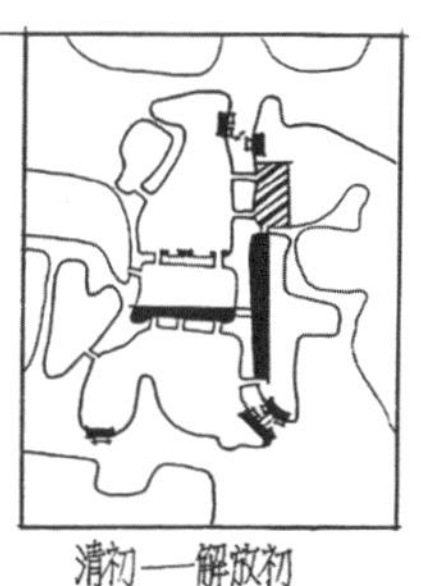

周庄历史发展略图

相公曾定居于此。明朝初年，江南巨富沈祐（沈万三）居此营庄，人丁始盛，遂成镇市。清康熙乾隆间是周庄发展最盛时期，建有许多寺庙，其中全福寺最大，塑有巨大佛像，手可卧人，香火鼎盛，有“水乡佛国”之称，惜毁于1950年代。

周庄属太湖水网地带，四面环水，北依急水港，南濒南湖，东临沙田湖，西接白蚬湖，这些湖泊又与上海近郊淀山湖相接。镇北急水港现为五级航道，是赣、皖、宁、锡等去沪船只必经之路，是东西来往船只避风及提供给养的天然良港，因而周庄过去多粮食农产品的转运，有码头货栈等，街市繁华，商贸兴旺。截至民国初年，镇上几条街道布满店铺，尽有百货土产，亦多奢侈消费品，可见镇市之繁盛。

周庄基本保持了明清时代的格局和风貌，全镇65%的明清建筑尚属完好，沿街有多幢前店后宅的店铺住宅，在我国已很少见。这些店宅，店面开阔，有天窗采光，

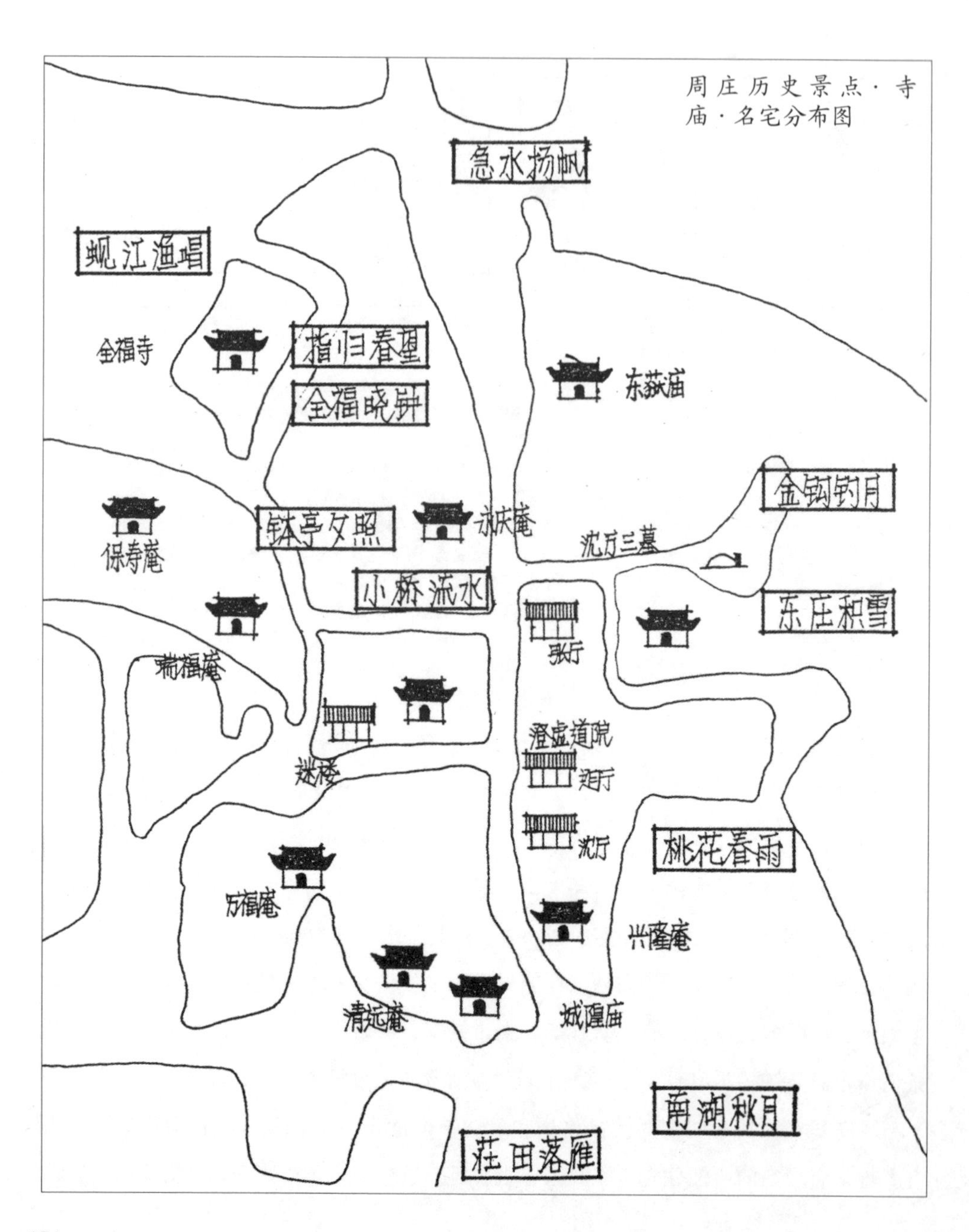

周庄历史景点·寺庙·名宅分布图

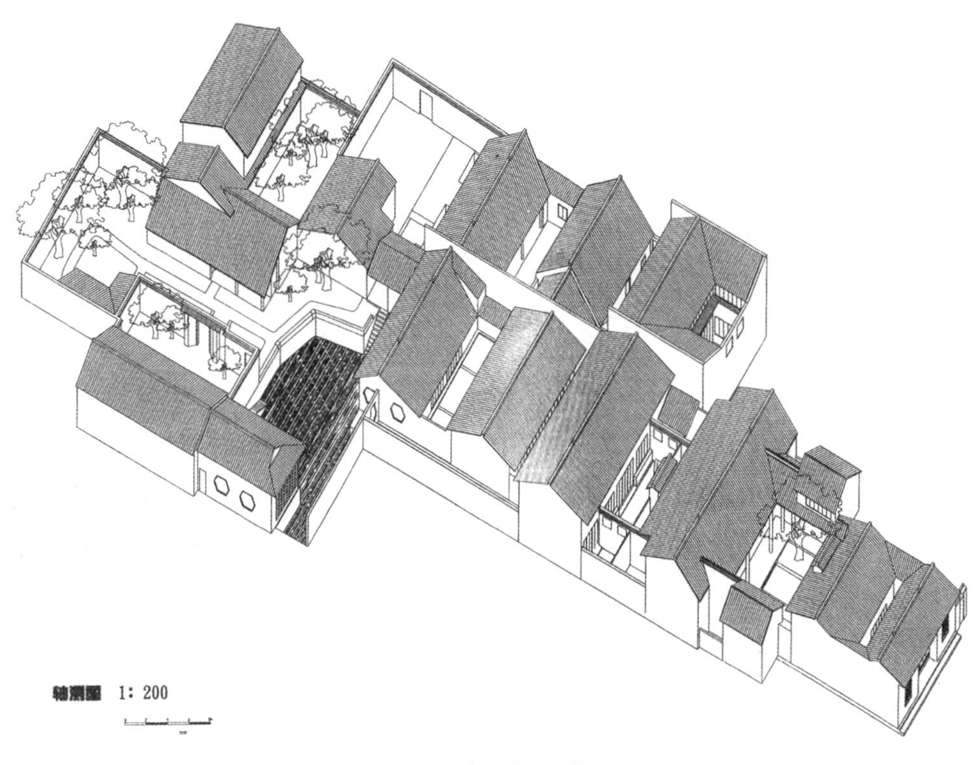

张厅总貌轴测图

店后有库，再后为三、四进的住宅，每进均设垂花腰门，有的还设有暗室，以贮银财防盗贼。明代大宅如张厅、沈厅等，有五、七进之深。过街楼、骑楼、桥楼、水墙门比比皆是。镇内还留有多处文人雅士的遗迹，如唐诗人刘禹锡的寓所，近代革命诗人柳亚子常醉酒的迷楼等。

镇内河道纵横，十数座造型优美的石拱桥架设在河道之上。镇上人家濒水而居，高低错落的民居鳞次栉比，河边条石驳岸，门前踏级入水的水埠，小河行舟摇橹伊呀，河埠捣衣声之清脆，石拱桥边垂柳依依，急水港上白帆轻扬，南湖秋月渔舟晚唱，处处呈现一派恬静、纯朴、明净、清秀，似水柔情的水乡风光。

城镇布局以河道为骨架，因水成街，因水成市，因水成路，“泽浸环市、街巷透迤”，巧妙而自然地把水、路、桥、民居联系融合为一体。河、街、店，宅、桥、埠、楼、布局得宜，全镇井字形的河道对应井字形的街道，主街背河，次街面河，以图用水之便，以亲近水之缘。桥头是水陆交汇处，如富安桥上有店夹桥而设，形成桥楼。桥堍有过街楼。临街商店的布置，集市的安排，也与水密切相关，形成一个以水为主体的河街市镇。这样旖旎的景色吸引了不少慕名前来的艺术界人士，每年春秋两季桥头街尾尽是画家学子，旅馆住所人满为患。周庄的美景还引起了国外人士的注目。

周庄小镇至今还保存了过去岁月遗下的风情和习俗，日出而作，日没而歇，四乡渔民茶馆议事，镇市亲朋桥头杂聊，邻里姑嫂河埠戏谑，遗老雅客蚬园消闲（蚬园——镇上庭园民居式文化馆）。镇上有自己独特的极富人情味的传统习俗，如在中年妇女中流行“喝阿婆茶”，即每天下午轮流做东，邻舍亲朋阿婆们相聚，品茗闲聊，茶点零食，乐意消融，国事家事杂议，乐事分享，烦忧共担。喜庆节日全镇举行灯会等，今天这些习俗也赋了新的内容，成了思想教育、精神文明建设的组成部分。

历史上的周庄曾是以手工作坊、商业为主的贸易集镇，现在除了已设一些小型轻工业外，手工业的竹编、豆制品、服装、皮鞋等还占有重要地位。

新的形势和新的生活，对周庄古镇提出了新的要求。经济要发展，环境要改善，但是这样优美的古镇一定要妥善保护好。我们要协调解决城镇经济发展和保护古镇的矛盾，使周庄经济得到发展，人民生活得到提高的同时，合理规划建设，使其特色环境得以保护，传统得以发扬。

茶馆写照

古镇上过去最多的店铺是茶馆，有着交往、休息、娱乐等多种功能，镇上的茶馆也是重要的公共建筑。茶馆常位于桥头、河道的转角、街道的路口等水陆交汇处，而这些地方往往就是人们活动的中心。过去的茶馆也是镇上居民和四乡举行重要社会活动的地方。

“茶棚酒肆纷纷话，纷纷尽是买和卖”，是生动的写照。一壶茶、一支烟，引出相互间的话题。所谓“醉翁之意不在酒”，喝茶不过是各种活动的媒介。有的茶客长时间围坐一桌，多半是熟人，有的茶客频繁换座，原来是有目的地打听情况，或寻找合适的交易对象。茶客中的农民、渔民关心集市行情，摸清了集市价格，就去集市做生意。更多的人在这里休息，谈天聚会。

由于茶馆吸引着镇上各色人等，就成为镇上的新闻中心和“民间仲裁所”，镇内外的大小事情在这里传播、评价；乡邻间各种纠纷、口角，都到这里来解决，争执双方各陈己见，然后由茶客们评论，最后由镇上德高望重的老者出面调停，这称作“吃讲茶”。如今江南水乡一带城镇里仍沿袭这个习惯。

过去在水乡城镇中闲人很多，茶馆就是他们消磨时光的地方，历史学家顾颉刚先生在谈到苏州茶馆时说：“家庭以天伦合，学校以道义合、工商以职业合，而茶肆以市井游荡合”，“无职业者茶肆为其第二家庭”，“怡情会友、享社会之乐”。“在茶馆

旧时江南的茶馆

中吃茶的人多‘业、蚁、催、数’四种人，‘业’是业主，‘蚁’是白蚂蚁，专指房产买卖的中人，‘催’是催子即专门催租的人，‘数’是知数即商店、钱庄或大地主的账房先生”。这些方面可以看到过去水乡中这些帮闲人悠闲的生活，附庸的职业，反映古镇社会的另一侧面。当然，现在茶馆的情况有了很大变化，早晨还是有大量茶客，多镇上退休老人，热闹得很，传播街市新闻，调解各种纠纷等也是常有的事。

茶馆还是镇里主要的娱乐场所，如听书、下棋、打牌等。有的设有书场，挂牌请名角演出，老听客们准时前来听书，有时有名角响档说书先生来演出，茶馆里就更热闹起来。

茶馆里或茶馆旁往往开着点心店，各种现做的点心，什么生煎馒头、油酥大饼，各式糕团，还有馄饨、豆浆、油条、粢饭等及时供应茶客们享用。早市最为闹猛，早茶一般连着早点，茶客们要坐到日高三竿才慢慢地散去。

朱家角镇上现在茶馆还留下十多家，北大街中段有一家楼下是俱乐部，楼上是茶室，叫俱乐部茶馆。新辟的放生桥茶楼，茶楼依街傍水，临河有雅室，凭窗远眺，漕港美景，尽收眼底。还有古色古香的森趣楼，也有简易廉价的农家茶馆和开在船上的游船茶馆，在船上品香茗，荡开船去看水景，优哉游哉，不亦乐乎。

访卢阁茶楼

江南水乡城镇上，过去往往行数十步就能看见茶馆的水灶嘟嘟地冒着热气，沿街散开的堂口，摆满桌凳，晨光熹微，人们即在茶馆相聚喝茶，茶客们大都相互熟识，热切地打着招呼，大声谈论着彼此感兴趣的事情。茶倌们提着铜壶，吆喝着，穿梭在各桌和灶间为茶客们续着开水。这些茶馆多兼营早餐点心，就在门口摆着卖面条、饭馆和生煎馒头的食摊，一片嗡嗡的人声，一直要到太阳高高挂起，人们才渐渐地散去。到了下午，老茶客又成老听客了，有点规模的茶馆下午就成了书场。茶馆店老板请来说书先生一般有两场，大书即长篇，前面一场是评弹说唱，长篇每天一段，长篇连载要说它一个月、两个月。说书先生到每天快结束时，总是卖足关子，把听客们的胃口吊起，明天肯定再来听，茶馆就天天客满了。

乌镇早年茶馆很多，据说有 64 家之多，大致分为“乡庄”和“街庄”，其不同特点在于“乡庄”只做上午，有固定主顾；“街庄”则下午也不熄炉，除了常客外还招待一些散客。物以类聚，人以群分，茶馆也按茶客的身份有上、下二等之分，下等茶馆一般是四乡的农户，上等的就是有身份的富户或一些清客（读书识字帮人做事者）。有的茶馆分楼上、楼下或外间、里间，以供不同人群使用，当然茶具摆设也各不相同了。

当时乌镇有名的茶馆有应家桥的“访卢阁”、北花桥的“三益楼”、南花桥的“常春楼”和民国时开设在修真观戏台两旁的“天韵楼”。

访卢阁茶楼内

访卢阁茶楼外

“访卢阁”开设在中市应家桥南，是中市的中心。楼下二开间，楼上三间，两面临河，靠桥，桥腰边有扶梯可从桥上直接登楼，楼下四乡的农民可以从河上靠岸。楼上可以凭窗观景，视线开阔，得地理之便。因此，访卢阁的生意十分红火。

访卢阁的店名也有来历，懂得一点喝茶之道的人就知道研究茶叶、尝遍天下名泉的陆羽和写下饮茶歌的卢仝。传说在唐朝，茶圣陆羽专程造访也嗜茶的卢仝，两人切磋得极为高兴。卢仝就曾写下《走笔谢孟谏议寄新茶》(俗称《七碗茶歌》)：“柴门反关无俗客，纱绢笼头自煎吃。碧云引风吹不断，白花浮光凝碗面。一碗喉吻润，二碗破孤闷，三碗搜枯肠，惟有文字五千卷，四碗发轻汗，平生不平事，尽向毛孔散，五碗肌肤清，六碗通仙灵，七碗吃不得也，唯觉两腋习习清风生……”访卢阁就是意谓两个茶友的相会，这个茶馆名字是有特别的意义。

原来的访卢阁茶楼因日寇战火的摧残，后又随意搭建已失去原有风韵，柱蚀墙裂，楼板摇晃，已属危险房屋。我在古镇规划中决意要重现她的丰采，已改建得不伦不类的破楼全部拆除，按照老照片上的原有样子重新设计，还是两面临河、有宽敞的楼层，恢复从桥上可以进楼的梯段，木窗、瓦顶，不翘檐角，不是雕梁画栋、大红大绿，还是原样水乡建筑的朴素的样式，是重现历史上的访卢阁，是复原的乌镇老茶馆。现在早上还是热热闹闹的茶客，九点钟以后就是游客的天下了。走累了，可以在这里歇歇脚，品几盏清茶，凭窗观赏宽阔的市河上的景致，是一种享受。

乌镇蚕事

乌镇在历史上曾是重要的丝市，镇上设有许多缫丝厂，四乡蚕农们收下蚕茧，都要送到镇上出售，缫成生丝，再运到苏州、杭州、上海织绸或生绛出口。每到收茧季节，乌镇河面上船帆云集，街市上人声鼎沸，客商、蚕农以及各种商贩一齐涌到古镇，这是古镇每年最热闹的时节。

我的表外婆是验茧师，每到收茧季节，她就被聘到乌镇的茧行里，收验蚕茧，评定等级，确定价钱。她说，她们这些验茧师工作很辛苦，很有权威。

我听她说过许多乌镇养蚕卖茧的事。每年一季蚕花，蚕农们很辛苦，男人们种桑摘叶，运输做粗活。女人们细心、手巧，养蚕都是妇女的事，养蚕的又多是年轻的妇女，称呼蚕花娘子。特别是在蚕室上山（上蔟）做茧那些日子，日夜不能睡觉，个个都熬红了眼睛。防虫最费精神，“虫”有三种，一是蚊子、苍蝇及别的飞虫，蚕一被叮过就会生病，病会传染，所以蚕室都是纱窗纱门，地缝墙角都洒遍石灰，还要用熏草薰过；二是老虫，就是老鼠；三是长虫，就是蛇。老鼠和蛇都喜欢吃长大了的蚕宝宝。蚕儿快上山时，一条条都长得白白胖胖的，通体透明，煞是可爱，而蚕花娘子们，都瘦了一圈。蚕儿们经不起冷热，又怕得瘟病，有时会突然染上不知名的病菌，严重影响蚕茧的收成，所以在养蚕季节，蚕花娘子们都战战兢兢的，有许多规矩、禁忌，似乎是迷信，现在看来其中许多是符合科学道理的。

收蚕茧季节，四乡的蚕农们收下蚕茧，送到镇上出售

每年三月初，许多养蚕的江南古镇都要举行蚕花节，祭拜蚕花娘娘。乌镇没有蚕花娘娘庙，就在乌将军庙前举行。这也是一次大型庙会。庙前广场上汇聚各种节庆活动，除了常见的赛龙舟、舞龙灯外，特别还有叫“高竿”的节目，类似爬竿杂技表演，表演者攀上一根三丈高的青竹竿，只穿一条裤衩，露出一身精壮的白肉，扭动身躯，配合锣鼓敲击的节奏，做出各种动作和姿态，就像一条上蔟的蚕儿、摇头摆尾吐丝做蚕，以这种表现，期盼今年蚕宝宝个个健壮，免灾免难得个好收成。现在乌镇旅游景点还保留这个节目，吸引着众多的游客，但许多人是不能理解其中的含义和蚕农们那种心情的。

周庄古镇保护的过程

周庄古镇及江南水乡城镇的保护，确实是经历了一番艰苦的持之以恒的工作后才获得成果的。1980年代初，江南许多乡镇掀起发展经济的高潮，到处开办乡镇企业，填河开路，拆房建厂，许多优美的古镇风光，毁于一旦。我当时作为同济大学城市规划教研室主任，看到这些乡镇没有进行合理的规划，更谈不上保护古镇，建设无序，将来肯定造成混乱，甚至还要进行二次改建，就建议各级政府要管，要进行合理的城镇规划。江苏省建委同意我们的看法，专门开了正式公函和介绍信，到各地去帮助他们进行规划。这项工作完全是义务的，没有任何报酬，也不是政府行为。

我走了不少乡镇，那些沿公路、铁路的乡镇已经很快发展起来了，而有些离开交通线的偏僻地方还没有什么动作，于是我想乘这个机会可以做保护工作。同济的美术老师杨义辉教授建议说：他们绘画写生到处找风景，周庄就很不错，还没有一家厂房，也不通车，不久我就去了。

1984年，从上海到周庄要走一天：从老北站乘长途班车到江苏芦墟，一天一班，7时开车，9时半才到，要等到下午1时有班船，开5个小时到周庄，天就完全黑了，住下；回程是早上6时的班船，到芦墟已没有长途汽车了，要搭便车或等到第二天10时返上海的班车。当时周庄到昆山还不通汽车，由于交通不便，所以尚未得到发展。

我们找到镇政府，希望协助他们做乡镇发展规划。当时他们基本上认识不到这些问题，嫌我们找麻烦。但镇上一些老人，一些有知识的居民（其中有两位从上海退休回乡的老职工）很支持我们，还有当时担任文化站长的庄春地，协助我搞测绘、搞调查、做规划。

做这些事情当然遇到很多阻力。当时的镇长明确对我说：“你们从上海老远跑来帮助我们，知道你们是好意，但我们许多人认为不必要。你们同济大学自己搞研究搞教学，我们嫌烦，你们这次做好了就不要来了。”后来还传来消息说：昆山县的县委书记在某次会议上明确指出：同济大学什么阮老师到周庄搞规划，要保护古镇，这是保护落后，不搞发展是错误的，你们不要支持他们。

那时要做规划，至少要差旅费，要资料费，凭学校教学中拨出的一点教学实习费远远不够。正值此时，北京大地建筑事务所设立了“大地农村发展基金”，我校罗小未教授立即告诉了我，我就提出了申请，并且邀请“大地”负责人之一、资深建筑家金瓯卜先生考察了周庄，他为其风光所陶醉，表示一定支持我的工作。很快北京传来了消息，给我做的这个古镇规划项目 5000 元资助。为了使周庄镇和昆山县了解我是真正为当地服务的诚意，我就把这笔款项全部汇入周庄镇的账号，并说明凡为规划的事，只要镇长和我两人同意都可使用。这笔钱数目不大，但在当时供办公、出差、日常开支来说还是一笔不小的数字，也确实起了重要作用。第二年，我又申请到 5000 元，

（左）1986 年周庄镇总体规划报告会现场，（右）左起：李德华、戴复东、冯纪忠、董鉴泓、笔者（姜锡祥摄）

就做了甪直的保护规划。“大地农村发展基金”在保护江南古镇上是有贡献的。

1986 年，我做好了周庄镇的总体规划，为使其付诸实现，就专程开了评审会，邀请了我的老师冯纪忠、戴复东、董鉴泓等著名老教授出席，江苏省、苏州市、昆山县的主要领导人也都来参加，会上大家都赞赏这个规划，希望周庄能按此规划实施。首长们表了态，我立即写成会议纪要形成正式文件，希望这个规划能真正成为指导乡镇建设的蓝图。

次年，周庄镇的富安桥楼濒临坍塌，我们又做了四座桥楼的设计，按原样修复。一些房屋的整修，我们都尽力做到有求必应，不计报酬，这样就和周庄镇的同志们结下了友谊，他们也逐步理解了保护和整治工作的意义。像庄春地等人在规划实施过程中逐步取得了镇民信赖，由文化站长而成为市人大代表，以后办旅游公司当经理，开展了周庄的旅游业，后来又当了副镇长、镇长。

我经常向昆山市领导建议干部不能经常更换，特别像古镇保护和发展旅游，其实有许多领导方法和技术问题，熟悉不熟悉大不一样，干部有没有文化素质也大不一样。在周庄古镇保护中，就赖于有文化修养，热爱家乡，热爱祖国优秀文化遗产的有识之士的共同努力，其中有昆山县老县长徐崇嘉，昆山城建局原局长郑兆毅，以及周庄镇原书记胥家兴等人。庄春地连当 3 届镇长，对周庄充满了感情，又善于动脑筋，才使周庄有今天。

城市规划和古镇保护具有科学性和前瞻性，我们在规划中提出的原则，即“保护古镇，建设新区，发展旅游，振兴经济”十六字方针和把古镇、新区严格分开的主张被接受了，并认真执行了。但在具体实施过程中，发生了几起原则性争论，现在我把它写出来，很值得回味。

第一件事，周庄古镇原来是在一个四面环水的岛屿上，到周庄古镇一定要在宽阔的急水港湾摆渡，坐渡船才能入古镇，我们认为这很好，既可避免古镇被现代化的交通所干扰，又具有特别的情趣。但 1988 年周庄提出要建大桥，我坚决反对，同济大学的一些教授们也反对，但周庄镇的人们坚持说，没桥不方便，这是镇上百姓数百年来的愿望。我们认为，桥一造，路一通，会带来很多麻烦，古镇不再是宁静幽雅的环境了，今后一定会后悔。周庄的同志们听不进我们的意见，反而认为我们脱离实际，不懂人民疾苦。

后来建了大桥，大桥设计也是请同济桥梁系设计的，我当时希望桥造型上要考虑古镇特色，轻巧些，有些装饰，但遭到反对，因为要多花钱。结果建成一座钢筋混凝土框架的粗大桥梁，结构合理，造型笨重。

我还坚持车子一律不能进镇，过桥就设停车场。到了 1999 年，由于旅游人数剧增，停车场已不敷使用，车辆难以管理，希望控制旅游容量，决定把停车场移到桥外，桥上不再通车。桥才造了几年就停止其主要使用功能了，要恢复摆渡，却因有了桥难以实现，真后悔当初不该建桥。

冯纪忠先生（右一）在周庄（1986，姜锡祥摄）

其二是在古镇外兴建一条商业街，镇领导原本想可以吸引游客，繁荣新区。我告诉他们游客们绝对不会来光顾这条新街，城里人怎会到乡下来买东西？他们热衷的是老街老巷，要买的是老街上的土特产和工艺品、艺术品，新街造得再好也白费。他们说不见得，可以做得吸引人，可以做出特色来。殊不知古镇本身的魅力是任何人工景点和人造假古董都无法比的。结果不出所料，镇外的街除了为本镇居民服务外，鲜有游客问津，为此破费不少。

第三是在古镇外建学校。我的规划是把学校放在新镇生活区，靠近古镇的地方安排旅游设施，如旅馆、餐饮等。但镇上认为古镇居民的孩子离学校太远，上学不方便，坚持要在古镇旁新建，所选校址当时还是一片农田。我告诉他们，古镇将来发展了旅游，居住在古镇的人口结构会发生变化，古镇上不会有太多儿童和青少年，而新居住区更需要设中小学，建在古镇近旁不合适。可镇上不理解，一定要在古镇旁盖小学和中学。结果才建成使用没两年，我原先说的话应验了，古镇成为旅游热地，居民外迁，很少有中小学生。许多客商看好这个地方，要在这里搞旅游设施，但因为已盖了学校，要拆迁还有不少困难。2002 年小学终于被拆除，改成旅游用地。

其他还有全福寺的修建等事例，都很好说明规划的科学性不容置疑，当前有许多城市和乡镇都已做了总体规划和各种具体的详细规划，但各任领导往往从眼前或局部利益出发，随意改变规划，结果必然给城市和人民的根本利益带来损害。这种例子实在太多太多，有些只是不为人所知罢了。现在周庄镇的领导们充分认识到规划的重要性，我们又进行了新一轮的规划，把保护和发展的要求又提高了一步。

乌镇保护与旅游开发的曲折过程

“幽雅的河街市镇，修长的街巷，昔日的廊檐、石板路、水阁房、引人遐想。小船悠悠，河水涟涟，纯朴明净。老茶楼、老药店、老作坊、古戏台，古趣盎然。”这段话是我为水乡六古镇邮票小全张中乌镇这枚邮票画面的撰文，是我对乌镇景色的概括描述，也充满了对这座历史古镇的赞赏之情。

乌镇的保护到今日旅游的兴盛，中间有一大段曲折。

1984 年茅盾先生在乌镇的故居被确定为全国重点文物保护单位，当时罗哲文先生主持文化部文物处工作，他希望我来做乌镇和茅盾故居的保护规划。我就和张庭伟老师一起到乌镇进行调查收集资料（张是乌镇人，现为美国纽约伊里诺斯大学教授，著名城市规划专家）。

那时从上海到乌镇还很不方便，在人民广场乘长途汽车到桐乡，再要坐二等车（坐在自行车书包架上，行李只能抱在怀里）到乌镇，我们发现乌镇还留存有极好的古镇风光。

我做的规划主旨就是要保护古镇原有历史环境，留下茅盾先生笔下的风情，同时也兼顾到城镇的现代发展。当时我们对几个重要的地段如转船湾、西栅等地区还做了沙盘模型，而这些全用的是同济大学的教学与科研经费。

不久传来消息：县、镇两级政府认为古镇太破旧，要旧貌换新颜，在古镇上要开新马路他们认为，来茅盾故居参观的首长和外宾要走很长的路，又无处停车，要在故居旁开辟停车场。我知道后很着急，第二天就赶到乌镇去，镇政府正开会研究如何开路，我们冲到会场陈说利弊，这个会被我们搅散了。但我想这些领导不会因此而罢休。为此我专程上了北京找到罗哲文、郑孝燮两位专家，他们说：建设部、文化部不可能向一个乡镇政府发号司令。他们都是全国政协委员，可以请全国政协提出建议。于是我们立即拟就了一份文件，请全国政协向浙江省政协发出建议：茅盾故居是全国重点文物保护单位，要保护它及故居周围的环境，不能破坏原来的古镇风貌，希望按同济大学的规划方案实施。这个文件再由省政协转给桐乡县政协，这样总算暂停了开路。

过了一年，1987年桐乡县升格成桐乡市，新上任的领导还是要开路。这次就封锁消息，把原来经常和我联系的乡镇建设办公室的同志也调走了，不让我知道。完整的古镇就被破膛开肚，开出了一条宽直的新华路，首长们可以坐车直到茅盾故居旁边了，大街上盖起了当时“时髦”的新楼房，中栅一带原来古镇的风光全给破坏了。

1998年桐乡市委市政府专程来找我，要重整旗鼓对乌镇进行保护与旅游发展规划设计。此时江苏的周庄、同里古镇的保护和旅游开发已经取得了瞩目的成绩，后起

乌 镇

之秀嘉善西塘也开始接待游客。而乌镇不进则退，除了茅盾故居保护住了，故居旁新开大马路，沿街全是简陋的乡村商店，东栅、西栅成片年民居年久失修，一派破败景象。修真观仅剩了座戏台孤零零地站在河边，大殿早在70年代拆除，盖起三层百货商店，由于用料马虎已成危房。中栅沿河岸挤满了一排棚屋，开着乱七八糟的小店，驳岸多处坍塌，河水泛着黑臭。虽然古镇骨架仍在，但蓬头垢面，全无水乡的秀美了。

有的城市领导请我做保护规划，其实主要着眼于发展旅游，要取得政绩，所以常常急功近利，要限时限刻提供图纸，定时定刻施工建造，首长剪彩，电台播放，因此造假做表面文章。我很反感，保护古镇只是幌子，对民族文化没有感情没有认识。

桐乡市委的龚书记看出了我的顾虑，就对我说了一番话："我们诚心诚意地请你做乌镇规划只有一个要求，按高标准来做，再按高标准来实施这个规划。我们过去历届政府由于缺乏远见，对古镇人民欠下了债，今天是来还债的，能否还得清，还不好说，但我们是桐乡人是乌镇人，让我做一个桐乡人的赤子吧，赤子之心是不求回报的。"

这番话真是让我感动了，我遇到了诚心诚意热爱家乡热爱人民的地方官了。我顿时振奋起来，于是我调动了优秀的骨干，有卢永毅教授、鲁晨海副教授、李浈博士后、卓健博士和许多硕士生，从古镇的建筑测绘到总体保护规划到历史街区的详细规划，一直到具体的古建筑的修复施工图，都一一认真做全，历时八个多月。

桐乡市组织了强有力的领导班子，专门成立了古镇保护与旅游开发委员会，委派了桐乡市长助理陈向宏为主任，桐乡市电视台台长周平为副主任兼旅游公司总经理。他们都是改革开放后早年毕业的大学生，有文化、有思想、工作踏实肯干。更可贵的是虚心好学，古镇保护和古建筑的维修有许多技术问题，他们不懂就问，四处取经、学习。我要求他们去看做得好的平遥、丽江、周庄、同里和安徽的西递、宏村，也要看修得不好的坏例子以取得教训。

我们提出了在古镇保护整治中一定要做到的"整旧如故，以存其真"的原则。周庄在整修老房子时用了许多旧料、旧木梁、旧木柱、旧门窗、旧石板、旧方砖、旧瓦片等，修出原汁原味的老房子，这是好经验。乌镇就到附近城镇收集旧料，他们建了几个大仓库存放这些旧料，价廉物美，修缮时随时选用，保证了古镇的原样修复、整治。

他们把东栅和中栅原来已铺砌好的水泥块路面又重新换成了明清时代的石板路，石板的铺设、完全按原来的方式，但在石板下面安排了给、排水管道，电力线、电话线等原来架空的电线全部下了地。现在走在这条被鞋底磨光的古老石板路上，你会感到岁月留下的痕迹。沿街的铺面，老店、老宅都是陈年的木门木窗，这些木结构修好后不是油漆一新，而是按老法桐油两度。墙面也经过修整，不是断墙烂砖了，砌得牢固结实，但不是粉刷一新，白粉里渗了黑灰，力求呈现原来的风貌。

沿街房屋不是整排拆除重建，而是坏什么修什么，半座墙，一片屋顶，几扇窗门的修，就不会走样，也不会出格。一些大宅、重要的优秀建筑，最怕火灾，现在都装上了先进的烟雾探测器，一有火情就能发出警报。应家桥早已改成了水泥桥，按规划要改回原样，历史上记载原来是乾隆年间建造，我想要找一顶相仿的古石拱桥，老天不负有心，终于在附近农村找到一顶已废弃的古桥，年代式样都差不多。就采取古建筑保护迁建的做法，先把石桥上每块石头都编了号，拆下后到新址上原样拼装起来，应家桥就成为重现的真古董。中市有几幢 80 年代建的简陋楼房，被列为障碍建筑，也迁建了附近农村几座大宅，填补了拆去的空地，丰富了中市的景观。

中市街区的整治，结合修真观的整治重建，要弥补在 1988 年新开大路的败笔和破相，进行了精心设计，既要保持原来古街原貌，又要为今天新的环境服务。首先在戏台旁留出广场，两侧修真观前建回廊，分隔新华路与广场的空间，地面用原石铺砌，连通中市观前街，造成视觉上的有分有合。

修真观完全按明代式样重建，在油漆和外装饰上就不采取民居那样做旧的做法，新的就是新的，但风格式样完全是传统的。这也是我们认真学习欧洲古城保护的观点和做法，在欧洲，他们绝不做模仿的东西，在历史地段，新的建筑一定要与周围历史环境协调，但新的就用新的手法与材料，一眼就能分出来，但绝不标新立异，远看完全融合在一起。

现在这里是乌镇老街最热闹的地段，是古镇旅游的华彩乐章，戏台上有地方曲艺演出，广场上有不少人捧着相机在选镜头照相，廊檐里坐满了四方来此小憩的游客。修真观内香烟袅袅，修真观门楣上的大算盘和门柱的楹联“人有千算，天则一算”吸引着许多人来揣摩。

当你走在东市和中市的老街上，踏着旧日的石板，那条新街新华路被淡化了，东市、中市老街没有被割裂，修真观广场更像一个引号，一个惊叹号，使得这条长 1.3 公里老街的长句子，变得更加生动，富有节奏。长街上的老染坊、老酒坊、老药店、老酱园、老当铺、老茶馆、火龙会……把老街点缀得丰富多彩又有情趣。乌镇后来居上，旅游项目的开发结合老宅老屋做得恰到好处。

乌镇还有南栅，还有西栅，有更精彩的文章要做。保护了古镇，保护了我国文化的精华，也丰富了我们的生活，同时也给乌镇人民带来了收益。乌镇正和其他五个古镇一起联合申报世界文化遗产，我觉得乌镇的保护和旅游开发已取得实效，有目共睹，我们的努力一定会得到回报的。

2005 年后，乌镇在陈向宏的主持下对西栅地段作了保护与开发，河以北全面原样留存，河以南全用旧料新建仿古建筑。在西栅利用一些大宅，内部作了大胆的更新改造，变成了高档旅店会所，增加许多新的功能，恢复了多处名人故居和图书馆、博物馆场所等，基础设施全面更新，对旅游管理也引入了新的机制，成为一块新的古意浓郁的水乡旅游休闲地段。唯一的缺憾是在修缮时迁走了居民，当时给予了较好的条件，修完后，老居民不肯回来了。古镇在更新改造中创造原居民的生活就业条件上存在着疏漏，这是缺乏经验而被人责难，据说最近已采取了不少措施，居民陆续迁回了。

古镇保护关键是人，陈向宏尽心尽力，也摸索出一套经验，也肯费精力学习古建修建技术。我见到过他能画出许多房屋改建的图纸，几次行政的调升，他都顶住了，这是个有家乡情节的有心人，最近见到他如何为著名作家木心去乌镇，重建其故居使其安度晚年并为其送终，有情有义。乌镇就是这样才拥有文化内涵的。

西塘的廊棚

长长的廊，一根根的木柱，沿着长长的河岸，把西塘古镇串连在一起。廊下挂着红红的灯笼，到了晚上红灯笼都点亮了，星空上映照出黝黑的房屋剪影，河面上映照出一串红灯笼的光环。河水在缓缓流动，灯影晃动出奇异的波光。河岸上的人家昏黄、青紫的亮着灯光的窗户，像一双双深情闪动的眼睛。没有喧闹的人声，没有杂乱的景物，一切都给黑暗抹去了，只有光影，只有小河的流水，只有静悄悄的夜色。

西塘静静地睡在水上，小河便是西塘的床，柱廊是西塘的床沿。西塘安详地睡了，轻轻响起鼾息，你一定会被这孩童般甜甜的鼾声所陶醉。西塘是饮着江南水乡的乳汁长大的，西塘的鼾声里传递着地方特色的风情和韵味。

我并没有过分地渲染西塘的夜色。中央电视台1套、4套还有10套的编导和摄影师们先后去西塘采访，原来都排好了日程，当日要返回上海，后来弄得晚了，天黑了，他们看到了西塘夜色，都留了下来，舍不得离开这美丽的夜色西塘。

西塘的廊棚是六个古镇中最长的，全长1.3公里，廊本是连接房屋与室外的通道，为了遮雨避阳，在走道上加盖了屋顶。靠着房子屋墙的廊子叫檐廊，两边临空的称通廊或廊道。在水乡古镇，沿街的店户，为了方便顾客多在店门口加一个门廊。一些沿街住户为了扩大活动空间在门前加一个门廊，这些廊子用建筑术语来说，就是一种“灰空间”，因为它既不是室内，也不是室外，是介于室内与室外之间的一种过渡空间，

西塘的廊棚

它可以为房主用，也为外人用。有廊子的店户比没有廊子的店户顾客肯定要多些，因为在廊子下购物，要感到安全些，盛夏可以避阳，雨天可以遮雨。有的店户，把货架货摊放到了廊子下，变成了店堂的扩大。住家门前设了廊子，就可以开了门在廊子里做事，孩子们也可以在廊子下玩耍，利用了街道成为自家的前院，这个空间是自家的也是人家的，概念上是模糊的，所以叫“灰空间”。

将一家一户的廊子连成一气，因为沿街很多地方不属于一家一户，这种廊子的建造就是全镇的公益行为。这种廊主要是为了方便行路人和外来的客商，在过去要有人出资金，要有人出面筹办，是利人不利己的行为和举动，反映了西塘人过去民众的一种公德心。全镇用廊子连起来了，这些沿河的商店就可以全天候营业，来往的客户亦可方便行走，雨天鞋不会湿，居民的生活也丰富起来，西塘的景色也随之各有了独特的风貌。我们到西塘去，在长长的廊子下看风情，享受西塘人的公德心带来的愉悦。现在在沿河的廊檐下设了些坐凳、靠椅，西塘的老人们悠闲地坐着聊天，孩子们在廊子下嬉戏，游客们在廊子里休憩观景，长长的廊棚是西塘一道独特的风景，人们享受着长长的廊棚带来的舒适和美丽。

周庄桥话

“小桥、流水、人家”，这是元代马致远脍炙人口的名句，也是江南水乡的真实写照。桥是构成水乡独特魅力的重要因素。江南水乡的桥，千姿百态，各显其能，桥是水乡里水陆交通的纽带，在江南平直的地平线上，拱背隆起，环洞圆润，打破单调和平直的田野平畴，将远山近水烘托得那样调和，把水面和陆地紧密连接起来。

桥桥相望，桥桥相连，河多桥就多，“粉墙风动竹，水巷小桥通”。在水乡城镇里，因桥成路，因桥成市，桥使水乡的风貌更为丰富。

桥是水陆的交叉，故桥堍及其周围就成为水乡城镇最活跃的场所，南来北往的车船聚集，以桥为中心，集散货物形成各种类型的商业街。如周庄的富安桥，桥的四角均建有桥楼，每座桥楼有两层，底层就坐落在桥堍，二层与桥石的石阶相连，从楼里跨过桥楼落地长窗的门槛就是桥石，从桥上也可方便地进到楼内，下半部是朱栏回廊，上半部是木格花窗，四角飞檐翘，四座楼房夹桥而立，把桥装点得格外美观。富安桥是当今江南水乡唯一幸存的桥楼合一的建筑，是江苏省级重点保护文物。东侧的踏级下有一横列的石栏，是红色的，玄武岩质地的栏杆石。中间桥身微微隆起呈拱形，这是宋元时代的遗物，西桥堍上还有三块。这些石头产自浙江武康县，质地较软，元代以后就不用了，说明富安桥在元代以前就已经存在了（始建于元至正十五年，即公元1355年）。现在的桥体是清代建造的，1988年桥楼重修过，当时是笔者主持的设计，完全按原样修复，可惜当年由于经费不足没能使用原先的材料（木材）。

富安桥北 100 余米，就是闻名遐迩的“双桥”。这是由一横一竖的世德桥和永安桥构成的，当地老居民说“一步跨两桥”，于是就有了双桥的称呼。这两座桥一是拱桥，一是平桥，桥面又成一个折线，恰似一把古代使用的钥匙，因此又被称作钥匙桥。

世德桥建于明代，坡两侧桥栏杆是用麻条石（花岗岩）横搭成梯板状，不同于一般侧立斜置，富有特色。周庄的双桥，因旅美画家陈逸飞入画而著名于世。“双桥”这把钥匙，开启了周庄走向世界的大门。

在后港和南北市河交汇处有太平桥，这是清初修建的。桥身石缝里长着藤蔓，遮掩着石拱洞券。桥旁正是沈体兰的旧宅，灰墙面破屋顶，山墙漏窗，周边高低错落的民居，清清的流水，是人们选取镜头的最佳画面景色之一。

1991 年 4 月，日本女画家桥本心泉慕名专程到周庄写生，她选择了太平桥作为创作题材，她把自己也画进画面——透过圆圆的桥洞，一位日本女子正端坐在水港岸边写生。两年后桥本心泉来上海举办画展，展览结束后，她又专程来到周庄把这幅题为《周庄的某一天》的油画赠送给周庄，从此太平桥就和日本爱好和平的人民联系起来。上世纪 40 年代周庄遭到过日本侵略军的蹂躏，而今天中日两国人民希望永远太太平平友好相处。这是一个真实的中日友谊故事。

贞丰桥在中市河两岸，由于周庄古名贞丰里，以此得名，建于明崇祯年间，是一座花岗岩石拱桥。桥两侧有一小楼曾是“南社”柳亚子、叶楚伧、陈去病等人聚会的地方，人称迷楼。如今贞丰桥、迷楼保存如初，一桥一楼相得益彰。

福洪桥在后港河两岸，是一座石梁桥，桥身和座间的石条上，镂刻着花纹。当地居民称它为红桥，是有一段来历的：相传太平天国年间，有一支太平军流落到周庄，当地豪绅勾结清政府对其进行镇压，在福洪桥上残酷地杀害了百余名太平军士兵，鲜血染红了桥石，因此人们就称此为红桥以纪念壮烈牺牲的太平军士兵。

江南水乡的桥造型优美，古人在建桥时，将工艺和文学艺术相结合，往往在桥上

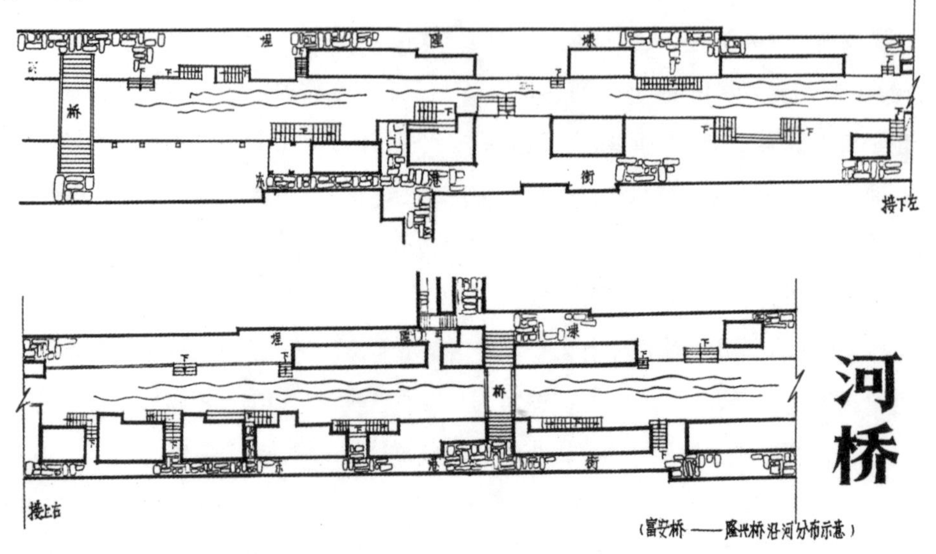

（富安桥——隆兴桥沿河分布示意）

刻有楹联，记述史实，描绘景色，借景抒情，意趣盎然，这是重要的桥文化。这样一来，桥就不光是一个实用的构筑物了，也就成为一个文化景物，过桥可以驻足留步，可以吟唱联想。周庄南北市河上最北的全功桥，北侧有联曰：“北濒急水泉源活，西控遥山地脉灵。”因为桥北靠着宽阔的急水港，是东通上海，西通苏州的大河道，而遥望西方苏州城外青山黛峰，“泉源活”说明连通上海的生财之道，“地脉灵”是说借苏州的灵秀之气。在桥南侧的对联是：“江上渔歌和月听，月边帆影带云归。”这完全是写景了，是要游者黄昏傍晚在此留连，观赏渔舟唱晚的绝妙景色。

全功桥俗称“北栅桥”，与其遥遥相对的是南北市河最南端的南栅桥，即报恩桥，上也镌有联曰：“长虹直吸东垞界，半月湾环南浦滨。”这是标明了桥的位置和所处的形势，长虹、半月都是描写了拱桥的优美和似物的生气。

周庄是水的世界、桥的故乡，这一座座古桥述说着悠长的古镇历史。

周庄最大的桥是急水港大桥，在昆山境内也是最大的桥梁，河面跨度 128 米，桥

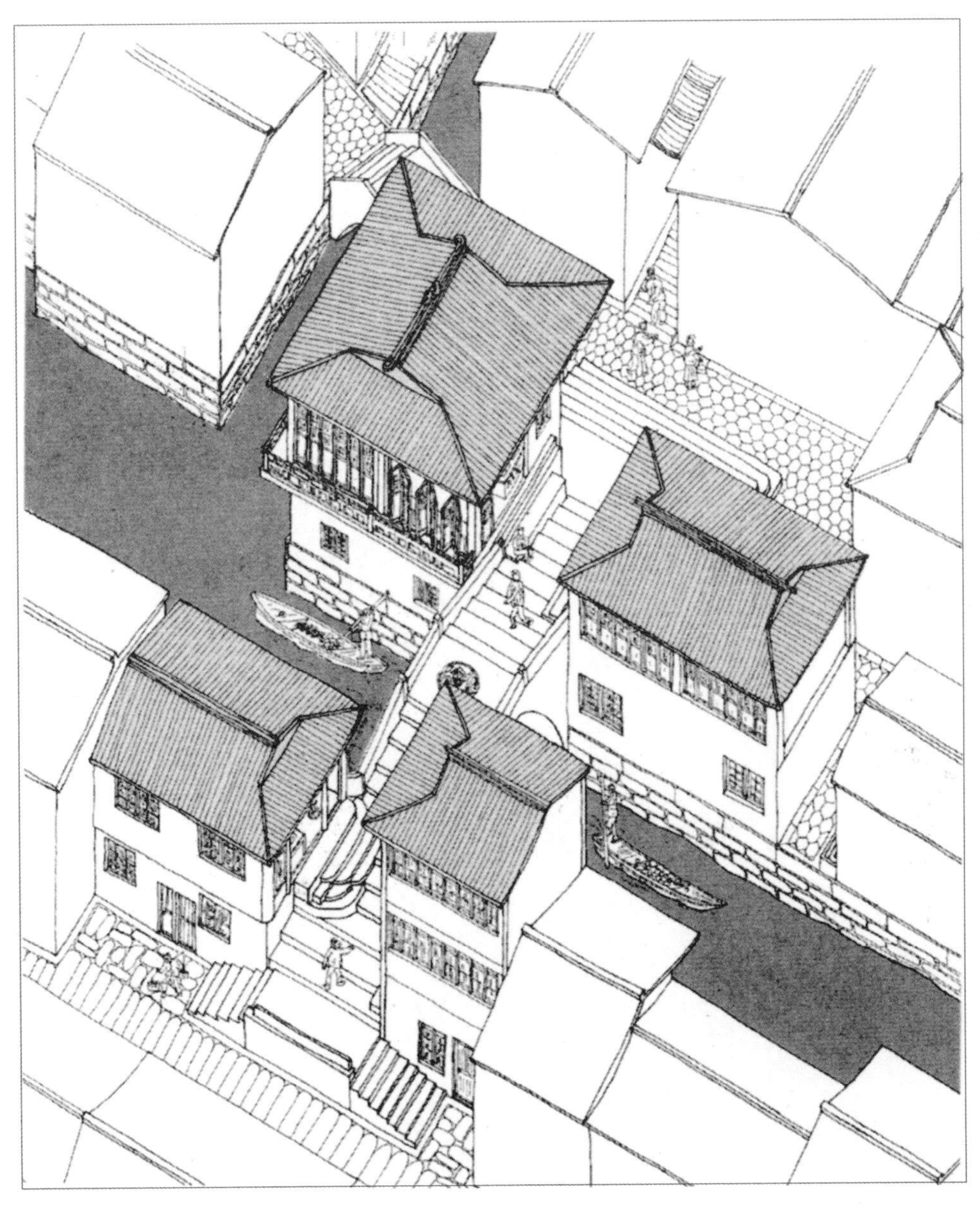

周庄富安桥鸟瞰

周庄双桥鸟瞰

长 344 米，桥面宽 12.5 米，由同济大学设计院设计，是四孔 36 米下承式预应力桁架梁桥，于 1987 年 3 月动工，1989 年 5 月竣工，耗资 295 万元。

急水港古谓东江，为太湖三条主要泄水道之一，现仍是苏州到上海主要通道。据史书记载，这条航道已有 6000 年历史，如今仍为主要水运通道，终日舟船来往，船队宛若长龙，十分壮观。

急水港把周庄镇分割成两部分，古镇在南面，以前到周庄主要是舟航，小轮班船码头在南湖口，没有觉得什么不便。但自从修筑了昆山到周庄的公路后，从昆山开到周庄的汽车只能到急水港北。人员来往只好靠小船摆渡，特别是遇台风季节，渡口停航，人们只能望河兴叹，因而人们觉得不便了。经过论证，昆山县政府决定造大桥。当时笔者已做好了周庄古镇保护规划，明确了周庄古镇以发展旅游为主，所有的工业及其他等建设均放到急水港以北，因此作为一个以生活居住和旅游活动的古镇，不应该有大的建设活动，也不会有大的运输量。笔者的意见是不要建这座大桥，因

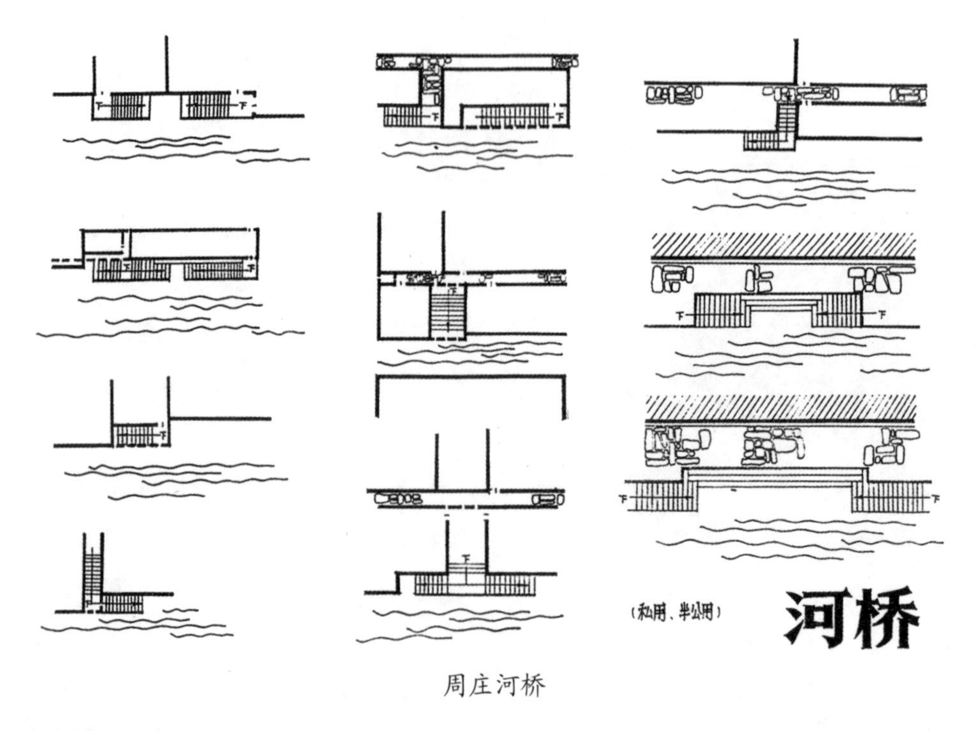

周庄河桥

为大桥一建交通方便了，许多车辆会进来，相应地会带来许多现代城市的东西，肯定会对古镇的风貌造成干扰和破坏。

在没建大桥以前，到摆渡口，任何人都是一律平等。上手划的渡船，小船悠悠地荡过急水港，港阔有 200 多米，对岸是一片绿色的田野，上得岸来，走在真正的乡间小道上，两旁是黄灿灿的菜花，绿油油的禾苗，水汪汪的小河，才一会儿路程就到古镇了。这就是 20 世纪 80 年代时的古镇周庄，完全是一种恬静、纯朴的境界，是城市中人恣意追求的风光。我说 ：桥一造，肯定这些地方就要大变样，这种田园风光就会永远丢失了。而从古镇功能发展来看，从交通量的科学分析来看是不会有大量车行交通的，因此没有必要造桥，特别是这样宏大的桥。笔者的这种意见，不为当政者接受。当时同济大学几位著名的老教授如戴复东院士、陈从周教授都支持我这个意见，也多次明确表示不应造急水港大桥，但是造桥决定已下，在 80 年代专家们的意见是左右不了政府领导的决策的。

大桥历时两年多建成，汽车就直通周庄古镇边了。后来镇上的居民摩托车也多了，自行车也多了（以前一辆也没有）。

上世纪 90 年代后，我们要把几座已改成为水泥平桥的青龙桥、蚬园桥及隆兴桥等恢复原样为石拱桥时，许多居民强烈反对，有一次还把我堵在青龙桥上评理，说不考虑人民的利益和方便，是倒退。我幽默地回敬这些骑摩托的居民说，你们有钱，就到镇外去盖别墅，也不要开两个轮子的摩托，又不避风雨，买辆四轮的轿车，就不用在拱桥上抬上抬下了，你们发财全靠的是古镇，把古镇毁了，全完蛋。其实，这就是大桥带来的麻烦。2000 年发生的苏州市要修过境公路穿过古镇的事件，也是因为有大桥才“引鬼上门”。大桥不是周庄的福祉，是古镇保护中的一处败笔。

当时在做设计方案时，我去看过，觉得上部结构是混凝土桁架，很粗重，一点也没有水乡古桥的灵气感觉，因此建议能否改一下，或者加一点建筑装饰美化一下。工程师斩钉截铁地回答：不行，结构会不安全；要加一点东西，也不行，要加钱。如按我说的桥头做点亭子之类要加四五十万元，这就把我吓住了，只得由它去了。造好后真是个庞然大物，车是通了，但实在不美观，1999 年镇上又找人出钱加了一个瓦顶，此时倒也没听说结构不安全。1987 年大桥建成后周庄古镇以北成为新发展的过渡区，盖满了房屋。

2001 年，我又主持了新一轮的周庄镇总体规划。为了切实保护好周庄古镇的历史环境，决定把设在大桥南侧的两个停车场全部迁到大桥北侧，这就使周庄大桥成为步行桥了，只走行人，这样这个庞然大物就成为多余的东西了。设想假如当时不建大桥，现在到周庄去，汽车停在岸边，游客们坐上渡船，悠悠地划过宽阔的急水港水面，四边环水的周庄，真是浮在水上的水乡泽国，小镇一定不会像现在这般浮华，也不会有这许多新的房屋。那样，古镇才是名副其实的世外桃源。对此，许多周庄人，现在同意了我的观点了。可惜，悔之晚矣……

可悲的清漾

清漾古村位于江山市石门镇江郎山北麓，是江南毛氏发祥地，历史上先后出了8位尚书，80多位进士。2002年国家档案局确定《清漾毛氏族谱》为首批48件国家级珍贵遗产档案之一。据考证，湖南韶山毛氏乃清漾毛氏后裔，毛泽东主席系清漾毛氏第56代嫡孙，蒋介石老母毛太夫人毛福梅远祖毛粟也诞生于此，不禁有人慨叹："原来整个中华民国史，其实是江郎山下小小清漾村的家族史。"

清漾村自然景观也十分秀美，有石大门、剑瀑，村边的仙居寺曾有庙宇130余间，2006年6月清漾村被公布为"省级历史文化名村"，2006年8月，时任浙江省委书记习近平在清漾古村考察时指示：要保护和建设好清漾历史文化村，把毛泽东祖居地清漾村建成省级全面小康建设示范村，并与江郎山景区连成一体，发展乡村旅游。

也是根据习近平书记的意见，要找好的设计部门来做好规划，江山市某副市长原来在同济干部培训中心学习过，就来找我做规划。我专程去实地勘察，见古村基本保持了原来的状态，祖宅虽破旧，但经过修缮还保持完好，也没有新加什么东西，老格局老样式。特别可贵的是宅前一片场地和一片水田、沼泽，看得出还保持着老的莲池形态。对面一座小山上建有砖塔，明代的形制，祖宅左右两个山冈杂树丛生，冈前各有后盖的简陋民居一幢，完全可以拆除，以恢复原来的景观。右边山冈有一条石板铺成的古道，一块块被鞋底磨光的石板，一看就知道这是明代以前筑成的古道，这就是通往福建的仙霞古道。古村里围绕着祖宅周围还有几十幢传统民居，形成尚为完整的历史古村风貌。

清漾古村背靠仙霞山脉，左有文溪，右有仙霞古道，前有莲池，完全符合传统风水学所谓的“左青龙右白虎，前朱雀后玄武”的四秀四象的形势，它的祖宅、祖坟都应了有依有靠，有辅有弼的风水格局。村宅处于负阴抱阳主穴，所以人们就附会说：风水宝地，名人辈出。清漾毛氏在1500年的历史里，除了出过8个尚书（毛让、毛文碘、毛友、毛晃、毛天叙、毛恺、毛延郕、毛可游），近代名人有国学大师毛子水，国民党上将毛人凤，中将毛万里、毛森，医学院士毛江森，中科院外籍院士毛河光等。特别是后代出了两位国家元首，不由得使人们啧啧称奇，人们大有朝圣之举，引来众

村落历史格局与交通现状分析图

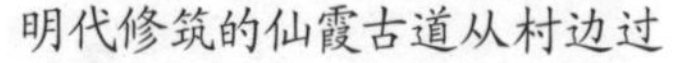

明代修筑的仙霞古道从村边过

被整治得俨然城市公园的村野小溪

多的游客观光者。

我观察了山村景物，认为它还未被一般的现代旅游所开发，基本完整地保持了原生态，应当着眼于保存这种朴实无华的风光，这正是清漾的特色，可以独步于其他历史名胜及那种商业泛滥的旅游景点。我们认真做了规划，也通过了省级评审，就请他们按我们的规划实施。

差不多过了一年多时间，我们听说清漾古村有了不少新建设，就觉得有点不解。因为我们的规划第一期主要是修缮、整理，拆除一些障碍设施，没有什么大的建设项村落历史格局与交通现状分析图目，于是就派了研究生去看了。他们到了现场就打来了电话说：“完全没有按我们的规划做，另建了许多东西，把老祖宅前的面貌全改了。”

他们把拍回来的照片给我一看，我都气疯了，好端端的一个历史古村已变成一堆没有文化的农民开发的农家乐式的村庄。他们在入村口建了一个大石牌坊，盖了一个二层楼的不中不西的游客接待中心（规划里没有）；特别可恼的是把祖屋前的一块场地全铺了青石板地面，四周还修起雕花石栏杆；进村小路两侧原是乡土味很浓的卵石砌的水沟，现在全做成了镶嵌石块的水泥护堤，显得整齐死板；水池边盖了一个大厕所，白墙黑瓦醒目突兀。这种整修把一个活生生的原生态农村糟蹋光了。

我立即向江山市来找我做规划的那位副市长打电话询问情况。她说："我们做得很好嘛，是按照你的规划做的。"我当然不客气地批评他们，他们说有不同看法，我就请他们来上海当面交换意见。不久副市长等一行人来到研究中心，一番争论，更是一番保护理念和正确发展旅游事业的教育，来上海的人总算弄明白了，我就要求他们提出整改措施，并说我会来检查。可是过了一个月，我再派人去看，清漾还是那样一点也没有改，当地旅游局的领导根本听不得我们的意见，还认为他们做得好得很，真是无知。木已成舟改不回来了，确是难办又无奈。

可悲的是人们这方面的知识和审美是那么低下，真是叫人伤心！

前 童 古 村

我看过不少的古城、古镇、古村，前童村应该说迄今为止在江苏、浙江一带，我所见是保存得较为完整的一个。前童村在宁波市宁海县境内，周围群山环抱，溪水在村前流过，高山低岭，郁郁葱葱的树林，山坡土坪绿草茵茵，一簇纯朴幽雅的古代村落聚集在平坦的腹地，街巷纹理清晰，卵石铺就的路面，街边巷畔流淌着淙淙的溪水，数十口水井分布在街头巷尾，供应居民们汲取清冽的泉水。全村尚存有千余间的古民居，留有宅院、祠堂、牌坊、门楼、亭台等众多各式古建筑，居民家里古老的家具，古字画、碑帖、牌匾向人们显示出深厚的文化沉淀。整个古村还完整保存着明清以来原有的形制，居民们还沿袭着传统的习俗，没有受到近代新建设的干扰，是一处珍贵而典型的历史古村落。

宁海县城古称缑城，前童位于宁海西南，历史上对前童有“西出缑城有望族”之谓，说的就是这个有着1600余户5000余人的巨村大族。《山海经 · 大荒西经》云：“颛顼生老童。”史载：“黄帝生昌意，昌意生高阳，高阳育老童。”高阳即颛顼，古帝王，后人把老童认为是童氏家族的始祖。有宗谱记载最早的祖先是童潢，是宋代的迪功郎，从黄岩迁来，见“山之灵，水之秀”，就定居于此，自童氏开基至今已有760多年的历史了。

前童村东西广三里，南北阔四里，总面积约二三平方公里，村前有状元峰，后有梁皇山，两大山脉皆从名山天台山逶迤而来，由东向西伸展，山虽巍峨，但陌野宽旷。村东有塔山，村西有鹿山，两座孤山左右对峙，成左辅右弼之势。环村之水，一为梁皇溪，从村后的西北而来；一为白溪，从村前的西南而来，两水交汇于村东，向东流入三门湾。古人云：“塔峰斜峙双华表，溪水周流一玉环。”道出了前童村的“背山面水，山水相宜，动静相间”的环境。

前童街巷

村东的塔山山高102米，山上翠竹茂盛，古木参天，相传山上有塔，故名。村西的鹿山，山高39米，如巨鹿横卧，南陡北缓，高为鹿首。南面岩凌石，天然绝壁；北面平缓似鹿背，绿荫铺褥，没有乱石薪荆，为休闲坐卧极佳之所。村前潺潺溪水畅流，村后背靠梁皇山脉屏障。

前童的祖先选择在这块土地上建造村落，正符合了中国古代风水学上所谓“藏风聚气”，“负阴抱阳”，理想阳宅佳地。从现代地理景观环境来看，也是符合科学道理的。北有高山可以阻挡寒风，环周的溪流提供了方便和清洁的水源。左右两山是很好的风景，又是放牧休憩的场所。

前童村拥有特殊优越的地理环境，人丁兴旺，生机盎然。不仅如此，它还成为隐居、聚学的地方，明代大儒方孝孺曾两次在前童讲学，四方人士会聚在前童石镜精舍，山坡上还留下当时方孝孺手植的六株古柏，虬枝苍翠见证了历史的沧桑。抗战时期由

黄氏宗祠立面

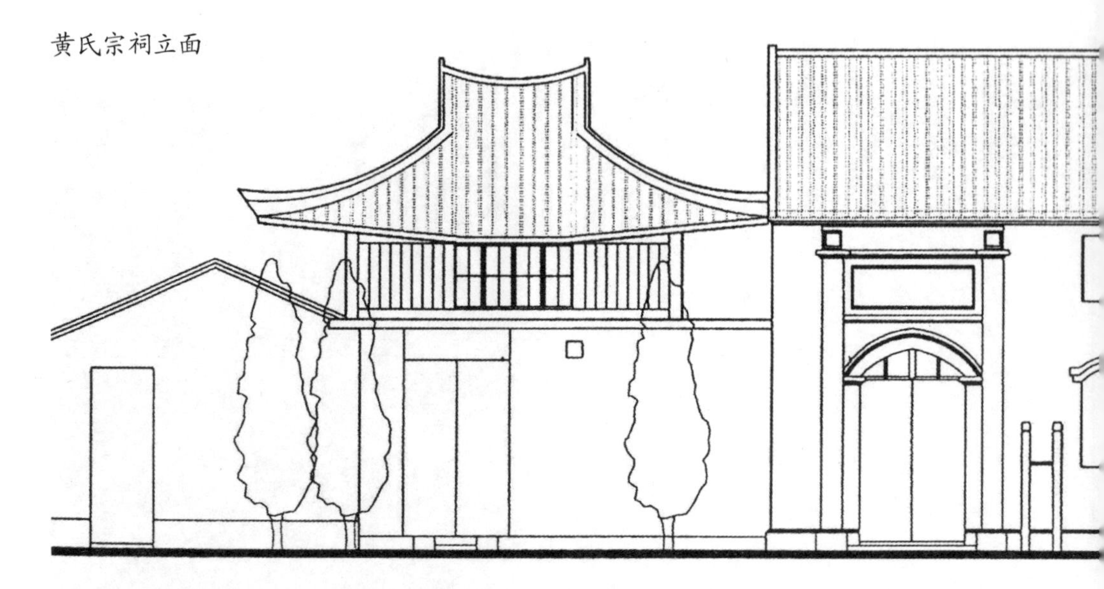

于山村的深藏隐蔽，镇海等地方政府曾迁入前童办公，这里成为抗日革命根据地的活动中心。

前童从宋代建村至今已逾 760 年，现存历史建筑 1300 余间，还存有完好宅院 40 余处，以清代中晚期的建筑为多，其中保存完整的有“职思其居”宅、明经堂、“五福临门”宅、上堂屋、好义堂、大夫第等。前童古村中还建有多处宗祠，分为大宗祠和支派的宗祠，各有名称如永思堂、经义祠、爱日堂、追远祠、崇本祠等。这些宗祠是宗族祭祀祖先、商议大事及农闲时共同娱乐的场所，维系了整个家族的团结、亲情；也是进行封建伦常道德教育的场所，至今还起着敬老助贫，调节纠纷等公共活动的作用。

我国的许多古村落，由于经历了那些破旧立新革命的年代，加之这些老屋旧房年久失修，后人又不爱惜，很难留存。前童却基本上还保存了原来的风貌，可能也因为此处偏远致经济发展缓慢，没有像一些村落出现了许多现代的楼房，更难能可贵的是前童的这些老房子里有的还留存有完整的匾额、楹联、题名，上堂屋内还藏有清代嘉

庆年间的圣旨和祖宗的工笔重彩“容像”。建筑上的木雕、砖雕，雕花的窗扉、门扇大都原物尚存，还有一些石雕的漏窗花格，特别古拙坚实。整个山村还完整保存着清末民国初以来浙东农村深厚的文化积淀。

前童的有形文化遗产留存丰富，而无形的遗产也很多。前童与中国许多农村一样重视旧时的岁时节令，特别是正月元宵节，有隆重和规模浩大的活动，继承保留了上古狂欢色彩较多的节日。又因地制宜根据民间风俗、民众理念和地理环境，在欢情活动中形成自己特有的浓郁的地方特色。在活动中由各房族组织，制作了鼓亭、台阁、秋千等工艺道具，在祠堂里的场地搭起高台、棚台，挂灯结彩，鸣炮放铳，锣鼓喧天，村人抬着这些鼓亭、台阁，扮演者戏装艳丽，演绎故事，周游全村，各房族都要显露自己，争奇斗艳，极显其能。

这种活动自上世纪50年代后消停多年，近年来安居乐业，民风复苏，闹元宵又复兴盛，成为前童的一大特色。前童被誉为“鼓亭之乡”，地方政府和民众更加推崇，这种活动衍化成一独具特色的地方旅游节目，吸引了众多的各地来客，前童也开始为人们所知晓。

从这座古村落里，我们可以学到古人如何审势度地择选居住群落的用地，又如何利用自然的山林创造出良好的居住环境；如何使人工建筑和自然环境相结合，又如何创造出优美和谐的村落景观；如何遵循古代礼教的规制营建宅院的布局，又如何构造适应人们舒适居住的空间。从这里也可以看到人们为何传承传统的家族礼仪，如何维系家族的亲情关系，又如何延续地方特色文化，丰富人们的生活。

这是一个优秀的中国古村镇范例，是一本活的建筑和群落教科书，是考察中国历史传统民风民俗的活标本。

前童村能完整地保留至今，虽然与它远离大城市，交通不便和经济欠发达有关，但重要的还是有赖于前童村里有许多热爱家园、热爱故乡、热爱文化的聪明人、热心人、有文化的人。他们没有浮躁，没有赶浪潮，他们尊重自己创造的文化，他们编写了 600 万字的浩瀚族志就是一大证明。我很赞赏和钦佩做这些工作的先生们，他们做了细致深入的研究。

我带领朱晓明副教授等，在 2001 年对前童村作了古村保护规划，希望前童能逐步按规划实施，在保护前提下逐步合理地开发旅游。我相信前童也一定会像江南六古镇一样在保护和发展上取得卓越的成效，成为浙东一处活着的民居博物馆和旅游胜地。

大江南北

中国最早的古都安阳

河南安阳是一座有3000多年历史的文化古城，是有文字可考的中国最早的古都。

3300多年前，商王盘庚迁都于殷（河南安阳小屯村），世称殷都，从盘庚一直到商朝灭亡，共传位八代十二王，历时273年。殷都是商代后期的政治、经济和文化中心，是中国历史上第一个有明确城市范围的，长期固定在一地的国都，所以安阳就被史学界称为“中国第一古都”。在历史上这里曾是武丁中兴、妇好挂帅、文王演《周易》、武王讨纣、西门豹治邺、曹操筑铜雀台之地；南北朝时又有六朝在此建都；宋朝时出了名相韩琦、名将岳飞；清末袁世凯下野曾隐居于此，做了83天皇帝，气死后又葬于此。岁月悠悠，人杰地灵，这个快被人们遗忘了的古都安阳，为我们留下极其丰富灿烂的文化遗产和历史古迹。

殷都以前的王都，是靠传说记载，没有文字可以考证。在安阳殷墟出土的大量甲骨文中，则记载着十多个殷王的名号及其活动情况，这也是中国文明史真正的开端。

80多年来，殷墟出土的带字甲骨总计有15万片多。甲骨文的发现是我国进入文明时代重要标志之一，甲骨卜辞是我国最早发现的文献记录，并且也使我们能较准确地认识古代社会。

殷朝都城位于安阳市小屯村一带，商被周灭亡以后，这个王都日渐荒芜，变成了废墟，所以后人称这一王都的遗址为“殷墟”。因为这里埋藏了许多珍贵的文物，受

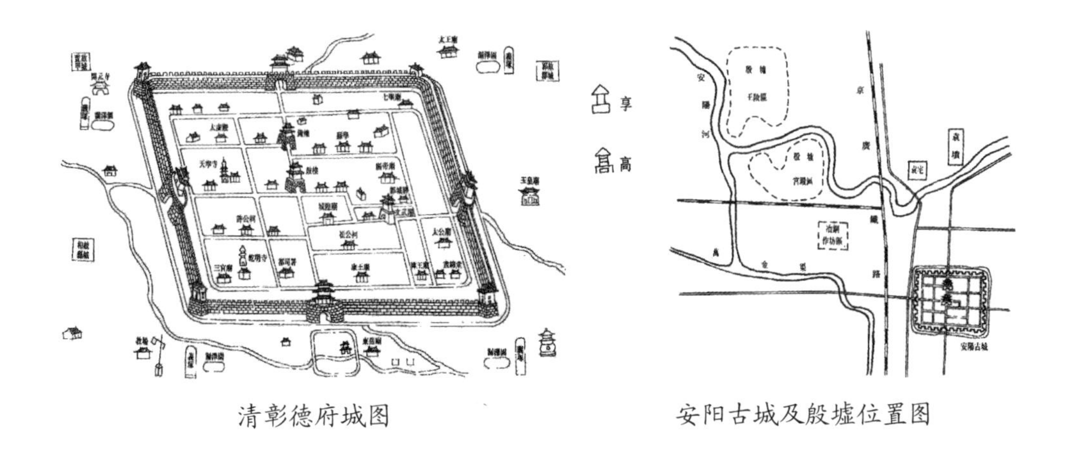

清彰德府城图　　安阳古城及殷墟位置图

到了重点保护。经过 50 多年的考古调查和发掘，基本上弄清了殷都遗址的完整轮廓。

殷都的布局分为三个部分：宫殿区、王陵区和铸铜作坊区。在用地上有明确的划分。都城的中心是殷王宫殿区，坐落在洹（音 huán）河（又名安阳河）南岸和小屯村一带，北面和东面有洹河流过，在西面和南面有人工开挖的一条宽、深各为 10 米左右的大壕沟，这样构成了一个长方形的防御设施，其占地南北长 1000 多米，东西宽 600 多米。

在宫殿区里发现有 53 座王宫建筑基址，是殷都城内经过多年修建的一项宏伟工程。这些宫殿都造在厚实的夯土台基上，有夯土墙，木质梁柱和门户廊檐，屋顶是用草秸编铺的。从甲骨文的一些古字上，如“享”“高”可以看出宫殿是四坡形，是重檐的。据《周礼 · 考工记》记载：“殷人重屋，堂修七寻。堂崇三尺，四阿重屋。”屋长要七寻（一寻相当于八尺），基础高出地面三尺，顶部是四坡顶，说明殷宫已相当宏伟。在这些遗址中还留下许多石头的房础，多是直径 10 ~ 30 厘米，厚约 10 厘米的天然石块。也有用铜础的，直径约 15 厘米，厚约 3 厘米，中间稍凸，很易放平。这些宫殿都很大，较大的长约 85 米、宽约 14 米，中等的也有长 30 多米、宽 10 米左右。

建筑宫殿有许多祭祀仪式，在屋基范围内埋下一些奴隶和牲畜；在安装门时，在门左右两侧分别埋有跪着的武装奴隶，有的持矛和盾，多至五六人；还有大批被砍了头的奴隶，埋在建筑物的外侧。殷商帝王为建造豪华宫殿，不知“奉献”了多少无辜的生灵。

环绕王宫区四周，有密集的居民区和大批手工业作坊遗址，还发现有许多水井、道路以及储藏物的窖穴等。殷墟总面积有 24 平方公里，是一具有相当规模的都城。

在小屯村的殷宫殿区北渡洹河，到西北岗、武官一带是殷代王陵区，先后发掘出 11 座殷王大墓。这些墓占地面积都很大，有的达 1000 多平方米。墓里都有殉葬坑。在王陵区的东部，发现一座大型祭祀场，在 4700 平方米的范围内，已清理的就有 1000 多具被杀殉的完整人骨架，还有象、马、牛、狗、鹰等祭祀坑。

安阳元代小白塔

铸铜区在宫殿区的南面，这里发掘出许多用夯土筑成的房基，在房基上和周围，堆有许多坩埚和陶范及铜器的碎片。

安阳不仅是殷都所在，而且是六朝古都。东汉末年曹操在此建邺城，这是一座规模大、布局严谨的城市。城西辟建了著名的铜雀园，在园西城墙上，建有金凤、铜雀、冰井三台，既是风景楼阁，又是防御设施。东晋十六国的后赵、冉魏、前燕，先后都以邺城为都；南北朝的东魏、北齐，也相继在邺定都，六朝在邺建都时间共达 126 年。邺城遗址在今安阳城北约 30 余里处，因漳河水的泛滥、冲刷，留下的痕迹不多了。我近年去考察时，见到铜雀台的大夯土台尚在，上面建了一个小小的陈列馆，收集了不少三国及南北朝的遗物；又见到了当地农民从田地里拣出的砖瓦堆，其中有不少绳纹汉瓦及虎头瓦当，可确信此地为东汉至南北朝的城池遗址。

安阳天宁寺塔，建于公元 952 年，风格独特

安阳城池几经变迁，最早是殷都，在今旧城西北两公里的小屯村一带，即后人称殷墟的地方。秦时改名为安阳，并建城；隋唐时称相州；宋时筑安阳城，周长十九里；明代改称为彰德府，并重新筑城，即今旧城。城方形，周长九里一百三十三步，墙高二丈五尺，厚二丈，外砖内土，开四门，门各建楼，又建 4 个角楼，40 个敌楼，63 个警铺；城中央建雄伟的三重檐鼓楼，北大街中段建钟楼；城内主要街道为东西南北四条大街，东西大街长 1657 米，南北大街长 1548 米，大街小巷纵横交错，有“九府十八巷七十二胡同”“安阳元代小白塔”之说，以后历代重修。

在上世纪三四十年代，钟鼓楼被毁，城墙和城门于 1958 年拆除，但古城内的街道和民宅建筑基本完整，四周护城河犹存，西南城墙角还保留着原状，经整修后现供人游憩。

城内名胜古迹甚多，著名的有建于后周（公元952年）的天宁寺塔，又名文峰塔。此塔风格独特，共分五层，由下而上逐级增大，呈伞状，为国内外罕见。另有府城隍庙，是典型的明代建筑，布局完整，前有牌楼和五座大殿及对称的庑廊、厢房。1982年开始重修，面貌一新，改作陈列馆用。

城内还有高阁寺、昼锦堂、小白塔等古建筑。在殷墟遗址上，近年修建了殷墟博物苑，仿照商代的宫殿形式，复原了两座宫殿；还有我国历史上第一个商代女将军妇好的墓园。在城北太平庄有袁林即袁世凯墓，仿封建帝王陵墓建筑，规模虽较小却也布置得煞有介事。可笑的是那些石像生、文武翁仲，穿戴的是袁氏王朝服饰，武将是现代戎装，文官是冠袍朝服，不伦不类。牌坊、祭堂、献殿等全是仿古建筑，而墓门墓台却是西洋建筑风格，有一种特殊的风貌。城外有袁寨，原是袁世凯的私宅，内有养寿园等，现已不存。城内有袁府，是他第九个姨太太的住处，是精致的中西合璧的四合院宅院。

在安阳的近郊有囚禁周文王的羑里城遗址，汤阴有岳飞庙和岳飞故里，城西有西门大夫祠，即战国时西门豹治邺处，以及风景秀美的珍珠泉、小南海和小龙门石窟等众多的名胜。这些地方都有许多历史典故和名人轶事，蕴藏着极为丰富的旅游资源，如认真地开发，将会引起世人的瞩目。可惜的是，1996年安阳市在古城中开辟一条大路，古城风貌大为逊色。

商丘古城与李香君

商丘地处黄河故道南侧，在豫东平原上。北邻山东，南靠安徽，是我国古代文化发祥地之一。商丘为上古高辛氏部落领地，舜封契于商，居于亳。南亳就是商丘。汤建商国“从先生居”，周封微子于此建宋国。以后宋太祖赵匡胤在商丘发迹，遂定国号曰“大宋”。康王赵构在商丘建南宋王朝，历代帝王在这里设军、设郡、设州、设府，一向被统治者所重视。现存的县城是明代留下的古城——归德府城，距今已有470多年的历史。

城池内方外圆，形如铜钱。内城开有四门，东曰宾阳，西曰垤泽，南曰拱阳，北曰拱辰。另有水门二，各在南门东西。现城门、城墙均较完好。城河水面宽阔，绕城一周，常年流水不断。南城河尤为广阔，蒲苇连片，鱼儿翻跃，轻舟漫渡，水波漪涟。外城墙距城一里许，周围16里。城堤上下满植树木，绿荫环卫，风光宜人。

古人筑城事先周密规划，顺应地势，精心布局。商丘城内，面积为1.13平方公里，纵横107条街巷，方格整齐，犹如棋盘。在棋格之内均匀分布着许多民居。城内还均匀修造了方便居民使用的水井和厕所，呈梅花瓣形布局，既合理又方便。沿街两旁开有水沟，城内地面呈龟背形，稍向南倾，这样雨水均向南排去，汇向南城墙的水城门处，泻入城河。外城墙，实际上就是防水堤坝，在水患袭来之时，能有效防止洪水漫淹入城。

商丘素为名城，人才辈出，旧有“小小归德四尚书”和“沈、宋、侯、叶、俞，高杨二家在后头”之说。仅明、清两代，全县中进士者就达91名。西汉灌婴，东汉太尉桥玄，明礼部尚书沈鲤、户部尚书宋缍、右佥都御史叶廷桂、户部尚书侯恂及其子侯方域、南京兵部尚书俞珹、著名文人刘格、山海关总兵高弟等人，都名列史册，现在商丘还有他们的府第遗存、坟墓及后代。

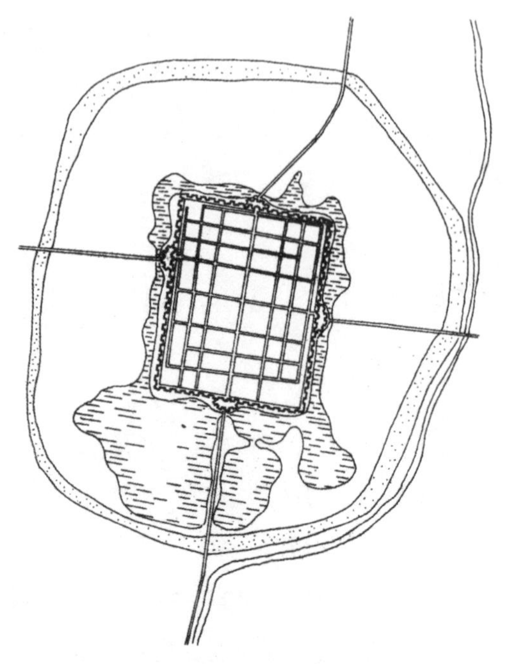

商丘县城图

在这些名人中，最为脍炙人口的是侯方域，在商丘城内还留有他自己题名的书房“壮悔堂”吸引着不少人去观光。侯方域又名侯朝宗，为明末著名才子，由于他与金陵名妓李香君的一段生死缠绵的恋爱故事，被清初孔子的第六十四代孙孔尚任写成了著名的戏剧《桃花扇》。数百年来，戏曲、戏剧、说唱以及话剧、电影，用此事编写了不少本子，许多作者为迎合观众心理，把李香君写成令人敬佩的刚烈女性，而侯朝宗则是朝三暮四的软骨头而使人唾骂，这是不大公平的。

侯方域生于明万历四十六年(1618)，殁于清顺治十一年(1654)，祖父侯执蒲，官至太常寺卿，父侯恂，官至户部尚书。侯方域是明末反阉党余孽的“复社”的骨干。崇祯十五年(1642)，侯在南京遇到了金陵名妓李香君，两人一见倾心。此事为阉党阮大铖所知，阮想联络侯方域以制服复社中人，就暗中出钱资助侯李的欢聚，不料为他们识破，讨了一场没趣。阮大铖大兴党狱，复社多人被囚，侯闻讯逃往抗清的军队中，阮又设计令人强娶李香君，李拼死不从，血溅纸扇，有人就扇面血迹斑痕点染成

西城门旧貌

昔日东城门

北城墙与北城门楼

绿叶桃花而成画幅。李以此为信物远寄侯君，以表忠贞之情，这就是李、侯一段感人的悲欢恋情。

孔尚任写的《桃花扇》中说李、侯两人后来均看破红尘出家做了道士。也有说李香君得知侯方域考中了清朝的科举，枉费了她忧国守节的一片痴情而悲痛殉身。但根据商丘本地的记载却是明朝灭亡以后，侯方域虽然在清初参加了河南乡试，仅中副榜，他不愿投清仕进，就回到商丘过起隐居生活。他在县城内造了一座宅院，回想起青少年时的奔波经历，悔恨感慨，就将书房命名为“壮悔堂”，表示壮年复悔之意。此时侯已是35岁，过了两年也就去世了，留下了《壮悔堂文集》《四忆堂诗集》等。而李香君后来知道了侯方域还有复明灭清的思想，便接受了侯的请求，跋涉千里到商丘与侯团聚。侯为李香君在城南另辟有花园，现名李姬园村。村中尚有她当年的浇花井及李香君墓等遗迹。

商丘城附近文物古迹众多，著名的有阏伯台，又叫火神台、火星台，在县城西南三里。传说喾帝高阳氏（颛顼）为天子后，封子阏伯于商丘管理火种，称为“火正”，阏伯死后筑台葬之，故名。由于阏伯管火有功，后人称为火神，台上建阏伯庙，又称火神庙。当地百姓崇信，在每年农历正月初七进香于此，并携本乡土一撮撒于台旁，谓“朝台”，每年此时形成盛大的庙会。阏伯台全由夯土筑成，台上除阏伯庙外，还有大殿、拜厅、东西禅门、配房、钟鼓楼等，台下有戏楼、大禅门等建筑。

城中文庙规模较大，尚存大成殿与明伦堂，均是明代建筑，现为学校所用。城南有八关斋，原藏有唐代书法家颜真卿所书《宋州八关斋报德记》石幢，可惜毁于“文革”中，现仅存残碑和拓片，已修复。其他还有应天书院遗址、沈鲤墓等。

这些年商丘重修了城墙，恢复了城门楼，古城里的街道格局和传统民居还基本保存着，要有好的对策。现在对待老房子政府缺少很好的政策和措施，但又不能不允许居民改善环境。这是保护政策的缺失，关键是房地产作祟。

为防洪而筑的古城寿县

寿县古称寿春，是安徽省著名的历史古城，地处淮河中游，控制着广大的山区与下游的交通，地理位置十分险要，向来是兵家必争之地。

历史上著名的淝水之战就发生在这里。八公山就在寿县城北，“草木皆兵”“风声鹤唳”“一人得道，鸡犬升天”，这些常被人们引用的历史成语，都是在八公山上发生的故事。寿县古城历史悠久，战国时是楚的都城；西汉初年为淮南王的国都，英布、刘长、刘安在此相继为王；东汉末年袁术也于此称帝；南北朝时，这里是军事重镇；隋、唐、宋，明、清，这里都是州府所在地，称寿州。这座古城至今已有2000余年历史，城址有变迁，今存的寿县城墙为南宋嘉定年间重建，保存完整。

寿县城墙，四周环连，墙体坚固而雄伟，墙外用砖石严实包砌。四座城门上的箭楼已经无存，但均有完整的瓮城墙圈，门阙完好。攀上城墙顶面，只见城墙顶面及内侧墙坡，植满了绿茸茸的草皮，城墙两侧树木葱茏。

紧靠城北是汹涌的东淝水，城东瓦埠湖，淝水北面耸立着苍郁的八公山。城中廛里繁盛，屋栉鳞比，近北城墙根处一片池沼湖塘，水草杂树，风光优美，环顾一圈隆起的绿茵如毡的城墙，夹墙两侧的树丛，真像一条绿色的项链镶嵌护绕着这座古城。

寿县古城坐落在八公山下，位于淮河和东淝水汇合处的岸边洼地上，常受洪水威胁，若遇连日暴雨，淮、淝泛滥，洪水就把县城团团围住。这座城墙就是一道保护全城安全的防洪围堤。因此城墙不仅可以防御敌兵来犯，而且可以抵御洪水侵袭，兼有

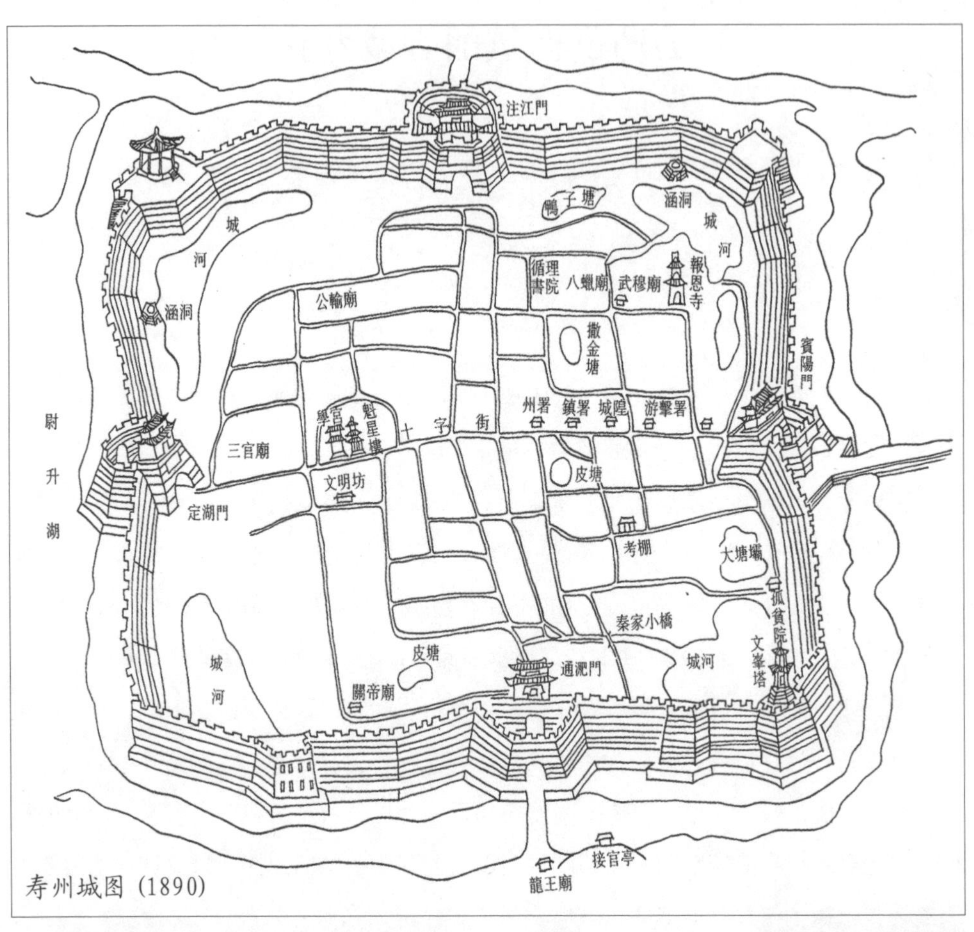

寿州城图 (1890)

寿县—东门外

寿县—城内塘

双重功能。到了近代，防御的功效消失了，城墙上的雉堞、垛口可以任其废圮，而高大的墙体却作为重要的防洪堤坝而受到精心维护。

寿县的防洪很有意思，大水泛滥，尽管城外汪洋一片，却无外水进城之虑，也无内水成涝之患。从前有水位高到临近城墙顶，城内却安然无恙，人们可以坐在城墙头上洗脚。民谚有“寿州城池筛子地，下雨水就漏”，“寿州城坐脚盆上，水涨地也长”，等等，这是人们对客观现象的描绘，其实主要原因是古人在修筑古城时，充分掌握了当地的水文资料。城墙修筑的高度是与淮河干流上的咽喉凤台硖石口孤山洼山口的最高水位相对应，城址虽然放在低洼地上，但淝河北岸的最低地孤山洼又比城墙低，当洪水位高近城头时，水就从孤山洼一泻而下，寿县城也就确保安全了。

外水围困而无内涝，是寿县古城能保存延续至今的主要原因之一。之所以能“外水围困而无内涝”，是因为寿县城内的地面都是悠久的古文化堆积层，上有数米厚的瓦砾层，其坚硬而又疏松，好似一个地下蓄水库。

在城内北部一带，城市创建时留有大片的池沼地，城里还有几条河道。这样，城内地面上下就具有一定的蓄水容量。古城墙的墙基选筑在黄黏土层上，城墙以砖石护面，石灰黏土夯筑墙体，条石、灰浆垫筑墙基，防水

寿县—魁星楼

性能较好，外水难以渗入城内。古人还在东西城墙边修筑了两个排水涵洞，在外水低时，可以及时排放城内积水，这样就减少了城内在暴雨时瞬时的积水。古排水涵上留有石刻题名，一曰“崇塘障流”，一曰“金汤巩固”。涵高三丈，直径两丈，与排水沟相通，涵洞钻过城墙伸向城外，筒壁外连有方形水槽，槽上开有许多洞口，可以按需要开堵。

由此可见，寿县古城的筑城史是一部完整的与洪水斗争的历史。在筑城过程中，人们采取了一系列的排洪、防洪、蓄水、泄水措施，反映了古人的智慧与技能，防洪功能是古城墙得以保持延续存在的重要因素。

1949 年以后，党和政府为了确保城市的安全，除了从根本上治理淮河以外，还对寿县城墙进行了加固，并采取了一整套保护措施。寿县城区面积约 2.8 平方公里，城镇人口 4 万余人，有一些地方工业，1983 年工业产值为 6000 余万元。

寿县拥有许多著名的文物古迹，如城东北的报恩寺，为唐时始建；清初泥塑罗汉像造型精湛；西街孔庙的午朝门、魁星楼，气势不凡；明代建的清真寺规模宏大；原府学中碑廊有名家碑刻；城南 30 公里处有安半塘，为楚国令尹孙叔敖所建的水利工程，实属我国最古老的水利工程遗址之一。其他还有淮南王墓、淝水古战场、八公山仙踪等。因此在寿县的城市总体规划中，正确地提出了要保护好这座目前我国罕见的保存完整的古城。保持其古城风貌，在今后振兴寿县经济中将发挥它应有的作用。

铁打的淮安

淮安是一座历史古城，位于淮河下游，苏北平原的中部。古运河和新开的京杭大运河纵贯西境，苏北灌溉总渠横穿城南。

淮安与淮阴紧连，两城曾合并建署为两淮市。淮阴在历史上一直是一个商埠，是南来北往的转运之地，商旅聚集，市场繁荣；而淮安却一直是地区的行政机构所在地。元代设淮安路总管府，明、清两代设淮安府。因此两城的城市形态、布局及城市内部的房屋质量都相殊异。

淮安在西晋以前尚未建城。东晋安帝义熙七年(411)设山阳郡，开始筑城。南朝齐武帝永明七年(489)始称淮安，宋绍定元年(1228)为淮安县。到元、明、清均为府治的所在地。城墙在明初包砖，才具规模。

城市的主要部分称旧城，周十一里，东西、南北均长五百二十五丈，高三十丈，设四座门，水门三。

在旧城北面一里许有北辰镇，在古代为较大的集镇。元代末年，为防卫需要在镇四周筑土城。

明洪武年间因宝应城废，取宝应城废砖修筑，而成为新城；周七里零七丈，东西长三百二十六丈，南北为三百三十四丈，设门五、水门三。新城在清乾隆年间还很兴盛，以后逐渐凋落。清咸丰十年(1861)乡民屯居其中，又加修葺。

明嘉靖三十九年(1560)为防倭寇入侵，在新城、旧城间沿东西两端，加筑两道城墙，把两个城联结起来，这一部分称为联城，又称夹城。联城东长二百五十六丈三尺，西长二百二十五丈五尺，开四门。

这三个城防设施都很完备。城门上筑有城楼，城四角造角楼，城墙上有雉堞、建窝铺，墙都用砖包，墙外挖有城濠，河道入城都要通过水门。这样淮安就成为旧城、新城、夹城三套城墙并列的形制，较为特别。三城的建造顺序是先旧城，后新城，再夹城。淮安城外有城，它既不同于城与廓的关系，又不似明清时代有些城市因城门外商业发展而形成的关厢地区，然后再用城墙包围起来的情况，而主要是由于防卫的需要逐步加筑而成。

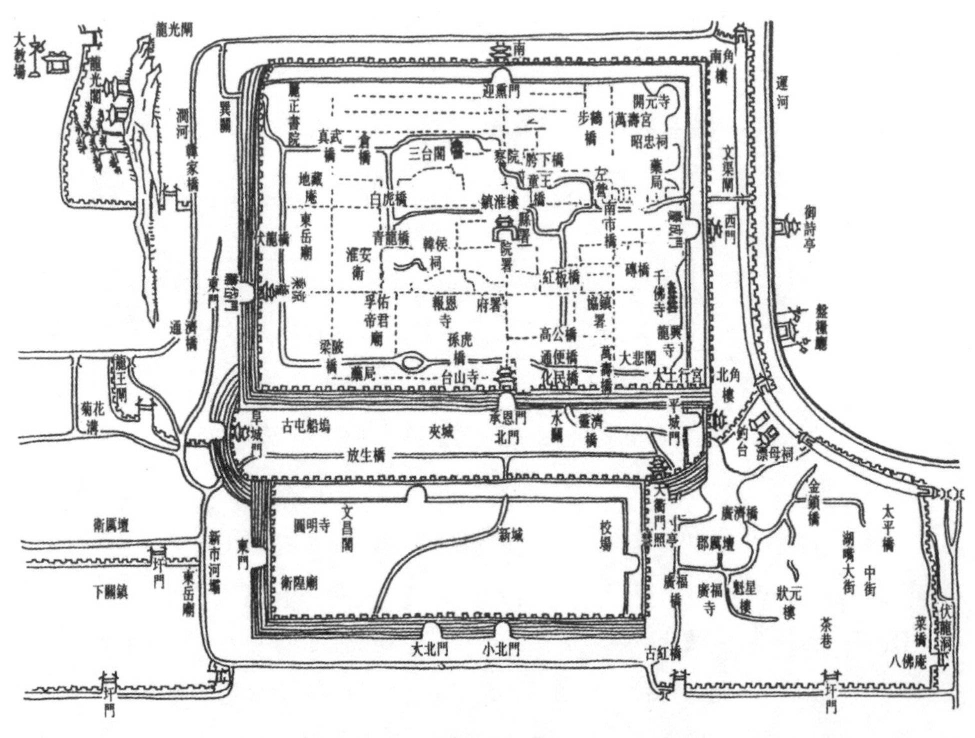

淮安城区图

梁红玉祠

淮安地处苏北平原富庶之地，又是历代建府衙署的要地，地区的富户巨绅多聚居于此；漕运的行政机构也设于此，加之淮阴的繁盛，许多富商也移居于淮安城中。因此在封建时代，直至民国初年，城市的安全显得十分重要。而倭寇、海匪等大都从北入侵，所以新城、夹城就成为旧城的二道屏障。

旧城为府署所在，城内主要官衙总署——漕运公署，就坐镇在丁字交叉的大街口上。署前建有高大的谯楼，台高二丈，重檐歇山顶，甚为雄伟，上悬匾额“南北枢机”，今已改曰“镇淮”。

城内多水面池沼，所占面积很大。其他道路不大规整，但都呈南北、东西垂直方向。夹城中，原为运粮船队所汇集的港河，交通大多为水路，陆地不多。新城内居民也不多，但在西门外运河附近，因为运河漕运的缘故，发展成繁华的商业和密集的居住地段。

清末漕运消停，海运替代，津浦铁路通车后，淮安也受很大影响，市面也就衰落下来。

淮安城内多地主豪绅，因此亦多大宅院。一般大宅院均为院落数重、拥有天井厅堂、厢房下屋等；一般民居则为瓦顶白墙单层，成街巷联排，质量较淮阴为佳。

城内多寺庙古迹，有许多历史名人出身在淮安，如汉朝的开国名将韩信，青少年时就生活在这里，由于穷困而受胯下之辱，后来又遇漂母之恩……这些遗迹，一直保留至今，筑有胯下桥和漂母祠及钓鱼台等。击鼓退金兵的巾帼英雄梁红玉、鸦片战争中壮烈牺牲在虎门炮台上的抗英名将关天培，都是淮安人；现在他们的出生地都建有祠堂。

著名小说《西游记》的作者吴承恩，当时在淮安写作居住的“射阳楼”也修葺一新。特别珍贵的是这里陈列着吴承恩的真头像。在“文革”时，吴也被批判为反动文人，被挖坟暴尸，幸好当地文物管理部门的有心人，悄悄地把骨骸保存起来，“文革”后，他们将吴的头骨送到北京古人类研究所，由专家按科学方法恢复了原来的面貌，现在吸引了许多国内外游客来淮安参观，这确是不可多得的有意义的珍品。

写《老残游记》的刘鹗，也在淮安留下了故居；周恩来也是淮安人，现在的周恩来故居博物馆，原是一座清代的大宅院。淮安还有周家的不少亲属。

淮安在近年的建设中，很好地保持了这些旧居的风貌，简朴典雅，砖墙瓦顶，不像有的城市花了巨款，拆去旧屋，盖起了大庙似的房屋，反倒使人们觉得不伦不类。

1908 年，江北陆军学堂学生曾测绘了比例为五千分之一的淮安城市地图，为我们留下了较为准确的城市建设资料。

当年我们看完了淮安要去淮阴，两座城相距不远，就十来里路，60 年代还没有公共汽车，只能步行，当地人告诉我们可以骑驴代步。开始我们还听不明白，走出淮安城门，城墙角下就拴有多条毛驴，驴主人就来招揽生意，到淮阴只有一条路，都是一个价，付了钱驴主人就在驴背上搭一条装大米的厚麻布袋作为鞍子，扶你上驴，关照着你把缰绳牵住了，驴子自己会走，驴主人说声："坐稳了，走喽！"就在驴屁股上敲了一鞭子，毛驴就噔噔地向前走了，也没有人牵着，驴主人说："到了淮阴，你们尽管下驴走路。"

毛驴驮着我，自顾自地不紧不慢地沿着大路走着，来的方向也有毛驴走着，我骑着很稳当，颠颠悠悠地挺有意思，也就是大半个钟点吧，淮阴到了，毛驴就停下来不走了。我爬下了驴子，也没有人管，毛驴自己转过身去，一路小跑沿原路回淮安了，我都看呆了。淮阴这边路口也有几条等客的毛驴，是专跑淮安的，谚语"老马识途"，淮安的毛驴也识路。听驴主人说毛驴性刁，假如是女性顾客就一定要结伴，几头驴一起走，由驴主人牵管，不然毛驴会耍坏，一颠一歪地把你弄下来，它就完成任务跑回去了。到了 80 年代通了汽车，驴子帮也就消失了。问了现在淮安的年轻人都不知道这种事了，我想受其启发可以开发成一项特色旅游项目，一定会受人欢迎。

长沙太平街的保护及整治

2000年以后，历史文化名城的称号已为人熟知，也有人质疑有些名城不重视保护，恣意拆毁城市中历史街道及传统民居。那些文物景点因有了《文物法》都保护了，但历史街区就不大在意，房地产一来全都拆了旧街建新房。全国名城保护的专家们曾多次动议要重新评点名城，不重视保护就要“摘帽”——取消称号，引起有些名城所在地领导的思考。

长沙是第一批国家级历史文化名城，拥有众多古迹，像岳麓书院、爱晚亭等都是脍炙人口的名胜地。长沙与许多城市一样有大规模的建设，全城一片新气象，旧貌换了新颜，已很难找到能反映传统历史风貌的地段。问长沙人哪里有比较有特色的老街区，他们都会说“有火宫殿”。可到那里一看，都在卖传统小吃，人头攒动，可房子全都是上世纪80年代以后盖的，一色的仿古样式，又不地道，很俗气，把长沙的文化味都糟蹋了。长沙的领导解释说：抗战时的文夕大火，把长沙老城都烧光了，所以长沙没有历史城市的风貌。其实这是不符实际的托辞，一是不可能全城全部烧尽；二是1938年以后建起来的也是历史建筑，它和1949年后建造的房屋是不一样的。

上世纪六七十年代我曾多次去长沙，就见过长沙旧城的风貌，还有成片砖瓦房和木作门面的街道，只是后来大部分被认为没有保护价值而拆除了。对于一个国家级历史文化名城，没有历史街区很不相称。

2004 年长沙评审城市总体规划时，中国城市规划研究院的顾问总规划师王景慧踏察了长沙市区，发现湘江畔的太平街地段还留存有旧城风貌，虽已很破败，在新一轮规划中被列为拆除地区，但王总说这里尚能反映长沙历史风貌，不妨暂停拆迁计划，请阮仪三老师来看看能否修复，如能修好应该就是长沙的历史街区了。不久王总就告诉了我这回事，长沙市政府、规划局和旅游局找上门来，盛情邀我去实地察看。

2005 年，我携肖建莉等同去长沙。太平街处于老城区中心地带，溯古至战国、秦汉时期，历史名人屈原、贾谊均曾居于此，留有贾谊故居，古称濯锦坊，现存祠堂及神龛遗迹。太平老街像鱼骨的中轴，小街、小巷从两边伸出，西侧是金线街、孚嘉巷、马家巷等，东侧是太傅里、江宁里、西牌楼等。大巷中间还有交错盘曲的小巷，留存着原来的巷里格局。街巷名称也是老的，保存着原生的古城肌理。房屋大多也是原来一两层的砖木结构房子，沿太平街多为店铺，绝大部分是民国后建造的，还都是传统式样，也有三分之一左右是近年修建的平顶方盒子新房。可喜的是沿街还有些老字号店铺，像利生盐号、乾益升粮栈、洞庭春茶馆等，还有明吉藩王府牌楼旧址、辛亥革命共进会旧址等。这里有历史空间格局，有传统风貌建筑，有历史文化遗存，有

长沙太平街整治修缮（刘叔华提供）

老街坊居民，完全具备历史街区的条件。

有人说太平街太破败了，也没有大型古建筑，没有深院大宅，做不出什么名堂。我认为这是误解，把保护历史文化遗产和所谓的开发利用联系起来，认为保护是为了发展旅游，而旅游活动的对象就是大庙、高塔、名人故居，就是要有“有分量”的东西，所以太平街许多人看不上，认为太平街没有代表性。

太平街是长沙过去历史的真实留存，是丰富民俗民风的实际载体，破败可以修缮，平淡却拥有内涵。我实地勘察后觉得可以列为保护对象，也能修好。于是向长沙市主要领导汇报后，得到了认同，就着手编制了太平街保护规划，提出：保护太平街留存的长沙清末民国初的传统历史风貌，保护街巷原有格局、传统民居风貌、市井生活、传统商业和民俗的街区。太平街的保护可以使长沙这座国家级历史文化名城拥有名副其实的历史文化街区。

2007 年，长沙市建筑设计院在我们的保护规划基础上实施设计，并开始整治和修缮，对历史文物建筑坚持原样修复；对后来做了改动的历史建筑一律按原样复原；一般历史风貌建筑保持原样进行整修；一些新建的与历史街区风貌不相符的建筑进行改造和拆除。

所谓改造，是指将过高的楼层拆去，平顶改为瓦屋面坡顶，墙面贴瓷砖的铲除恢复传统饰面，一些临街钢窗、卷帘钢门恢复木窗木门。一些体型较大、风格不合，一时又难以拆除的房屋，在临街面做一定处理，如加有披檐瓦顶的柱廊以作掩饰，整片墙面美化处理等。这在保护规划里都作了引导性设计，实施时又根据实际情况作了整治施工设计。

在整治中注意历史遗迹的保护与重视，如太平街原来地面上铺砌的是经年久岁月被鞋底磨光的有印着车辙印痕的麻石板，早些年改成了水泥路面。现在要找回这些石板，政府就出告示号召居民寻觅捐献和收购，居然也找回了不少，而补充的新石板也找相同的石质，按原样制作，效果很好。

再如大街上有些老房子是清水空斗砖墙，有整齐的石灰砖缝，清晰的传统砌筑花

与太平街历史文化街区修缮工程顾问刘叔华（右）合影(2007)

纹，修缮时只作清洗和涂保护剂以留存过去工匠精湛工艺的痕迹。整治中力求做到“整旧如故，以存其真”，着意追寻和尽力保留时光流逝的沧桑感。

太平街整治开始后，我亲临现场察看，及时指出不够完善之处，助手肖建莉也多次到长沙，共同研究施工中的问题。2007 年 11 月，一期工程初步完成，正值在长沙召开全国历史文化名城年会，这里也就成为参观的重要项目，得到与会领导和专家一致好评。

整条太平街历史风貌已基本呈现。纵目望去，白墙灰瓦的传统民居连成一片，高低错落的屋面，凹进凸出的店铺，棕黑式老木作门面，古式窗棂木栅，脚下是历经岁月的麻石板，抬头是层层叠叠的封火山墙，老商号、老柜台、老招牌，全是过去传统老街形象，绝不是花里胡哨的假古董样式。四方游客纷至沓来，店铺里外熙熙攘攘，一派热闹景象，店里卖的有生活用具，有应时糕点糖果，也有地方特色的湘绣、湘剧服饰及古董、字画、剪纸、工艺品和文化用品，显得既平民化又透出典雅的文化气息，富有地方特色，真为历史文化名城长沙增光添彩。许多长沙老居民看了，都说长沙老街的样子又重现了。

这些整治还是首期，还有二期、三期，要深入街巷内部，我相信有了现在的基础以后会做得更好。从长沙太平街的保护实例可以看到，任何一座历史城市都拥有传统风貌地段，问题是看有没有眼力去发现，肯不肯花力气去发掘，能不能脚踏实地做好保护和整治。

重访湘西凤凰城

2000 年，湖南凤凰古城请我做古城保护规划，我率张兰、林林等去凤凰。从上海浦东机场飞张家界，再坐当地派来的车行 4 小时抵古城。古城还保持着古朴的历史风貌，是土家族聚居的边寨小城，旁依沱江，清冽的江水在古城墙下趟过，红石块砌成的城墙，城楼、城堞倒映水中。

沿江有吊脚楼民居，高踞堤岸上，长长的木柱支撑着楼屋，是一道难得的风景。城里小巷蜿蜒，多一、二层砖房，民风淳朴。

我们划定了保护范围，提出了保护措施等按照正在拟定的保护规划规范的要求完成。后经过了省建设厅组织的评审。

当时凤凰主持工作的是县委书记滕万翠，很有魄力，也肯干，是办事说话都风风火火的女强人。后来听说凤凰为了发展旅游筹集资金，把古城里的历史景点承包给了一个私人公司（凤凰旅游开发公司），五十年租期，公司上缴给县政府 7 亿元人民币。消息传来，专家与舆论都持反对意见，我还约见了滕书记，她说了许多理由，我持观望态度。我想“不管白猫黑猫，抓住老鼠就是好猫”，走着瞧吧。

后来由于旅游公司运作，游客人数剧增，凤凰古城也兴旺起来。和许多历史古镇一样，古镇居民全面经商，开出了许多店面，商业大发展，一到晚上灯火通明，歌声大作，许多人说古城成了大排档、大卡场（卡拉 OK）。

不久又传来消息，滕女士因非法集资，从中牟利，被“双规”后判刑入狱。这是经济畸形发展的恶果，栽倒了一个能人。

后来我和邵甬做过的宁波市慈城古镇，传来消息说，慈城也要仿效凤凰模式，就由这个凤凰旅游公司来投资接管慈城古城的旅游开发，当地宣传部长（宁波江北区委）在报上公然说：“要引进好的机制，对慈城沉闷的旅游市场丢一颗原子弹，炸出一个新局面来。”我听后极为担心，慈城也会像凤凰一样，使一个有原生态的、优秀文化遗存的古城镇，变成一个低档大卖场。我告诫当地政府，他们不理睬我，我想到冯骥才先生，他是慈城人，而且最近他去过凤凰，对凤凰现状很不满意。我和他商量之下共同写了一篇文章，由《南方周末》刊出。宁波受到了高强度舆论压力，取消了请凤凰公司来投资开发的计划，总算在险境中又保住了一座古镇，也防止一些人落入陷阱。

2011 年 7 月初，凤凰规划局通过省建设厅找到我，希望我帮助他们编制名城保护规划。因为已经十年了，情况也有很大变化，我也十年未去凤凰了，不知还能“亡羊补牢”否？

8 月 22 日，我与顾晓伟同赴凤凰，还是走老路线，浦东机场 18：30 起飞，到张家界整 2 小时，已有凤凰杨工程师接机。张家界至凤凰 200 多公里，前一段路还好，只是山路盘旋，车速还很快。出吉首市后，路况较差，正在修路，坑坑洼洼，大颠大

虹桥头连绵的酒吧

沱江边新起的楼

簸，54 公里足足开了一个多小时，3 个半小时才到达，已是深夜。

第二天到现场踏察，第一印象是古城热闹非凡，过度繁华了，整个古城长高了。正值暑期旅游旺季，满街游客，一队队旅行团，导游们大声呼喊，挤来拥去的人群，街上开满店铺，没有一处空隙，小巷里也摆满了相同卖品的小摊。河水飘着油污，房背后水沟里淌着脏水，明显可见丢弃的垃圾和食物残渣。

特别令我伤心的是原来沱江两岸最佳景致处，是有许多诗意的描写，现在全部建满了四、五层楼房，密密匝匝布满两岸，成一排屏障，原来古朴、原生、优美的风光已不复存在。

我又专程步行去看沈从文墓地，原来也是令人浮想留恋之地，现在山坡前面盖满了三、四层楼房屋，把墓地全遮掩了，丧失了原先沉静、安谧的气氛，文学巨子的灵魂肯定也会被压抑得透不过气来。

我当场责问规划局的干部们："你们怎么管的？"他们无奈地说，这些我们都没批过，属违章建筑。河边房子原来也只有一层两层，限高两层以下，经济一发展，居民有钱了，就加高，许多是偷偷地一夜间就搭起了架子，你要去处理，许多住户就托各种关系，还有些房主本身就是领导干部或其亲属，处理起来有难度，这样一拖就成了今天的局面。这些全部是旅店和商店。经济发展了，居民也得到实惠了，可惜风光遭到破坏。现在如要按原来的保护规划，把违章全部建筑拆除，势必牵涉众多住户，"法不责众"，就是这种尴尬局面，可惜凤凰古城原来独特的美景就此消失。

在并不宽敞的沱江河面上筑起了几道拦河堤坝，搭起建筑脚手架，询问之下这是按当地著名画家黄永玉老先生的要求，要新建四顶风雨桥，已命名为"风、雨、雾、雪"。我看了设计图，都是钢筋混凝土拱桥，上有顶，有的还是三重檐屋盖。十年前在古城西门原来的彩虹石桥上黄老设计加了两层廊屋桥楼，当时我和一些建筑专家（王景慧等）都认为太重了，使沱江变拥塞了，但已造好了，也无可奈何，只是留下了意见，要保护沱江通透灵秀的风光。现在两岸楼都加高了，这顶桥已不那么突兀。

而再加三顶桥，增加美景，还是破坏景色？黄老凭仗着其名声，当然也是对家乡的一片热忱，一定要建，在不同意见下，去找了省委第一把手，当然一锤定音，并且要快速，这也是规划中的难题。我觉得这种事要论证，但景观的事又不像科学问题一样是非分明。

凤凰古城现在太拥塞了，重新保护与整治主要应做减法，而非加法。我希望凤凰规划局的领导们要学会打太极拳，应付各种压力，也可借助专家和媒体力量，抑制这些对城市建设及古城保护不利的因素。

经济发展了，在经济利益膨胀背景下，如何坚持原则，况且这些原则还不被人们所理解接受的情况下，确有难度。凤凰古城的新一轮保护规划，也只是在现有的基础上守住尚存的阵地。当地政府的意图还是要拆掉一些古城内机关、学校，恢复历史遗迹和建筑，目的还是发展旅游。

筑新桥，建新房，架楼叠屋，增加旅游景点，这就是现在许多风景区热衷的做法，很难制止这些习惯势力。我提出意见，严重违章的如沈从文墓地前的楼房等一定要拆除，不然不足以为戒。

沈从文的边城已消逝了，美丽的翠翠也走了，凤凰已失去了昔日美景。这个“亡羊补牢”的规划，能不能做好是个难题啊！

川北古城昭化

2005年，四川广元市元坝苟区长到上海虹口区挂职锻炼，来同济大学找我，说他们那里有座昭化古城，一定要请我去看看。到了现场我就被完整留存的古城风貌感染，就与苟区长及广元市领导达成协议，由我全面负责保护规划并协助进行修整。

昭化古城现属广元下辖的元坝区，镇的建制，是汉三国时代著名的古城，距成都350公里。

这里地势险要，北枕秦陇，西凭剑门关，是巴蜀的咽喉之地，亦称为川北锁钥。昭化古城四面环山，三面临水，前有嘉陵江、白龙江，后有天雄关、剑门关，又是著名的入蜀古驿道的重要驿站，金牛道、阳平道都汇于此又通向各地，这里历史上曾发生过多次重要战争，留下众多历史故事和历史遗迹。历史上的和平年代，由于嘉陵江的航运和古驿道的马帮，昭化成为商旅繁华的重镇，商贾往来，店铺林立、人丁繁盛，古代百姓谚语："到了昭化，不想爹妈。"说明这里的景致引人入胜，可以恣意玩乐而流连忘返。

昭化古城始建于汉，为土城，史载明正德年间包筑以石。古城面积0.2平方公里，开有四门，东门名瞻凤，南门名临江，西门名临清，北门名拱极，现东、西、北三门仍存门券门墙，原有城楼已圮，南门已不存。上世纪五六十年代后城墙为民众任意取土扒石损毁大半，但尚存遗迹清晰，多处残墙有踪可寻。

昭化古城与周边嘉陵江

纵观整个古城城垣、城门遗迹尚存，古城格局未变。城内新建房屋虽多，然而随处可见老宅古屋，所幸未建高楼大厦，没有开拓宽阔马路，整个古城空间尺度未变。城内尚存些有县衙、龙门书院、文庙、武侯祠及费祎墓等，在这些古建和古迹周围还留存着多株古树，是历史最好的见证。

昭化古城内的古街道，大多铺有当地出产的青石板。石板面层光滑平整，一看就知道是数百年来人们行走用脚板磨光的，这是岁月时光的痕迹。沿街均是一式的木作门面，街头巷口处店铺屋头起翘出角，反映了过去街面繁华、店铺造屋的时兴和风水需求。街巷宽窄有度，土墙、荒草，拥有不可多得的古街风貌。

昭化古城内外的民宅，具有明显的川北民宅特色。大宅有八字门头，有铺瓦门檐，有垂柱装饰，青石柱础，础有雕花，木柱构架，柱上插拱，牛腿支承檐梁，出檐深远。宅均作三面围廊，成天井院落，门扉窗棂，雕琢精良，图饰古朴。大宅中有商贾豪宅，呈前厅后院，厅上有纵向拱形庑廊，后院有楼，花栏回廊，尽显奢华。民宅多小宅独院平房，门窗亦有雕饰，简朴清丽，古风依存。

罗哲文先生称誉昭化为“巴蜀第一县，蜀国第二都”，是从历史建置上说的。我觉得从昭化古城风貌上看是“川北仅存、古风依存的不可多得的汉民族历史名镇”，要尽快做好保护与合理利用规划，使其即将泯灭的遗迹、破损的古建筑能及时得到整治和修缮，重现古城的历史价值，将必然呈现出骄人的光芒。

广元市周围有众多的名胜古迹，像著名的武则天女皇出生地的皇泽寺、全国重点文保单位的千佛崖石窟，还有古栈道和汉代古柏夹道的古驿道翠云廊等，都是风景极佳的地方。昭化作为古城，是与上述不同内容的旅游景点很好的互补，是古代历史城镇风光的展示景点。

赞曰：

昭化古城存史迹，沧桑岁月泯珍奇。高瞻远瞩详规划，重振雄风泽乡里。

过去我国许多非常有价值的历史文化遗存往往由于认识的偏差，文化观念的缺失

城墙残迹

整治前后的街景（上）及省级文保建筑文庙考棚修缮前后

而造成极大的损失，有些简直是无知无识的愚昧。譬如广元的千佛崖石窟，是早已被认定有重要价值的文物古迹，但在上世纪 30 年代修公路时为了走直线硬劈掉半边山崖，也就毁掉了不少珍贵的石刻。在 50 年代修铁路时，也把皇泽寺的山崖连同皇泽寺的部分建筑劈去了一块，使得唐代的寺庙不完整了，此时寺庙已是文保单位了。查看寺庙周围的地形地貌，如果多费些勘测和设计功夫，是可以不动这些文物的。可惜许多工程技术人员缺乏文化保护观念，一味只从工程出发，这种情况在中国太多了。

另一件事是去看了古栈道景点，大失所望：首先原来惊险的地形地貌已经改变了，因为要开车去看，就改造了原来四周悬崖峭壁的地形；其次千余年来原来的木悬梁支

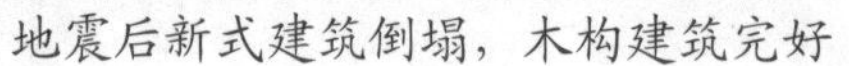

地震后新式建筑倒塌，木构建筑完好

现代建筑毁损严重

撑木柱都朽蚀了，重新做了许多水泥仿制品，做得又不像，很多不是原来的样子，稍微懂一点木构技术的人就会觉得做得很假、很难看，太拙劣了，还花了不少钱。都是这样不专业和不负责任，多年来也没有人指出和改正，我真的感到难受极了。

2006年我带领林林、袁菲等博士完成了《昭化古城修建性详细规划》，当地随即组织实施。我提出一定要有木工经验的匠师及老建筑修缮的施工队伍，几经周折终于找到了德阳古建修建公司。我实地察看了其工程项目，与主要工程师交流后，放心了。我要求所有保护建筑都要原样原修，木结构全部用传统卯榫技艺。广元市克服困难，调运所需木材。

在修缮中，有些已盖了新楼的居民不肯改，特别是那些沿街大玻璃窗、瓷砖贴面的楼房，既违章又与古城风貌不协调，有的坚持不改，我们只好让其暂时留着。在江南水乡城镇保护整治中也遇到过类似情况，但当老街大都修好后，他们会遭到左邻右舍特别是外来游客的批评，这时就会动手改了。

2007年元旦，昭化古城一期工程完成，基本恢复了古城历史风貌，春节期间就来了几万游客，偏僻的小城一下子热闹起来了。

2008年5月12日，四川汶川大地震，广元元坝区是四川省30个重灾区县之一，昭化古城也遭到地震强烈波及。5月15日昭化那边打来电话，请我们赶快到昭化去，罗区长在电话里兴奋地告诉我，凡按原样修复的木构建筑基本完好，重修的城楼也巍然挺立，而新砌的砖墙坍了，古镇上居民自建的砖混结构房屋则大多都坍了，老街上不肯修的新式楼房全坍了。老百姓们都要你们赶快来，要阮教授帮他们重修木结构的老房子。

后来经过调查，昭化由于经过整修与其他规模相当的行政村镇相比，受灾情况相对较轻，房屋全塌和严重受灾 8 户，受损房屋 31 间，而其他相邻村镇房屋全塌和严重受灾户都在百户以上。总结地震后的情况可以得到以下重要启示：

①中国传统木构建筑，由于木质坚韧，并用卯榫相接能抵御地震时的震动，传统建筑的瓦顶是层叠堆铺的，预震时会发出响声给人警报可及时逃避。古城里主要建筑和沿街传统民居整修遵照“修旧如旧”原则，基本采用木结构体系。如重修的城楼就是木结构，地震后除山墙面填充墙倒塌外基本完好。古城内主要街道两侧刚完成的街景整治工程，无论现代建筑还是传统建筑，都未出现大面积倒塌，所以古城内伤亡情况较轻，仅 9 人受伤。

②原有未经保护修缮的传统建筑由于本身材料老化，加之地震强度大，有严重损坏的主要是土墙、砖墙倒塌、屋面塌陷等。

③古城内居民自行搭建的砖混结构建筑，没有采取防震措施的都有毁损，有的倒塌。

④古城基础设施受到较大破坏，通往古城的公路出现路面沉陷和裂缝，水电等基础设施部分损坏。

地震灾害是残酷的，经过这场严峻考验，人们更加认识到保护祖国优秀历史文化遗产的重大意义，使我们重新认识中国传统木结构独特又科学的高超技术，由此建成的历史古镇具有重要的历史文化价值。昭化古城因地震前及时保护修缮而避免重大损失的消息不胫而走，吸引了全国各地的人们慕名前往参观，成为古镇地震后又一新亮点。古镇居民吸取保护与地震经验，普遍将更多传统材料和结构形式运用到震后新镇区建设中，政府主动引导、支持，也优化了政府与老百姓的关系。

曲江抱城古阆中

阆中，位于四川北部、嘉陵江中游。由于据地较偏，地名又颇古僻，故鲜为外省人知。阆音“浪”，汉《说文解字》云：“阆，门高也”，“圹地曰阆”。宋《寰宇记》云：“其山四会于郡，故曰阆中。”其城形势甚佳，嘉陵江水迂回曲折，城就筑在回湾之中，江水绕城而过，城池三面临水，环城四周全为丘陵，著名的有江南的锦屏山，城北的伞盖山等。川人曰：嘉陵江胜处在阆州，就是指历史上此城的繁盛，又是说城池的山水之秀，有古人的诗为证：“明镜三面抱城廓，四围山势锁烟霞”，其言不谬。

战国中期(前330左右)，古巴子国曾迁都阆中。秦惠王后元十一年(前314)建县，至今已有2300多年。古代阆中是水陆交通要地，是蜀、秦、陇三省枢纽，古蜀道的米粮道和剑阁道必经之地。由于地势险要，蜀汉诸葛亮曾把阆中城作为平北安南的重要军事基地，派名将张飞镇守。张飞在此依山置戍，凭水立防，死后葬此，留有桓侯祠、张飞墓。唐代建国初期，唐高祖遣其子鲁王灵夔、滕王元婴先后守阆中。自秦汉以来，阆中均为郡、州、府、道治所。清初四川临时省会曾设阆中十余年，在此举行乡试四科。阆中还是汉、唐民间天文科学的研究中心，汉代“太初历”“浑仪”的创造者落下闳及天文学家任文孙、任文公父子，三国时期周舒、周群、周巨祖孙三代天文学家都是阆中人，唐代袁天罡和麟德历制订者李淳风等先后在阆中研究天文学，留下了蟠龙山古观星台、天宫院等文物古迹。

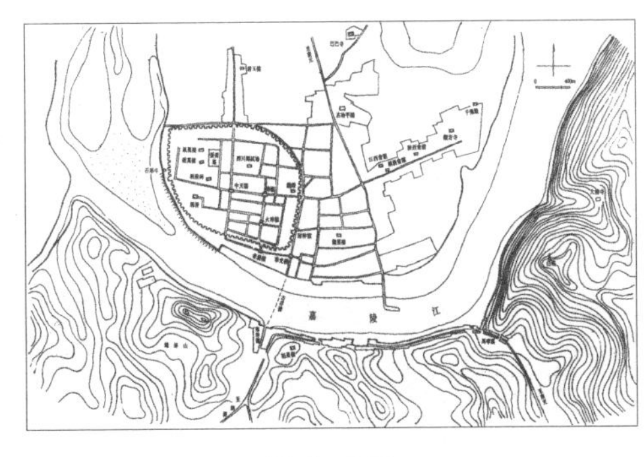

阆中城图

观音寺全景

阆中陆路交通不便，自成都或广元赴阆中目前只有汽车可达，路遥各为二百与一百余公里。沿途崇山阻隔，阆中以东则为巴蜀山岭，是四川的屏障。古代阆中城选址极佳，位于山水环抱之中。汉时城在现址西北，唐时为求水运之便，城址向南迁移，紧靠嘉陵江岸筑城。为防江岸坍塌，南岸用石块砌驳，立石犀牛以镇水患。原有城制，呈方城十字街，西南因滨江而不规整。十字街中心原筑有市楼名中天楼，城墙已拆，部分遗迹尚存。城中张飞祠、墓及纪念张飞的建筑如敌万楼、凤凰楼等占了西北隅很大一片用地，是城市最主要的纪念性建筑群。古城内街衢瓦房十分整齐，临街民居均用插拱出挑檐廊，夏日遮荫，霪雨防淋，方便行人。商贾大户则将门面用木雕花饰装修。街道巷口多建有过街楼，屋檐起翘，楼窗镂花，很富特色。

古阆中城依嘉陵江，水上交通发达，是陕、甘、鄂及京、广货物的集散地。行会商馆很多，至今犹存陕西、江西、浙江和湖广会馆等古建筑。原古城东门外，临江大东街一带是商业最繁盛地段，商店摊铺布满街道两旁；街南端直达嘉陵江畔为码头船埠，原来的过江浮渡也设在此处。在滨江街口筑有一座三层楼阁，名华光楼，为清代重修。琉璃歇山顶，造型雄峻，耸立江岸，实为行船标志，并壮城池观瞻。

古城阆中现存众多古迹，桓侯祠已修缮一新，祠后为张飞墓地，遗有许多汉代大砖，当为原址不疑。在古城内偏北有清初修筑的乡试考棚，长廊柱架，曲枋屋构，形制古朴，为国内少见。城东北有伊斯兰教礼拜堂，名巴巴寺，是一组完整的宗教建筑。前有木构牌坊，大殿前有大块砖雕照壁，主殿为盝顶结构，形制高大，后连经堂小院，幽洁僻静。另有观音寺也是一组完整的明代的佛寺，可惜已被工厂占用。隔江对岸为锦屏山，风光秀美，更留有许多古迹胜景，是诗圣杜甫、词宗陆游唱游之地；尚有宋代民族英雄张宪的祠，道家推崇的吕纯阳的洞等。一座偏远的古城如此完整，并集中了许多的文物古迹，从全国范围看，确实不凡。更难能可贵的是，阆中在建设中极为重视对古城的保护工作。除了筹款修缮古迹名胜外，还着意地保存了古城的格局和风貌。在古城内严禁乱拆乱建，控制了沿江一带的城市景观。登华光楼俯瞰古城，一片青灰瓦屋顶，一个个方格天井院落排列整齐。旧城主要街道，一式的瓦顶木檐，一色的木作店面。摩肩接踵的人群，喧闹的气氛，呈现一派繁盛而温馨的乡土风光。

阆中古城，背景为锦屏山和嘉陵江，江边耸起的为华光楼（陈立群摄）

阆中素以“丝绸之乡”著称，所产丝、绸、绢、缎是向历代封建皇帝进贡的珍品，近年又有相当的发展。阆中还是一个未来的石油气基地，已查明具有较大的开发价值，前期开发工作正在积极进行之中。阆中县城人口约37000余人，建成区面积262.8公顷。地少人多，城市建设将有很大发展前景。

阆中新城区已初具规模，就在旧城的东面。新修的马路宽广，机关、公司、饭店、商场等高楼林立，适应了城市更新的需要。但有趣的是新城虽然面貌崭新、气派豪华，却是人稀车疏，人们还是乐意到旧城去购物、游逛。这除了商业供应的原因之外，反映了人们对熟悉的环境的依恋，以及人们对传统的熙熙攘攘的亲切、温馨气氛的追求。这里清楚地说明了一个问题：古城是能适应新时代人们的需要的。城市要发展，但旧城还可以留存。传统城市格局与风貌的保持，不仅是为了向人们展示或供作游览，而主要应是城市功能的继续发挥，这是人们生活的需要，而更深一层地看，是人们对历史延续的心理需求。

南诏故城巍山

云南大理地区的巍山县是以彝族为主的少数民族聚居城镇，居住着汉、彝、回、白、苗、傈僳等23个民族，第三批国家历史文化名城。早在春秋战国这里就有行政设置，属滇国，唐代为南诏国，与唐朝相始终，是南诏国的发祥地和故都，宋以后直至清改称蒙化，1956年始有巍山彝族自治县。7月25日这天是彝族祭祖的节日，全国四十万彝族都派代表来参加庆典，我也应邀躬逢其盛。全城彩旗翻飞，穿戴民族服饰的女子一群群簇拥在街头，白天、夜晚广场上篝火旁围起了圆圈，拉着手唱歌跳舞，当地叫踏歌，也叫打歌，不分年龄、不分男女，热情投入，舞蹈动作富有变化，外来游客只能乱蹦，当地彝民们都全身心投入，举手投足充溢着天然的野性。歌唱是男女对歌，可惜听不明白。打歌是巍山地区彝族民间流行最广的喜闻乐见的自娱性集体舞蹈，所谓“彝家户户有火塘，彝山处处是歌场”，无论婚丧嫁娶、上梁竖柱、吉庆佳节、山林庙会，彝家人都要举行打歌。

巍山城东南10公里的巍宝山建有彝族土主庙，供奉彝族在唐时建立南诏国的十三个彝王祖先的庙堂，下午举行彝王祖庙的开光大典，这些王像都是用青铜铸成唐代服饰像。建筑顺山坡而筑，前有门厅两廊，大殿居中，左右两配殿成廊庑，新建筑仿唐形制，但构件纤细，不够雄壮，地方风格不够鲜明。这是当今新建筑的一大弊病，有钱了百废俱兴、大兴土木，但缺乏高手参与，就像踢足球缺乏临门一脚。

巍山是第三批国家级历史文化名城，我一直未到过。小城不大约 2 平方公里，方城十字，有中心钟鼓楼，殿内外供桌上放着三牲，是猪头、羊头和全鸡，水果、糕点插着炷香。彝民们都穿着民族盛装，祭祀时奏起古乐，鸣放鞭炮，恭读祭文。

祭祀典礼结束后山民们就自发地歌舞。傍晚是盛大的宴会，主客席地而坐，大庙内外地上满铺翠绿的松针。茶饭就放在地上，每圈八个大碗，有百余桌之多，杯碗交晃祝酒邀歌热闹非凡。看来少数民族不像汉族那样铺张，没有大盘大碗，也没有冷盆、热炒和全鸡全鸭，只图个热闹和酒足饭饱，很是实在。而我们汉族不祭祖了，北京故宫前的祖庙也改成了劳动人民文化宫，管理皇帝家族事宜的宗人府，老建筑仍在，也改成了文化馆。想起来汉民族应该感到惭愧，邻国韩国的宗庙和祭典礼仪还是世界遗产。少数民族有强烈的维护自己民族传统的意识，而汉族由于人们观念的改变，于是造成文化传统的缺失，这一块民族传统文化逐渐丢失了。

巍山历史上是座马帮小城，至今在巍山的山间小路上，在城里马路上，马车仍是重要的交通工具。因为巍山是滇马的主要产地，滇马“质小而蹄健，上高山、履危径，虽数十里不知喘汗”。

自古以来巍山几乎户户养马，而茶马古道都是用巍山出产的滇马，小城围绕着马帮而展开。原来城里有许多马旅店、寄马店、马具店及制革、铁器、木器的作坊。城里马道都铺有石板，店铺集中的地方就成了街场，形成集市。马帮运出去的是茶叶，运回的是各地特产。除了巍山的马帮外还有从西藏、四川及省内各地来的，在每年的春茶前后，上万匹骡马经过这里，使巍山成为一座马帮城市。

巍山城里十字街道的老房已初步整修，尚有一些大宅，多为云南地方三房一照壁、四合五天井样式，多是清末民国初年的遗建。城里留有几处大型书院、文庙及寺庙，其中等觉寺保留了明代式样，寺门前遗存东西砖砌密檐方塔，是明代以前的式样，可惜一座完好，一座只剩半截，一座塔顶上放了一个混凝土水箱，当作废物利用了，可悲。全城中心区域尚未被现代建筑占据，传统建筑还占多数，基本保持了历史古城的

古城鸟瞰

风貌，难能可贵啊。

巍山下属永建镇东莲花村是回族民众聚居地，共住有近千人，还保存了原有的古镇风貌。他们注重清洁，古村内街巷非常整洁，不像中国其他农村满地垃圾，猪犬鸡鸭四处乱跑。登高四望，纵横的屋顶组成的合院，主脊起翘，两厢的山头做成圆兜顶，相间有致，富有韵律。有几处大宅建有绣楼或望楼，四方亭顶，屋角舒展，高高耸起，窗格漏花，丰富了整个村落的风貌。村中的清真寺规模较大，三层阁楼高踞平房之上，是全镇的视觉中心。

历史上这里是茶马古道的驿站，也留下了规模较大的马帮旅店，有马圈料房，宽大的场院一侧是不同标准的客房。巷子里还有大商户的豪宅，在踏看古村时给人留下深刻印象。这里的居民好客而彬彬有礼，儿童们见到我们这样的年老者都亲呼“爷爷”，去看院子时主人都热情让座，主动开门导引。

我们到清真寺参观，一群穆斯林热情陪同，并盛情邀请到客房饮茶水、献茶点水果，一片真忱出自肺腑，让你心中原有的主与客、汉族与少数民族的隔阂完全冰消。

据介绍，云南是毒品泛滥区，村里原来毒品猖獗，许多青年人因吸毒而萎靡不振，当地借助阿訇传教礼拜，讲道教化，并动用教规劝说约束，吸毒人数急速下降。现在地方党组织和政府、清真寺合力教育取得卓越的成就，是意想不到的动力。这是党政和民族宗教融合和谐之音的切实体现。

巍山的民居临街面，常为一层或两层。二层者做有腰檐，楼层较低，屋顶铺筒瓦，两坡竖脊，主房顶脊出戗角，侧房山头有做成圆底兜头，涂成黑白相间脊栊颇有变化。楼窗外有木栅，前店后宅，也有二进院落的大宅，大宅多为云南常见的三房一照壁，四合五天井，有的为了风水缘故，二院转向相连，说明朝向不太讲究。正院旁的小天井做得很随意，有的呈三角形，这里是小耳房或是楼梯间。这个小天井正是通风、采光之用，夏日坐正房或两厢廊檐下，大天井里日晒蒸腾而小天井里吹出穿堂的习习凉风，这里正是闲坐、品茗，也是妇女们做家务、绣花，蜡染扎布的好地方。合院屋前均有柱廊，门窗多雕花装饰，照壁墙头四角，白墙素墨染画，山水花卉，古诗摘句，充满了文化气息。见到有一家正房屏门雕花木隔屏上，在花格上雕有司马温公的家训，

省级文保单位拱辰楼

每个汉字突起，红漆沥金，精致完好，由此可见当年巍山小城文化沉淀之深厚。每家院子里有花坛，莳有四季花卉，云南气候温和，冬无酷寒夏无盛暑，多见的是茶花、腊梅、玉兰、桂花、香橼等，也有珍贵的兰花。城里有多家养兰花的专业户，都是名贵品种，每株价高数十万元以上，养花而成巨富，而兰花是一种文化人的玩物。

我看这些民居上的壁饰书画，笔法老练，书法有功底，可看出这些匠师均非等闲之辈。特别是一些最近修缮的新宅，以及许多民宅上的春联及丧家的挽联奠告都字体工整或运笔娴熟，可窥见传统文化深入人心，因为这个城市历史上多书院，私塾，崇文重教，读书育人世代相继，造就了一方水土。

在城中我走过一处新办公楼群，大门洞中看见白墙上的壁画，眼睛为之一亮。走近一看却是县武装部的一幢现代办公楼，两端楼梯间留存着小窗白墙，墙壁留有了窗间墙，没有像一般现代楼房开满了玻璃窗。在这些白墙上，由当地工匠们按民居花饰格式及纹样，画满了墙画，把窗洞组织在一起，画得很有艺术品位，这幢现代建筑穿上了地方民族服饰。我觉得这是个大胆的创造，是值得传承的好经验。如何继承和发扬传统文化，在建筑设计城市规划上过去都做得不好，但又苦于没有办法，巍山县武装部的小楼可说是走了这一步。可能这种例子还有很多，但要我们去发掘，向民间学习。

州级文保单位文庙

巍山拥有丰富的山水资源，等待人们发现和开发利用。这里是红河的发源地，红河流经中国进入缅甸、越南、老挝，有充分的水利资源，周围崇山峻岭、原始森林，有名的“鸟道雄关”，是候鸟迁徙必经的山谷通道，每年春秋两季，千万只候鸟群飞翱翔，蔚为壮观，也是生物界的奇观，世界自然遗产组织在这里专设有观察站，潜藏着重要的旅游财富。

巍山是彝族的发源地，也是最大的聚居地，每年 3 月 25 日举行的祭祖大典是彝人大聚会、大交流也是民族大融合的日子，我觉得是很了不起的事件。当年南诏国在唐朝的生存，延续了 254 年传了十三代王，这是一个弱小的少数民族和强大汉族的相处，是边远小国的地方政权和中央政权的和谐共荣，这里面有许多生动故事和精彩情节。而重要的是不同民族、不同文化、不同地区的人民共生共荣，是一段佳话，更是一段经典，并且流传至今。

今天，世界上很不安宁，有人鼓吹文明冲突是不可调和的矛盾，是根深蒂固的世代仇恨，充斥着经济压榨和武力胁迫。然而只有平息争端，以和为贵，才能有人民的安宁。中国今天提倡和谐社会，像巍山多个民族的和谐相处、巍山的彝族、回族呈现出独特而又高尚的文化，正是这种和谐精神的体现，这个山城里面蕴含了极有价值的文化内涵。而这个城市的建筑是文化的载体，保护这些载体就能留存历史和文化记忆。党中央提出要创建和谐社会，而巍山正是最具体、最生动反映这一和谐的主题，体现了古人和今人们的和谐，人和自然的和谐，少数民族与汉民族的和谐，不同少数民族之间的和谐，党政和宗教的和谐。巍山是历史文化名城，也是高唱和谐赞歌之城。

保护南海神庙 整治周围环境

应广州黄埔区之邀顾问南海神庙规划之事。始建于隋朝的南海神庙已有1200多年历史，殿宇历代均有修缮，特别是经过近年全面的整修，千年古庙本体展现了宏伟壮丽的景象。在一片浓密古榕之后，走近庙地，一座简朴的石牌坊上书额“海不扬波”，昭示了人们祈望海疆和平，国泰民安。南海神庙中轴线上有头门、仪门、复廊、礼亭、大殿和昭灵宫等，还有华表、石狮、韩愈碑亭、开宝碑亭、洪武碑亭、康熙“万里波澄”碑亭等形成一组颇具规模的古建筑群，是国家级文保单位。

从文物建筑本身看，得到了认真保护；观其周围环境，似也经过一些整治——拆除了附近一些违章建筑设施，也有一些绿地、草地，但环境局促逼仄，显不出神庙气势。神庙四周则被近年来现代城市的巨大工程和设施所包围。这些大尺度、夸张的人工环境使神庙这座建筑显得十分窘迫和无奈。

南海神庙南临粤华电厂巨型厂房三支冒着烟气的高耸烟囱，旁边是菠萝庙船厂，钢铁支架，杂陈的厂房设施；庙后是黄埔化工厂与东风化工厂，据说政府已批准扩建方案，将有一大片高楼耸起；还有一条高速路横贯庙北，繁忙的车流成了神庙背景，南海神庙像是一个现代设施中的小景点。

古人造房建屋特别是重要建筑都注重考究建筑物与周围环境的关系，即所谓“风水”观念，古籍上就记载了“神庙以龙头山为玄武，大蚝以为朱雀，山水格局负阴抱阳，背山面水的吉祥地”。观察南海神庙的选址格局，就可看出古人的一番心血。当时海岸还未退远，庙址紧邻珠江水口，濒临南海，修筑了停满各国海船的码头，地处“扶胥之口，黄木之湾”，进黄木湾以入大海。宋元以前古老的码头遗址已为考古证实。神庙背后是高高隆起的龙头山，郁郁葱葱的山体为神庙屏障，所谓“前案后靠，左辅右弼”完整的风水格局。

南海神庙早在隋代就修建了，是我国东、南、北诸海唯一保存完整的海神庙。历代帝王都十分重视祭海神，每年派重臣到广州祭祀。唐武德、贞观年间更定下祭祀制度，实证了南海早入中国版图，自古以来中国中央政府就把南海管起来了，庙里留下

广州南海神庙

的许多古代碑刻就是明证，南海神庙的保护和维修就显得格外重要。

近年来南海很不平静，某些邻国觊觎我国海疆，有不少拙劣举动，我们国家现在拥有强大的力量，不怕挑衅。从南海神庙的现况来说，其原本环境近年来遭到严重破坏。广州市有些单位领导只考虑发展生产，大搞建设，没有想到保护南海神庙这个历史文化遗产的意义，其周围环境遭到严重破坏。说句迷信话，现在南海神庙“庙不安宁，神不归位，四方妖魔也就蠢动了”。

南海神庙是整个南海地域海疆精神的权威，元至正年间就有“佑我国家”的大字碑刻。要虔诚维护其崇高神圣地位，周围环境建议广州市政府一定要下决心整治，更不能让破坏环境的新建设冒出来。有人会说迁厂停路谈何容易，君不见原在上海市区的南市电厂、杨浦电厂不都迁走了吗？交通那么繁忙的上海外滩中山东一路也不是下了地？况且广州的南海神庙还拥有全广州乃至珠江三角洲地区最古老、最盛大的民间庙会，千百年来南海神诞辰庙会（波罗诞）表达了人们崇尚和谐、向往美好生活的精神寄托，并衍生了丰富多彩的民俗文化，是广州和黄浦区的重大文化活动。这里是大力发展文化事业的地盘，按新的规划会大大改善生态环境，提升城市文化魅力。

我们不搞封建迷信，但要弘扬固有民族文化，提升民族精神，强化历史文化遗产实体，突出南海神庙是国家岳镇海渎礼制的代表，彰显这座南海神庙是我国最大、保存最完整翔实史籍的海神庙，也是中国古代海上丝绸之路的重要史迹（正在申报世界文化遗产）。因此，认真保护和整治南海神庙周围的环境，是广州义不容辞的责任，切不能以小利失大义。

宋元时代大商港泉州

宋元时代，泉州是我国最大的对外贸易港口，它位于福建南部滨海地区的晋江出海口。因初筑城时在城四周环植刺桐树，故别称刺桐城；城东南即为泉州港，亦称刺桐港。元代至元二十九年(1292)，取道泉州出海的意大利著名旅行家马可·波罗(Marco Polo)写道："我们抵刺桐城，城甚大……刺桐港即在此城，印度一切船舶运载香料及其他一切贵重货物咸莅此港……商货宝石珍珠输入之多不可思议……我敢言亚力山大港或他港运载胡椒一船赴诸基督教国，乃至此刺桐港者则有船舶百余，所以大汗在此港征收课税，为额极巨。"比马可·波罗晚半个世纪，目睹泉州盛况的摩洛哥旅行家伊本·拔图塔(Ibn Battuta)，赞叹泉州："世界上最大之港，亦不虚也。余见港中，有大船百余，小船则不可胜数矣。"据元代久居泉州，后又随海舶游历南洋数十次的大海商汪大渊，以其亲身所见所闻，记述当时泉州与亚非各地有贸易关系的国家或地区，达到一百个左右。

当年的泉州港中外各国商贾云集，市场上终日熙熙攘攘。港内风樯鳞集，云帆蔽天，海舶穿梭奔忙；城南码头车水马龙，装卸货物昼夜不停；南关聚宝街和临江一带货栈，堆积的香料、珠宝，琳琅满目，一片繁荣昌盛的景象。

宋元时泉州港的范围很大，北有泉州湾，东南有深沪湾，南有围头湾，西南有安海湾。从晋江口至泉州城南一带设有许多码头港口。为适应海外贸易的需要，宋代在

清净寺

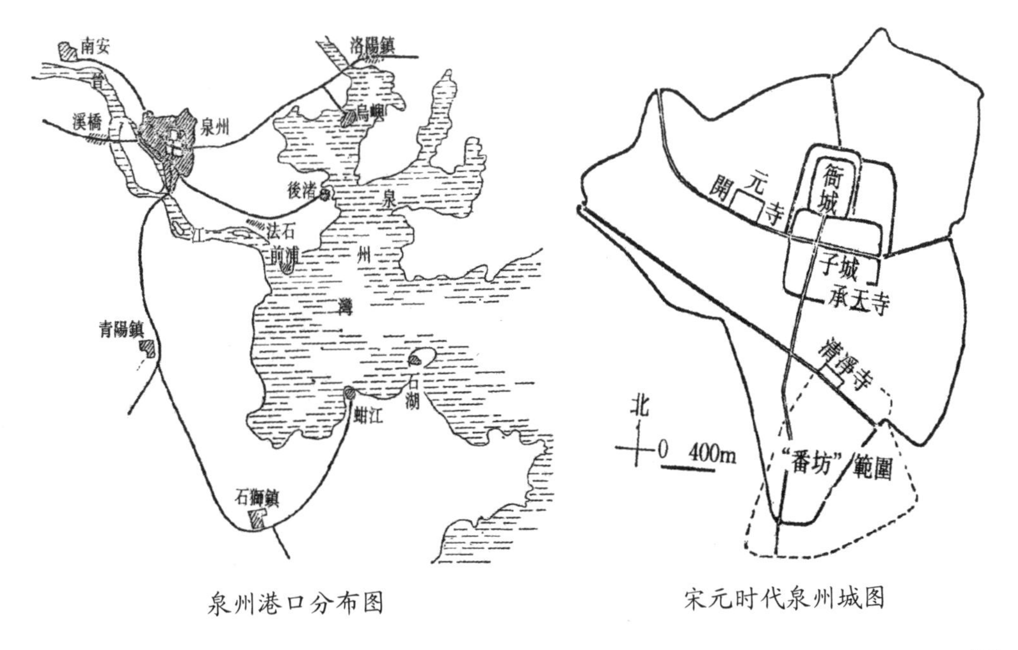

泉州港口分布图

宋元时代泉州城图

西門
北門
新門
龍山寺
開元寺
石塔
提督府
鎮撫司
東門
文廟
承天寺
府學
水門
清淨寺
塗門
南校場
北
0 200m
天后宫
南門

旧时泉州城图

泉州设有专管海外交通与贸易的官府名“提举市舶司”，后来又设立来远驿，专门接待外国的贡使和外国商人。每逢远洋船舶入港，或出海的季节，泉州就特别举行隆重的“祈风”和“祭海”活动，祈祷平安。

泉州最初的城垣为唐天祐三年(906)所筑，称为子城。城作四方形，周围三里许，开四门；子城偏北有衙城，南北大街十字相交，街坊整齐；城外有壕环绕子城四周，壕上有吊桥通向城门。到了公元10世纪，福建在闽国王审知小朝廷的统治下，政局相对稳定，城市有了发展，打破了唐城的限制，从北向南四周扩展，而环城种植刺桐树，泉州从此时始盛。到936年，闽国为南唐所灭时，泉州已扩展成5平方公里的大城市了，此时称为“罗城”。城分三重，中有衙城，为地方统治机构所在，内为子城即唐代城址，外为罗城，共开了七个城门。这七个城门的名称一直使用至今。

城市布局有两条十字街，以通向东门、涂门的两条路最为繁华。宋元时代的泉州城，基本上是在五代旧城基础上加以扩大，主要向近海港的南面发展，即所谓“泉南”，它是对外贸易兴盛的地区。南宋时在城西南又发展了一些地区，建城垣将其包围成为翼城，此时泉州的居民已达50万人，街坊八十，面积达7.5平方公里。

开元寺

泉州街市

泉州在唐代时形制规则，以后转变为商业都市，发展迅速，为取得运输条件，紧紧傍依晋江，北部受清源山的地形限制，而向南发展成为一个不等边的三角形状，因而不同于一般封建州府城那样方正规整。宋元以后，泉州成为当时的国际贸易中心，商业区也集中在泉南的聚宝街。泉州的工业，主要为磁窑与炼铁，大多分布在城外附近，元朝有宏大的造船业设在晋江畔。

1974 年，在泉州湾后堵港发掘出了一艘宋代海船，船身残长 24.2 米，宽 9.15 米，共有 13 个隔舱，船上装载的都是从海外运来泉州的胡椒与香料，估算其载重量有 200 吨。这是艘尖底造型，吃水深、有多根桅杆、多重船板，抗风力强的远洋货船，可知宋、元时泉州的造船和航海技术已达相当高的成就。古船现陈列于泉州古船博物馆。

泉州城里还有“蕃坊”，这种情况在中国古代城市中是很特殊的。随着海外交通的繁盛，唐代以后，不少外国商人来泉州居住，到宋元时期就更多了，他们多集中居住在城东南一带。初时来泉州的多为贡使、传教士、旅行者，人数不多，居留时间短。以后外国人数量大增，而多是定居的商户，其中以阿拉伯人最多，其他还有印度、犹太、摩洛哥、意大利、占城（越南）、朝鲜人等，最多时超过万人。他们由于宗教信仰及生活习惯的特殊要求，形成了集中居住的地段。

“蕃坊”并无明确的界线，无任何防御设施，其间也有中国人居住，他们同当地人民和睦相处。“蕃坊”是自发形成的，街巷也不是方正整齐。“蕃坊”中有一些外国形式的建筑物，现存的清净寺，是我国现存最早的伊斯兰寺院。

泉州还发现过婆罗门教寺院的石柱、石雕等。开元寺的石塔，是中国和印度僧人共同建造的。在城郊发现有多处阿拉伯人的墓葬，近年还调查到有些姓氏的当地居民就是外国人的后代，如吴姓即原来在宋、元两朝担任重职的色目人（阿拉伯人）蒲寿庚家族的后代，城郊有的村庄居民深目鬈发、连腮鬈胡须，一看就是阿拉伯人的后代。

明以后，泉州在对外贸易方面的重要地位逐渐衰落，一方面由于明代海盗侵扰，清初又实行海禁；另一方面由于港口逐渐淤塞。帝国主义东侵后开辟了厦门及福州港取代了泉州港的作用，由于外贸减少，城市也就衰败，但由于宋元以来海外交通的发达，大量华侨出国，所以泉州也就成为我国著名的侨乡。

宋帝后裔建造的赵家堡

福建漳浦有名为赵家堡的古城，传说是宋元时代建造，并说是仿效宋都汴京形制，为详其实，赴址踏察。

出漳州南三十余里入漳浦县境，山势渐起，岗丘起伏，树竹茂盛。时值二月早春，南国已是春意盎然，田野山坡，葱绿明翠。离县城十余里至湖西乡硕高山，一条新修的公路直抵堡下。城堡规模不大，百余户聚居堡内，堡墙下脚均用条石砌筑，墙身用三合土泥夯筑，墙坍楼圮，但尚能辨其残存的堞雉。石板斑驳，藤草蔓杂，历诉其沧桑。门上有字额，迎门筑有单间小庙，供奉关圣帝君，香火缭绕，爆竹碎纸，满地狼藉。走进堡门来，眼前是农居杂列，石板小径，伞盖似的巨大古榕树以及木檐瓦顶土墙的民房，正是一个典型的闽南山区村寨。堡内有遗迹、废墟、刻石、碑记和池沼、桥，塔，树木扶疏，风光却也有趣。更因遗史、古迹、趣闻吸引了不少远道游人，年节时分，红男绿女，扶老携幼，一番热闹景象。

南宋祥兴二年（1279），元兵南进，宋流亡政府被元兵追逼至广东新会县崖山，年仅九岁的小皇帝赵昺，由丞相陆秀夫背驮投海殉国，南宋灭亡。其时，赵家王朝后嗣闽冲郡王赵若和的一支人马，夺船窜港逃出，辗转至漳浦乡下。为避元兵追捕残杀，隐姓埋名隐居于此。至明朝初年，已经改为黄姓的赵氏后嗣黄明官，因娶邻村黄家集黄秀才之妹为妻，被以前曾向黄家求亲未遂，后见黄明官得妻而怒的乡绅陈平中告发，声称黄明官娶黄秀才妹子是同姓通婚，为伤风败俗，触犯刑律。漳浦县老爷看了状子也认为黄明官犯了风化罪，出签派差到硕高村拘捕明官，经过堂开审，明官及其弟喊冤申诉，并呈上赵氏族谱，证实其是宋代闽冲郡王赵若和的孙子。县官暗忖：这是本县奇缘巧遇，发现了被元朝灭亡的宋皇帝幸存的后代，元是当今明朝和宋朝的共同敌人，朱元璋正标榜抗元复汉，如奏知圣上，龙心必定大悦。于是抓住了这个机会，上报朝廷，这时正是明洪武十八年(1385)。果然，明太祖命人查实了此案后，立即下诏，准其恢复原来赵姓，并赐赵明官为鸿胪寺序班的官职，其弟赵文官为儋州宜伦（今海南岛）主簿。当然陈平中就讨了一场没趣。以后赵若和的九世孙赵范之集资重建了主楼及房舍。明中叶以后，东南沿海常受倭寇侵扰。万历四十七年(1619)为抵御海匪，保卫村寨，漳浦县批准了赵家扩修城堡的要求，这已是在十世孙赵公瑞手中的事了。现堡占地约9.2公顷，外墙周长1082米，城垣高6米，宽4.3米，上为夯土版筑，下以条石为基。开四门，三门上有匾额，东曰“东方巨障”，意即抵御东方来的海寇；北曰“硕高居胜”，点出了所在的地位；西曰“丹鼎钟祥”，因城南朝向晋代葛洪在此炼丹的丹山和鼎山。北门外筑有瓮城。城垣上建有谯楼八座，现均已不存。堡内偏东隅有一内城，仅存部分墙基，中为主楼，额曰“完璧楼”，取“完璧归赵”之意，因始建此楼时，尚未改黄

赵家堡

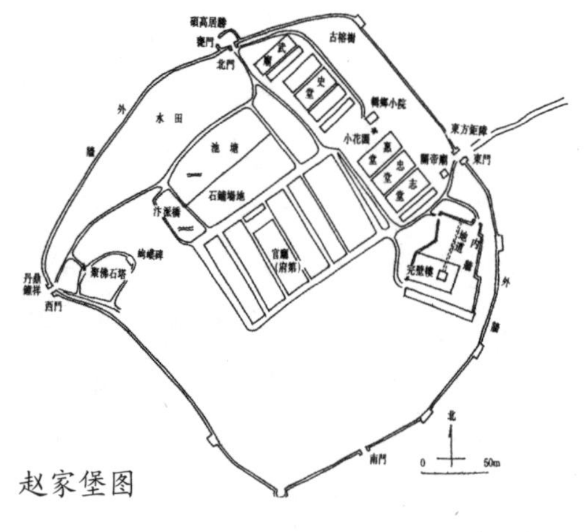

赵家堡图

姓。楼为三层，规模不大，土墙木构，内天井，围廊式，木架屋梁，现油漆一新，已非昔日之物。堡城正中有五座并列的所谓宫厅，屋深三间，平房，花窗扇槅，尚有明代格式。屋前有石板铺砌的场地，场上建有一座牌坊，上刻“父子大夫”，指明代赵范之、赵公瑞均官至大夫衔。广场前有池塘，上建有石桥，取名“汴派桥”，意谓堡中居民系汴京宋皇宗室派脉。桥栏新补，殊不匹配，古意全消。城中还有石塔一座，名“聚佛宝塔”说是仿开封的铁塔，但层数、外形均异。其他还有一些石刻遗迹等。

纵观此堡，当为明代所筑，所遗房舍均属明以后所修筑，是赵氏家族聚居之地，说其仿宋东京形制，也仅是立意附会或后人流传而已。因宋东京主要格局是三套方城，宫城居中，宫东艮岳内苑为其特色，故宋城之说勉为其难了。过去曾有报纸报道过，说在福建漳浦发现了宋代城堡，许多报纸也作了转载，这是误传，应予纠正。

赵家堡内的居民，大多是宋皇族的后裔。县志族谱佐证确凿，传记野史，都留下了丰富的人文资料。更因明代古堡至今保存尚称完整，是不可多得的遗迹胜地。村语趣事，吸引了人们猎奇探访。

离赵家堡仅数里有湖西堡及新城堡，所谓五里三堡，均是明代为防倭寇而筑。漳浦近海，山村富庶，聚族而居，筑堡自卫。新城堡为福建水师提督兰氏大宅，有房300余间，堡墙已不存；湖西堡则规模更为完整，堡内房屋栉比，排列整齐，宗祠家庙，木构精良。近年经过修缮，更显一派古堡新象。湖西堡堡墙完整，经整修后旧貌未改，堡外池壕环绕，浓密的龙眼树丛，形成了比赵家堡更为幽美之环境。漳浦三堡将更为世人所注意。

长城内外

晋 中 十 题

一、女神庙里出珍奇

平遥有南神庙，供奉的是女菩萨，俗称光明菩萨，以前香火很盛，远近闻名。上世纪60年代成为农村中学校舍，其主殿作为村里的农具仓库，封存器具，故历次运动中均未遭大的破坏。1986年盛夏我在平遥闻此，即觅路寻访，出城南约六七里，泥路尘扬，小村瓦屋沿路绵延，枣树森森遮日头，青果累累满枝桠。房舍展开处有开阔场地，即庙宇所在，瓦屋土墙仅比邻屋略高而已。整座庙是座三进的四合院，前院颇大，有戏台，中间设为圣母殿，后进为后殿。两侧均有厢房，皆为单层硬山的屋顶，中院两侧院墙用彩色琉璃装饰，东侧用泥墙围绕，内有几幢废屋及碎瓦堆。

圣母殿有沿廊，廊下立有多块石碑，最早是明代的，稍晚是清乾隆十六年和五十四年的，碑上记载这里祭祀的是晋国太子之妃耶律夫人，又说是晋梵王储君悉达之妃，这与平遥县志所记载的相同。从古代宗教知识上得知，晋梵王即佛祖释迦牟尼之父净饭王，储君即太子，悉达即释迦是也。佛祖出家前，曾应其父净饭王要求娶妻。

此处供奉的即是此王太子妃也。当地称之为南神庙，实为其地在县境之南之故。在查阅平遥县志时，有记述此庙传奇曰："庙有冢，砌以琉璃，古柏苍老离奇粗大至三抱，似非沧然，人传冢内开，类人居状，住持于晨夕焚香其中。一日入内，则见一丽人，凝坐梳发，大惊而出，遂封砌焉。"访当地村民都云有此传说，乃百余年前事，但说法不一。其一说："庙院原砌地宫，即在殿东琉璃瓦砖堆下，内即女神寝处，女神居下多年，住持僧定时供奉，一日晨曦，有小沙弥好奇斗胆私自潜下窥视，亲睹女神裸身梳洗，惊奔出而昏死，地宫门遂永闭。"据云，后人动议挖掘探秘，为乡人所阻未成。老年乡人云：原有琉璃墓室，装饰华丽，均为亲见，但在五十年时，天降大雨，水侵坍塌，现存瓦砾成堆，筑以土墙以卫护。存有明正德年间石碑，碑上说，王妃品德高尚，人又美丽，就成为王母娘娘一样的神仙，保佑一方生灵，当地百姓祈求生育男孩，或祷消灾延寿，都能应验，因而香火旺盛。

找来锁匙，打开主殿，见室内满堆杂物，均是经年失用之器具，幸者塑像俱在，损坏不多。搬去堆物，扫去厚尘，同行者皆为这些传神的作品而赞叹。殿中央筑有台座龛罩，中坐圣母像，凤冠霞帔，右手抱子，面容慈祥娴静，前立二侍女，右捧妆盒，左执茶壶，沿墙壁左右各立八位侍女，有执印盒、书册，有捧洗盆、布巾、拂尘等，这些侍女年岁有不同，神态各异。有双目凝视者，有眉头微蹙者，有小心惶恐者，有坦诚微笑者……生动地表现了这些侍女不同的心态与情趣，是匠师们从现实生活中提炼而塑造的形象，生动传神，不可多得。山西太原有晋祠，其中宋代雕塑侍女像，早已脍炙人口，而平遥南神庙的侍女像，却鲜为人知，实为珍奇瑰宝。

二、元代彩型孔子像

山西平遥城南二十余里有小村名金庄，村里的小学校原是一座孔子庙，规模不大，但布局符合一般文庙格局，据《平遥县志》及尚存的碑刻记载：在元代时有十位秀才，在金庄结伴奋读，后来陆续都中了进士，为了弘扬家乡文化，在元延祐元年（1314）集资建造了这座孔庙。这是元代的遗物，屋架大梁上有修建时的题字，院子有一株分为五杈的古柏树，苍老遒劲的雄姿是历史的印证。

金庄孔庙的大成殿里，塑有孔子和他的弟子们的彩色泥塑，这是非常珍贵的。据考察，这些塑像与大成殿是同时期的作品。由于殿内做有左右四排木壁盒，装有门扇，

金庄文庙孔子像

所以塑像保存得很完好，色彩比较鲜明，造型生动。正中为孔子像，两侧是配祀的弟子像，分前后两排共十四人，前排东列为复圣颜子、述圣子思；西排前列为宗圣曾子、亚圣孟子；后排为闵子（损）、冉子（雍）、端木子（赐）、仲子（由）、卜子（商）、冉子（耕）、宰子（予）、冉子（求）、言子（偃）、季子（路）。这些圣人像制作认真，系出自高手精心之作。他们的容貌表情都经过考证和构思。如孔子造像身材不高，面色红黑，符合有关孔子的一些记载；如颜回《史记》里说他：年二十九须发尽白，造像则白须白发；而子路的面容是睁目虎视，是表现他为人豪爽刚勇。这些塑像身材匀称、眉目清秀、服饰恰当。

我们能见到的孔子模样，最早是唐代吴道子的线条画，多见于碑刻拓本，曲阜的孔庙孔子塑像是明清时代作品，作金装菩萨模样，而且在“文革”中又被捣毁了，现在的是80年代以后的作品。各地许多文庙、孔庙中也很少有孔子等的塑像，因此，这些早在六百年前的元代彩塑作品，就更显得珍贵与稀奇了。

三、精美绝伦小西天

隰县有小西天，彩塑精美，名声遐迩。但其偏处一隅，交通又不方便，所以亲临探访者为数不多。

从山西临汾西行60公里抵蒲县，折北约50公里方至隰县，沿途翻越山岭，紫川田园，高树白杨，倒也好看。

出隰县城北，远山冈峦连绵，近前有孤峰隆起。山前有一汪池水，池水清碧，倒影成趣。山形状奇特，前窄中宽，宛如展翅凤凰，“梧桐栖凤”，故名孤桐峰。整座山峰全为佛寺所据，原名千佛庵，明崇祯七年(1634)东明禅师所建，至今已有340多年的历史。因庵门题额“道入西天”，又为区别于城南另一处规模宏伟的明代佛寺大西天，故名小西天。

庙庵分上、下两院，下院主殿是无量殿，坐西向东，内有数十尊铜佛像和木雕天宫楼阁。此殿为僧人诵经的禅堂。无量殿对面是韦驮殿，韦驮神像用整块楠木雕成。院内南北各辟三间僧舍。南房用来待客，北房用于藏经，寺内珍藏着一部明版善本藏经7000余卷。上院建大雄宝殿，左右设文殊殿和普贤殿，大殿内的大型彩塑是小西天的精华。大殿内正面排列着五个互相连通的佛龛，这五佛是药师、弥陀、释迦、毗卢和弥勒，诸佛端坐莲台，金身闪烁，面目清秀俊逸，仪态安详自若。南北两壁是十尊弟子站像，如真人大小，造型生动传神。有刚劲俊美，有斯文虔诚，有张目裂眦，有沉思含蓄，表情各不相同，惟妙惟肖。他们身后有隔屏，塑有仆役端酒壶、捧酒菜从屋后出，富有生活情趣，这些神佛菩萨，也要饮酒吃饭，工匠们将他们都世俗人化了。

大殿两侧的墙上满布雕塑，北墙是须弥海上三十三层。刹利天佛传故事和佛祖释迦牟尼本生故事。天宫楼阁层层叠叠，紫竹华林，云雾缭绕，十分壮观。南楼上塑“西方三圣”“四大天王”等佛教人物。金刚天王威武雄壮，圣人菩萨慈祥端庄。壁上楼阁的雕塑富丽堂皇，展现出“极乐世界”的情景。众多的人面飞天、神鸟、孔雀、鹦鹉，造型优美，姿态生动，在飘浮的云头上，悠然飞翔。殿前勾栏平台上，十二个歌舞乐伎正在奏乐歌舞，丝竹弦琴，袅娜舞姿，是一场精妙的歌舞盛会。这些塑像人物，或身姿轻盈，顾盼含情，或闲散自如、悠然自在。体态造型各有变化，绝少雷同重复，而每一尊塑像却都能自然生动，而且富有浓厚的生活气息。衣饰线条流畅而有韵律，色泽鲜艳，具有很强的质感。人体比例匀称，肌肉丰满柔润，面部表现富有变化，栩栩如生，真可谓神形兼备。

小西天明代悬塑

苏三监狱虎头牢

整个殿内布局严谨，塑像人物近千尊，这样庞大的塑像群显得十分自然，多而不乱，繁而不杂。最大的佛像有 3 米多高，而小的仅 10 厘米，可放置手掌之中，安排得谐调适当。配景建筑山壑仙境，绮丽逼真。这些都使人感受到古代匠师一气呵成的高超技艺。

小西天的雕塑是明代雕塑艺术的珍品，真是“法身万千精雕镂，粉彩妆画非俗手。朱明陈述尚如新，入眼平生叹未有”。

寺院东端，孤相峰顶筑有摩天阁，登阁远望，群山苍碧，窑洞层叠，梯田阡陌，悦目怡心。

小西天寺院孤耸山巅，山体岩石黄土相间，石基坚实，特别是北坡处于丹崖陡壁，藏经室正临崖危居，山崖裂隙有坍崩之险。为保这座寺庙，1986 年拨款修建，聘请专修铁道桥涵的工程部门，在文物保护上首次使用挖孔深基挡土墙技术，自行设计锚杆钻机。整个工程由十八根纵向深基础立柱和四十根横向锚杆连结，用挡土板紧固坡面，结构合理，造型美观，开古建筑山体加固之先例。

小西天外景

四、苏三监狱虎头牢

“苏三起解”戏曲中的第一句唱腔是：“苏三离了洪洞县……”这句为人们所熟悉的唱词，使人联想起囚押苏三的地方。

苏三监狱在山西洪洞县的西南隅，是一座明代初年建造的古老监狱，距今已有600多年了，是中国仅存的一座完整的明代监狱。

苏三确有其人，洪洞县志上有记载，她出身贫苦，本姓周，因投亲不遇，被拐骗卖入北京一姓苏人开的妓院，排行三姐，故名苏三，号玉堂春。在院偶遇宦门公子王景隆，彼此相爱，山盟海誓，愿白头偕老。后因王景隆将钱财花光，为老鸨不容，苏三暗中资助他谋取功名。时洪洞县朝阳村富户沈洪行商京城，慕玉堂春之名，用重金将苏三赎回洪洞作妾，沈妻皮氏凶悍忌妒，暗买砒霜，原想毒死苏三，而被沈洪误食后死亡，皮氏便诬告苏三害死其夫。知县贪赃枉法，以酷刑屈迫苏三成招，遂成冤狱。此时约在明代正德年间（1506 ~ 1521），苏三曾被关在洪洞县衙内的死牢中。后来王景隆科举高中，被点巡按山西，苏三得救，两人终成眷属。这个动人的爱情故事，被文人写成小说，如明代冯梦龙《警世通言 · 玉堂春落难逢夫》，后来编成戏剧曲艺，广为流传，百年不衰，使苏三成为家喻户晓的人物。苏三监狱也就成为人们乐于寻访、探奇、游览的名胜古迹了。

这座监狱由普通监房、过厅和死牢三部分组成。整个监狱用高大墩厚的砖墙包围，所有的门窗都向内走道开向，门窗樘都很小，门要弯下腰才能进出。普通监房由东西相对的两排牢房组成，中间是一条狭窄的通道，屋顶下罩住一片铁丝网，上面还挂有许多响铃。通道南端有禁房两间，是供禁子住的。西侧有狱神庙，只是墙上一个壁龛，下为一个孔洞是专供运送在狱中死亡的死囚洞。东侧便是死囚牢，死囚牢门上画有张着大口的狴，这是古代传说中一种凶猛的野兽，忠于职守，其形与虎相似，所以人们也把死囚牢称为虎头牢，是专门关押定了死刑犯人的地方。牢门共有两重，形成一条高 1.6 米、宽 1 米的低矮窄小的通道。

进牢门是一个小天井，内有一口围有石栏的水井，井口很小，防止死囚犯跳井自尽，牢院内筑有锢窑式牢房三间，两侧就是当年关押苏三的牢房，后人将此叫为苏三牢房、苏三井。整个牢房总面积为 610 平方米。灰砖黑门，低矮阴暗，墙厚窗小，呈现出阴森可怖的气氛。

十年“文革”中，这座明代牢房被无知的人们所拆毁，1984 年根据原址上的遗迹，参照遗存的照片资料，按原样恢复。这是座典型的古代监狱。

五、寻根觅祖大槐树

“问我祖先何处来，山西洪洞大槐树”，“祖先故居叫什么？大槐树下老鹳窝”。

数百年来这些民谣在我国广大地区祖辈相传，妇孺皆知。这大槐树就在山西省洪洞县，据《洪洞县志》记载，明洪武永乐间，屡迁山西民众于安徽滁县、山东、河南、河北保安等处，树下为荟萃之所。并在“广济寺设局驻员，发给凭照川资”。一些历史文献，如《明史》《明实录》等都有明初迁民的记载，民间的迁民记载更为丰富，大量的民间谍谱、墓志、祠堂碑文也都有在洪洞县大槐树处迁民的记载。这些资料说明，明朝洪武、永乐年间的移民，是我国历史上规模最大、范围最广、有组织、有计划的一项移民垦荒的重大事件。

元朝末年，各地起兵反对元朝的统治，元兵残酷镇压，给人民造成很大的苦难。加上黄河、淮河多次决口，水旱蝗疫，天灾人祸倾时而注，民不聊生，使河南、山东、河北、皖北等中原地区“道路皆榛塞，人烟断绝”。明朝初年又有战乱四年，再次加剧了中原地区地广人稀的荒凉局面。但此时山西却是另外一种景象，中原地区的兵乱及各种灾疫很少波及山西，山西大部分地区风调雨顺连年丰收，因而社会安定、经济繁荣、人丁兴旺。明朝政府为了恢复生产，采取了移民垦荒的政策。据文献记载，从洪武到永乐十五年，约有 50 年的移民历史，被迁之民以晋南、晋东为多。当时明朝

洪洞大槐树

户部发布告示，动员山西居民迁向中原，这些移民大多是因丁多田少或无田者，也有的是从军者为民的，或者是流民、罪囚由布政司编里发迁。对于这些移民，每户划给耕地，免三年租税，鼓励移民积极发展农业生产。由于移民垦荒，农业经济得到恢复和发展，田赋逐年增加，人口也得到增长，社会安定，许多府县也由此升格。

由于洪洞地处交通要道、北达幽燕，东接齐鲁，明时迁民就将洪洞作为集散地，明朝政府在洪洞城北二里广济寺设局驻员，集中移民，编排队伍，发放“凭照川资”。大槐树则成为地点的标记，而被移民们留下深刻记忆。

明初时，这里便是广济寺院所在，寺院宏大，僧众济济，房舍宽广，寺旁有株“树身数围荫遮数亩”的古槐，汾河滩的老鹳在古树杈枝筑巢，巢大树高，蔚为奇景。移民在树下等候编排领照，启程时，依依惜别，频频回首，大槐树、老鹳窝成为家乡标志。

背井离乡总是凄苦的，前代要向后代传说家史祖考，那时的移民后裔已遍及全国以至海外。岁月悠久，五百年来，明朝的广济寺和大槐树，早已被汾水冲毁，现在枝叶茂盛的是原根孳生的第三代古槐，嘉树延年，代代相传。每年有数万人来此寻根访祖，古大槐树已成为著名的怀祖胜地。

六、秀美广胜寺琉璃塔，稀世《赵城金藏》经

山西洪洞县城十八里外有霍山，山上古柏苍翠，山下泉水流淙，山清水秀，风景优美，在这美丽的自然环境中，有一处著名的古迹——广胜寺。这座寺庙不但以历史悠久，规模宏大，著名于世，更以飞虹塔之独特，《赵城金藏》之稀贵，元代壁画之珍奇而闻名中外。

广胜寺是一组元、明时期的建筑群，分上寺、下寺和水神庙三处。上寺在山上、下寺在山脚、水神庙在下寺西侧。

寺初建于东汉，唐、宋均重建。元大德七年(1303)临汾一带发生大地震，庙被震毁，大德九年(1305)重建，以后又有数次地震，但元代重建的广胜寺大部分建筑，都较完整保存下来。

上寺的主要建筑是雄伟壮观的飞虹塔，全部塔身用琉璃镶嵌，所以又叫琉璃塔。塔平面为八角形，十三层，通高47米，外形轮廓由下至上逐层收缩，形如锥体，塔又立于山顶，显得格外高耸挺秀。塔身用砖砌筑，外墙用黄、绿、蓝三色琉璃烧制饰件，有瓦檐、斗栱、角柱、勾栏等，还有花饰图案、人物、鸟兽等，把整座塔装饰得绚丽多彩、金碧辉煌。塔身上的这些琉璃花饰，都是特地烧造的，特别是一些天神、力士、菩萨、童子等，人物形态、面部表情均很精妙，可见当年建造者之费心费力。塔上留有碑石，上面镌刻着明武宗正德十年(1515)重建，明世宗嘉靖六年(1527)竣工。建造了12年。

塔前是弥陀殿，面阔五间，进深四间，单檐歇山顶。殿内的弥陀佛像是铜铸的，

广胜寺元代壁画

为明代遗物，两侧是观世音和大势至菩萨。殿内两侧的木架经橱，就是当年存放“赵城藏”经卷的。

中间为大雄宝殿，明代重修，殿中供奉是释迦佛像，两侧是文殊和普贤菩萨，各像比例适度，神态自若。毗卢殿是后殿，面阔五间，进深四间，殿的内壁无窗户，有完整的墙面，上满绘壁画，是明代的作品，线条圆润，衣饰富丽。

下寺依山傍水，从此向南，地势南低北高，寺因势建造，自前至后，高低层叠，主要建筑有山门、弥陀殿、大雄宝殿和西殿。这殿大多是元代遗物。可惜殿内墙上壁画，早在 1929 年被剥离盗卖，流散国外。

水神庙在下寺西侧，与下寺一墙之隔，有掖门可通。庙分南后两院，主殿为明应王殿，重檐歇山顶，四周有围廊，四壁无窗，殿内供奉水神明应王坐像及侍者，其四壁全为元代绘制的壁画，东西壁为祈雨降雨图，北壁为明应王宫庭生活，南壁半东部是著名的元代戏剧壁画。书面上横额楷书“尧都见爱大行散乐忠都秀在此作场”，下为表演场面。元代中期是我国戏剧兴盛时期，这幅壁画正反映了当时我国戏剧活动的盛况，它在我国的戏曲艺术史上占有重要地位。

广胜寺上寺以保存有《赵城金藏》而著名，这是一部金代 (1115 ~ 1234) 民间募集雕刻的木板佛教丛书，是一部内容丰富、完整、工程浩大的佛经，刻印就费时 24 年，共有七千卷六千多万字。因这部藏经刻印于金代，保存在赵城县广胜寺，故名为《赵城金藏》。由于这套经书是最早复刻的唐代大藏经，较为完整，历代都进行补雕，以后由于战争等原因，有残缺散失，清初又作了补抄修理。全面抗战爆发后日本侵略军进入山西，多次打算夺走此经书，当时广胜寺力空法师与之周旋、拖延，同时和山西的抗日政府联系，八路军方面秘密派人，潜入敌占区，偷运这些经卷到深山保存，使《赵城金藏》未落入日军之手，为祖国保存了珍贵的文物。日军在当时闻讯后，率军到广胜寺要逮捕力空，未找到力空，将寺内二十几名僧人捆绑带走。这一爱国壮举，在我国佛教史上谱写了光辉的篇章。《赵城金藏》由于久藏山洞，部分已糟朽霉烂。上世纪 50 年代以后入藏北京图书馆善本部，经揭裱能手修补复原，费时十年才全部竣工。1985 年以《赵城金藏》为底本，编印出版了《中华大藏经》，并将此赠广胜寺弥陀殿供奉。

水神庙东南，霍山脚下，一池泉水，清澈见底，泉水从池底泻出，珠串晶莹，这里是霍泉的源头。青山绿水，古树垂杨，把广胜寺的古老建筑衬托得更加诱人。

七、元代霍州府衙大堂

山西霍州城内存有中国最古老的州府衙署建筑，衙署也称衙门，是指地方政府的办公场所，府衙就是州府一级政府的管理机关。在封建王朝，它是代表皇帝对地方进行统治的象征。通常在此举行各种仪式，处理日常政务，处理重大案件，因此设有大堂、

元代霍州府衙大堂

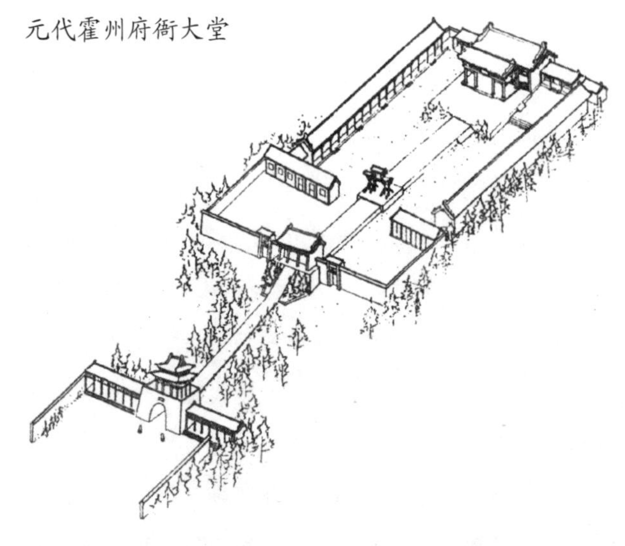

二堂、院子，后院是主要官员及其家属的住房。衙署一般布置在城市的中央，有一定的规模和格局，形成一种门庭森严、气宇轩昂的气氛。

霍州衙署在城内东大街，相传为唐朝初年著名将领尉迟恭的帅府，元代时曾作为皇帝的行邸。元大德七年(1303)山西发生大地震，被震圮，次年重修，全部建筑规模宏大，原占地约38500多平方米。清朝康熙皇帝西巡时经此曾御书："日色才临仙掌动，香烟欲傍衮龙浮。"

衙署的大门是方形砖砌的门楼，下开券门，台上立一重檐歇山顶的方形楼阁，是近年重建的，却也气势轩昂，犹如城门形制。入内为一砖砌高出地面的甬道，约百十步有一门，三开间，悬山屋顶，用斗出檐，门前有一对石狮造型雄壮，是元代遗物。出门又五十步为戒石亭，形制与牌坊相仿，三间三顶，用料较大，但属明清时作品。沿甬道过戒石亭即抵大堂，堂前檐敞朗无壁，卷棚抱厦，三间四椽，堂身五开间六架椽，木梁架简朴，用料粗大，是元代建造的原物。两壁墙上嵌有石刻数块，记述了元、明时代历任州官的宦情和诗文，足以佐证大堂的历史。堂高敞宽大，堂前与抱厦相通，堂后设一便门，为官吏退堂之道。后有二堂、内宅及东西科房，格局犹存，但均是清代以后修建的。

八、临汾尧庙溯千秋

相传尧建都于平阳，即今山西临汾城南，此地留有宏大的尧庙。尧即三皇五帝中的古唐帝；传说在位九十八年，以子丹朱不肖，而禅位于舜，有许多关于唐尧、虞舜的传说，是古代君王的楷模。

尧庙在临汾城南六华里，初建于晋，经历代修建，规模逐渐扩大，最盛时占地达750余亩。现尚存有五凤楼、尧井亭、广运殿、寝宫和几棵古柏。

五凤楼传说是尧居高远眺之地，每天与四位大臣在此磋商国事，意喻“一凤升天，四凤共鸣”。此楼初建于唐朝乾封年间，现存楼阁当是清代重筑，楼高三层，底座为砖砌窑廊式三孔房，上再立木柱建两层楼阁，显得格外稳健。正面入口建三层檐阁，丰富了殿阁的造型，称三层十二檐。殿内正中塑有尧帝和四大臣像，也是近年的作品。许多善男信女献了不少的红缎黄巾，是有所求吧？五凤楼后有尧井亭，为六角钻尖屋顶，中有水井一口，水甚清冽。再后为广运楼，正面屋檐上刻着“民无能名”四字，人不得其解，查询方知，出自《论语 · 秦伯》：“唯天为大，唯尧则之，荡荡乎？民无能名焉！”意思是尧帝的功德之大，一切无比，此人好得没法说。据说，此殿是尧帝会见众臣之地。楼为三层木构，柱下砖石石雕精美，殿堂宽大。古柏是历史的见证，更奇的是两株千五百年的柏树怀中，各抱了一株异树，一名柏抱楸，一名柏抱槐，均

临汾尧庙

是树籽落入古柏隙缝中生成，每当楸、槐开花季，巍巍古柏，繁花芬芳，吸引了更多的游客。尧庙五凤楼 2000 年不慎失火，后又重建。

古城临汾城内遗留有唐代巨大铁铸如来佛头颅，高达 6 米，直径 4 米，头大无双，铁佛头上后来建宝塔以护，后经历地震屡圮，现存为清康熙五十四年 (1715) 重建，共六级，下为方形，顶层平八边形，全塔砖砌，上镶六十四方琉璃图案，为佛教故事和佛像。塔角系铃铎，阵风吹拂，叮当作响。原有佛寺名曰大云寺，始建于唐贞观六年 (632)，现改为文化馆，房舍面目全非。

九、太原晋祠好风光

太原城西南有晋祠，是著名的游览胜地。古建精美，古木参天，流泉潺潺，文物荟萃，风光宜人。

一千五百年前北魏郦道元在《水经注》上写道："沼西际山枕水，有唐叔虞祠。水侧有凉堂，结飞梁于水上。左右环树交荫，希见曦景……于晋川之中最为胜处。"由此可见，这里自古以来，就是风景名胜地了。唐叔虞是周武王的次子，姓姬名虞，因封号唐，后人以此名之，又因位于晋水之源，故名晋祠。北魏以后经历代修建，成当今之规模。晋祠中现存最古老的木构建筑是圣母殿，为宋代殿宇中的代表作，殿身周围有围廊，四周的柱子都向内倾斜，使建筑物更加稳固坚实。殿前廊柱上有雕饰木蟠龙八条，逶迤自如，盘曲有力，是北宋元祐二年 (1087) 原作，是国内最早的木雕艺术品。

圣母殿，是祭祀武王之后，大公姜尚之女，姬虞之母邑姜的祠堂，堂内宽大、疏朗，塑有宋代彩色泥塑 41 尊，邑姜居中端坐，面目丰满，神态庄观，雍容华贵。分列于圣母两侧的侍从像最为传神，这些侍女身段线条优美，面容俊俏可爱，每个侍女都有不同的表情，或天真纯朴，或幽怨哀思，或木然盲从，表达出被深锢禁宫、饱受奴役的宫女们不同的心态，是古代泥塑艺术中的珍品，具有极高的艺术价值。

圣母殿前，有"鱼沼飞梁"，北魏时已有建造，现存的为宋代的遗物。古人称圆形水坑为地，方形水坑为沼，“鱼沼”即方形鱼池。沼上架十字形石板桥，取名“飞梁”，沼中立八角石柱 34 根，托起桥面。桥面东西隆起如鸟的身躯，连接圣母殿，南北舒展下斜如鸟的双翼，形成左右通道。这种造型奇特的优美十字桥，虽然在古籍中早有记载，但现存实物，国内仅此孤例。

晋祠圣母点前廊柱上的蟠龙

殿前有建于金代的献殿，是一座凉亭式建筑，再向前有座高台，上立着四尊宋铸的铁人，姿态英勇，历经风雨侵蚀，锃亮无锈，是镇水的神将。因铁为金属，人们便称之为金人台。附近还有“贞观宝翰”，有唐太宗李世民的御笔碑刻。千年古树“卧龙周柏”倚靠圣母殿旁，树枝葱郁，虽老犹壮。宋代欧阳修赞美它“地灵草木得余润，郁郁古柏含苍烟”。

晋祠，因晋水得名。晋水主泉在圣母祠南侧，水流千年畅涌不断，命名曰“难老泉”，晶莹清澈。唐代大诗人李白给晋水留下了“晋祠流水如碧玉”，“百尺清潭写翠娥”的名句。

晋祠北部还有一组高低错落的亭台楼阁，文昌宫、东岳庙、关帝庙、三清祠等，均是后人建的；南部有亭桥流泉，别墅高塔，也是驻足游憩之地。

十、蒲县东岳庙

出山西临汾西行百余里，有蒲县，附近山峰连绵，河流蜿蜒。县城之南有三座山，

蒲县东岳庙

俱名屏字，曰：翠屏、南屏、东屏。遍山松柏，西襟黄河，真是“万里长流远，逸丽环翠岭”，一派古朴山城好风光。三屏景色俱佳，而东屏更是声名卓著，因乡人偏爱其遍山柏树，直呼“柏山”为名。柏山山顶建有古刹东岳庙，庙宇恢宏，层楼嵯峨。

在吕梁山区偏隅小县，为何有此宏大建筑？这与蒲县悠久历史有关。公元前659年，这里是公子重耳的封邑；公元308年，西晋十六国的北汉帝都，最初就设在蒲县，曾是繁华之地。山东泰山东岳是封建帝王封禅朝拜之地，这里离泰山路远山重，故山西亦建东岳庙以替代，以满足这些小国君主朝拜之需。

蒲县东岳庙，据县志记载在唐朝贞观时已久存，直至元大德七年(1303)大地震

被损塌，重建历时四十余载，元至正二十年(1360)全部竣工。全庙占地8900多平方米，共有房舍280余间。

东岳庙建筑颇具特色，中轴上布置有看亭、献殿、行宫正殿、后土祠和昌衍宫，环院成锢窑式，高台建筑，四周护台上楼廊长列，四隅角楼高耸。此外还有冲霄楼、凌云阁、望楼、听松阁等，都是登高览胜的绝妙去处，楼阁间飞桥相连，更是引人入胜。有人赞曰：层楼尽作嵯峨势，飞阁常临缥缈间。这是一个主次分明、左右对称的建筑群，前有天堂楼，后有阴曹府，是一座规模宏敞、气势雄伟的宫殿式庙宇。

主殿称行宫大殿，重檐歇山屋顶，面阔五间，进深也为五间，四周石柱围廊，中间供奉的是东岳大帝，头戴旒冕，身披龙袍，手捧玉圭，长须垂胸，乡人说是黄飞虎，这是《封神演义》中的人物。据说，黄飞虎原为商朝大臣，因纣王暴虐无道，遂反殷投周，跟随周武王伐纣，屡建大功，直至战死沙场，道教尊他为“东岳泰山天齐仁圣大帝”，一员大将被抬奉为至高无上的神仙皇帝。

凌霄楼建在天王殿的顶部，神龛中供奉黄飞虎的双亲黄衮夫妇，故又称“圣公圣母祠”。这也是依据《封神榜》中的故事兴造的。

行宫大院向北，从清虚宫两侧下行便是阴曹地府，是一处明代遗存的以泥塑群体为主的窑洞式建筑群。140余尊泥塑，大小与真人相仿，形态逼真，气氛阴森，其规模之宏大，内容之完整，在大陆极为罕见。

地狱府分上下两层，上为阴曹，下为地府。上院由地藏祠、观音堂、面然堂、东西曹组成，属地狱首府和查询机关。由阴曹再下十八层台阶，即到地府。佛教称，人死后要打入十八层地狱，遭受十八重磨难。地府有五岳殿和十王府。中间五殿供奉东、西、南、北、中五岳大帝，东岳位居中央，主管生死祸福，轮回转生。按因果报应说，人在生前积德行善，死后可直接升入天堂；而生前违背伦理纲常，作恶多端者，都要坠入地狱受刑。亡魂进入地狱大门丰都城后，依次要经过秦广王、楚江王、宋帝王、五官王、阎罗王、卞城王、泰山王、都市王、平等王、转轮王等十王的酷刑惩罚，然后才能进六道矩轮转世还阳。各司鬼卒名目庞杂，赤鬓红须，面目狰狞可怖，阴司刑具齐全，有寒冰、刀山、剥皮、锯解、挖眼、割舌、油锅、磨碾、大斗小称等，又有招魂、迷魂、奈何桥、望乡台等内容，其状苦惨，惟肖逼真，人不忍毕睹。地狱中还穿插有目莲救母、龙王告状、唐王游地狱、胡迪骂阎王、刘全进瓜等广为流传的民间传说和小说书上的故事。这些惩恶扬善、积德行孝等内容虽然荒诞，却是过去教育人们的经典，可增加我们许多的知识。

十王府楹联道：“善恶到头皆对簿，权衡一点无私情。”“纵使饶残三寸舌，终难说遍十王情。”发人深省。

隋唐名园之城

新绛位于山西省西南，是汾河畔的一座县城。它依岭傍山，地势险要，历史上为通南往北的水陆码头，商旅发达，也是兵家争夺之地。战国时期即名为汾城，隋开皇三年(583)为绛郡，当时就在这里设立了郡守衙门。至今尚存的大堂建筑，传说为唐代总兵官张士贵挂帅之正堂。建筑虽经历代重修，但观察其宏大的斗栱，屋架的形制，可以肯定为元代的遗物。

这座县衙虽小，却有两件古物，引起历代人们的注意。一是石碑刻，名叫“碧落碑”，是唐朝高宗时期的篆书碑刻。这块碑刻在唐代就被当时的书法家赞之为篆书的范例。元代有人为了防备失传，又照样摹刻了一块，这两块碑刻原来都存放在县衙的花园里，现在已移到城北龙兴寺塔前保存。另一著名古迹，就是县衙的花园。唐长庆三年(823)，绛州刺史樊宗师写了一篇名叫《绛守居园池记》的文章，着意描写了这个花园，说它“亭台沼池，奇意相胜”，“树木盛茂”，“丽绝他郡”。这篇文章写得很深奥，用字遣词也非常古僻，很多人读不懂，因此后世文人竞相猜详，遂使这篇文章很有名气。文以景胜，景以文名。这个小小的县衙花园也就脍炙人口，吸引着不少文人雅士去观摩著名的“碧落碑”，去欣赏秀丽的“绛守居园”，去研读奥僻的《绛守居园池记》。宋代的欧阳修、范仲淹等人都写过诗词赞颂这座园池。

绛守居园现在新绛县新绛中学内，俗称莲花池。位于原来的县城西侧，绛州古衙

新绛城图

大堂后部。据《新绛县志》记载，园池创建于隋代开皇十六年，即公元596年，距今已近1400年，可以说是目前发现的我国最早的花园之一，是当时绛州的地方官临汾县令梁轨辟建的。当时为了解决绛州人民的用水问题，从郡北三十里外引来了泉水，部分流到县衙后面，因势开挖池沼、植树栽花，修筑亭台而成花园。樊宗师在文章中说：当时花园的景色甚为秀美，由于县衙位于城北的高地上，因此花园的地势就有高有低，泉水从高阜上顺渠直泻宽阔深邃的池沼里，直落而下形成三丈多高的瀑布，飞珠流玉，堪为佳观。跨渠有桥梁南北相通，池中筑有水亭名叫回涟亭，池中游鱼悠然。西南有虎豹门，门上有鲜艳的彩画。左画虎帅右画豹将，神采雄奇。园中建筑还有新亭、有井形楼台、有风堤，南面连着厅庑，可开宴席，

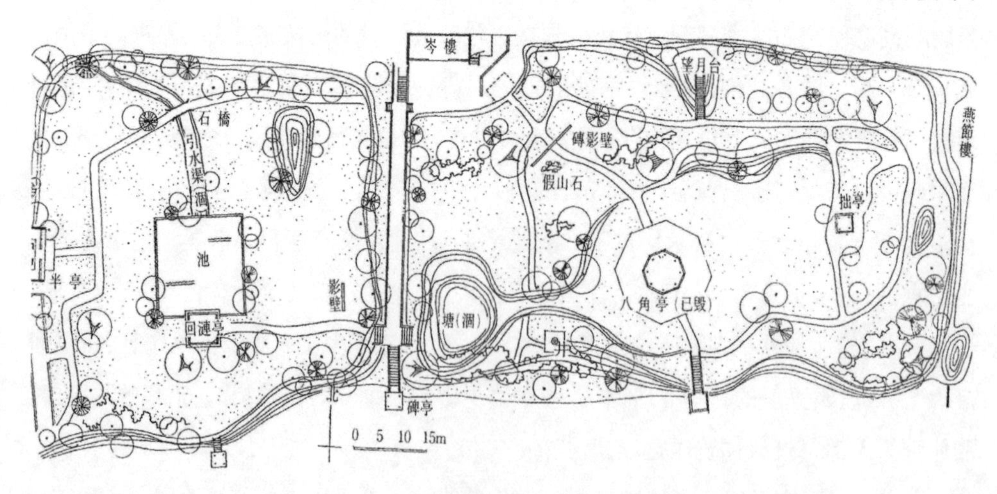

绛守居园图

民国年间绛守居园内合影（1932.4.30）

可接宾客。园中池塘居多，正东叫苍塘、正西叫白滨，池塘间有高地叫鳌蛛原。园内树木繁茂，高大的槐树，浓荫遮地，青翠的苍柏与古槐并峙，碧绿的蔓草，紫红的刺蔷点缀得锦园艳丽。梨花开时像一群白裳仙子在曼舞，桃花绯红发出阵阵幽兰清香，就是神仙也会为之陶醉忘归。

上世纪60年代我曾游过此园，徒手勾画过园池的平面及园景。近年又专程探访，虽遭十年浩劫之摧残，却尚存一些亭楼树木。此园现在虽列为省级文物保护单位，但墙圮楼危，亭窗洞缺，还乱建了不少房舍，已非昔景，亟待整修。

现存园池规模肯定要比隋唐时的“绛守居园”小得多，地形也有了很大的变迁，但一些景物的名称仍旧沿袭当时的旧名。整个花园南北宽约80余米，东西长为200余米，用一条抬高的甬道将园子分隔为东西两个部分，西部主要为一个方形的池子，原来有一条水渠通向池塘，现在渠已填塞。临池筑有水亭，就是回涟亭，歇山顶，见四角有微翘，瘦长窗棂，比例高耸，木平台挑出，池岸条石齐砌，亭台北侧各有对联一副，南曰："放明月出山，快携酒于石泉中，把尘心一洗；引熏风入室，好抚琴在藕乡里，觉石骨都清。"北曰："快从曲径穿来，一带雨添杨柳色；好把疏帘卷起，半池风送藕花香。"西墙依壁有半亭，东面有一影壁以相对应。池东北有小土山隆起，周围树木茂盛，绿草茵茵。园中甬道，部分有砖砌护栏，平直空花，夹堤槐松相杂，倒也浓荫遮道，分隔了两个景区。甬道北端为静观楼，又称嘉禾楼，两层瓦顶，筑在平台之上，南面长窗，为全园最高的视点。静观楼下小院门外，有一砖砌高大影壁，

新绛老街

顶嵌石刻四字匾额，似字似符，至今不解，或曰“紫气无疆”，或曰“万寿无疆”，仅是猜测而已。小院开有六角门洞，砖砌空花漏窗，度为近人所改筑，比例尺度都欠妥帖。静观楼东有一高土台，拾级而上，高约4米，名为“望月台”。登临远眺，汾水九曲，姑射山山岭绵延，龙兴寺寺塔雄峙，城中楼房毗连，山河一览，心旷神怡。记载台下有“望月渠”，却已踪迹全无；稍南正中原有一八角亭，现仅存废基；东为鳌蝝原，原筑有四方小亭名为“拙亭”，现也荡然无存，靠东墙北首有燕节楼小屋三间；南有土丘，传说为北齐时名将斛律光墓，未查核。园中影壁前有假山一堆，石杂形粗，可能是园中收拾聚此，未成造型，乱石丛堆而已。全园尚有十数株大树，多为槐、柏、松、桧。整个园池比周围低洼，故从南入园，铺筑十数级青砖踏步下坡。四周土坎围墙，绿树相障，虽不宽绰，却也幽静。纵观今日此园，虽已非昔日之隋唐名园，但还能袭承原意、精心安排。在这黄土扑面的小山城里，有这一块葱绿的园池点缀，甚为宝贵。如果从保存历史名园角度来考虑，这“绛守居园”遗址就更显得有价值了。

走出县衙旧址，就是高大的鼓楼，稍南有钟楼，这一组建筑都筑在高坡上，居高临下，雄视全城。城北有龙兴寺塔，为十三层砖构，建于唐，至宋代重修。塔与钟鼓楼成为整个城市制高点和所有街道的对景，进得城内，行人视线不由得全被这些高耸而雄伟的建筑所吸引，位置的摆布，定是经过一番斟酌的。

新绛县城，因受地形所限，形制不方正，据县志记载，在明初始筑城墙。洪武元年(1368)筑城，周围九里十三步，仅开南北二门，南曰“朝宗”，北曰“武靖”；东西二门为以后开设，因顺应地形，门也不相对正。城内划分为五个坊，坊名为桂林、安阜、省元、正平、孝义。后来将安阜、省元两坊合并为安元坊。城内设坊里，是隋唐时遗留下来的行政建制。从整个城市的布局来看，县衙没有居中布置，道路开设也没有呈严格的十字形、井字形对称格局。钟鼓楼紧靠县衙一侧，可能城市就是从西高坡地上逐渐向东发展的。而原先是水陆埠头，商旅繁华，街巷发展也就容易自发而不成规矩。从新绛历代建筑遗址及城市格局来看，新绛城内格局可能自唐宋以来就已形

从高处看鼓楼和龙兴塔

成。60 年代初我和董鉴泓先生来此踏察，汾河上游浮桥入城，看到城内民居及沿街店铺，明代和明代以前的建筑甚多，四周城墙完好，城门箭楼巍峨，钟楼鼓楼耸峙，土街深巷，古朴宁静。而今城墙拆除殆尽，钟楼、鼓楼尚存，虽已修缮保护，但城中央辟有 31 米宽的南北大街，飞车驰骋，尘土飞扬。随着几条新修街道的拓宽拉直，许多古老的房屋、街道都拆光了，隋唐名园之城的踪影已无复可寻。

重访新绛

2012年7月初，笔者率遗产保护志愿者劳动营在平遥梁村活动，绛州文物局局长邀我重访新绛古城。

上世纪60年代中期，我曾和董鉴泓先生踏察晋中古城时去过，滔滔的汾河在城边流过，河上架有船只并联铺板成渡桥。当年见到新绛的城墙还很完整，高大的墙体已有破损，但尚具规模。

入城见鼓楼、钟楼高踞在城北高坡地。鼓楼是少见的三重檐楼阁，造型俊美，已年久失修，屋瓦残缺，漏空的椽木，洒下格式的阳光。对面是刚修缮好的钟楼，规模较小，当时听人说修鼓楼的资金尚未着落，引起我的担心。

城内土街、深巷、民居古朴雅秀，还留有坊里的建制，巷口立有坊柱，这是唐代遗风。就在鼓楼附近见到了著名的唐代元帅张士贵的大堂和绛守居园，真是相见恨晚。我小时就迷恋薛仁贵的故事，知道张士贵这个坏官，而《绛守居园池记》是中学时读过的古文，对这座花园有精彩又深奥的描写，中学语文老师说若读懂了这篇文章，你们的古文就过关了，所以对其留下很深的印象。

当日宿县政府招待所，是夜突降大雨，汾河水涨，渡船冲散，渡桥不通了，只得继续留在城里。我心里觉得这是天意留客，好让我有时间仔细调研。我找了新绛中学几个学生帮助，借了皮尺，把绛守居园和县城的主要格局简图测绘下来，也画了好些

张士贵大堂

速写。那时胶卷很珍贵，要算计着拍摄。新绛古城给我留下了很深的印象，后来写成短文，收录在我的第一本笔记类小书《旧城新录》中。

上世纪 80 年代为保护平遥古城事，我曾多次到山西，听说新绛的城墙已拆，我担心那些鼓楼、大堂还有古园子，1984 年又专门去看了。当时新绛古城中开了条 30 米宽的大马路，唐代的龙兴塔，成为马路对景，显得景影孤存。几条新路的开拓，拆除了许多传统民居，原有古朴的唐代街坊格局已支离破碎，失去了当年景象。

60 年代初我和董先生沿同蒲铁路南下，一个城一个城踏察，沿线的古城太谷、介休、忻县、霍县、洪洞等，都有完整的古城风貌。

80 年代初在城市大发展“破旧立新”“城市要大变样”的呼声中，古城的历史遗存遭到无情拆毁，风貌也变化了。

我到过法国的世界遗产地卢瓦河谷，沿岸都完整留存着中世纪著名的城堡，每个城堡都有动人的故事——睡美人、白雪公主和七个小矮人、铁面人等，那些经典故事，留驻在经典的老宫殿、老宅、老街巷和法国田野牧歌式的经典场景中，当时的法国人自豪地生活在这些自古留存的生态和传统场景中，当然所有生活设施都现代化了，这里是世界上著名的旅游目的地。联想到我国的这些古城也不都有经典的故事吗？崔莺莺和张生的普救寺、苏三的大牢（洪洞）、孔祥熙的豪宅和家园（太谷）、霍县的古老县衙，介子推的寒食节（介休）……可悲的是现在许多古城毁了，只成了假古董的戏场。

1996年在确定第三批国家级历史文化名村时，我在专家委员会上竭力推荐新绛，因为我想只有被列入名单，才能保住尚存的整个古城和里面的重要文物古迹。当时几乎所有专家都不知道它，我拿出了新绛大堂和绛守居园的资料，介绍这是中国仅存的“隋唐名园之城”，一定要珍惜，新绛顺利进入了名单。有了名城称号后，引起了新绛人特别是领导者的重视，随后就有了一系列保护措施，一些文物古迹也逐步有了修缮。

从平遥乘车出发上高速公路一个多小时就到了新绛，阔别三十年旧地重游，汾河水面似乎缩小了许多，过公路大桥就进入一座现代城市中，钟楼、鼓楼均已按原样修复。城隍庙新修的牌坊金碧辉煌地竖立在原址，可惜全没了历史的沧桑感。

古城大环境变了，几幢古建筑周围全是新建楼群，我在鼓楼、钟楼上仔细查看，想寻回昔日的记忆，走出鼓楼高大的门券，坡道依然，却全不是昔日令人难忘的峻峭，

新绛民居

新绛绛守居园回涟亭

现代化的“大手笔”抹去了古城的遗韵。

转身进入了新绛县衙大堂，这原是张士贵挂帅印的地方，还在整修，一股古意扑面而来。因为早就确定为文保单位，就能认真保住原样，粗大的木梁、木柱，宏大的斗拱，看似元代的式样，覆盆莲花瓣的柱础，是宋代的东西，柱梁上的彩画斑驳，像是明代涂画的。我发现木柱上微有凹凸的柱面似乎是唐代木工留下的锛纹的印痕，大堂前院子里正在开挖考古遗址。在一米许的地下发现了砖块砌筑的甬道，查看这些砖块和残存物件应是宋代以前的东西，砖上的刻字有唐的风韵。我们曾在浙江宁波慈城做古衙城保护时也发现了唐代的甬道，两者形制较相仿，而新绛大堂的建筑年代比慈城早多了。看到了新绛大堂内外的历史遗存，令人兴奋，这是古人留下的踪迹，绛州大堂真是“唐宋元明清，从古看到今”。

大堂后面就是著名的绛守居园，花园创建于隋开皇十六年(596)，距今已 1400 多年，这是我国现存最早的私家花园，后来唐朝绛州刺史（县长）樊宗师写了《绛守居园池记》，着意描写这个园子，文章中记录的景色和一些建筑物，现在还能找得着踪迹。我回想着古园的旧貌，循着石铺小径，抚摸着古老的树木，当年我画下的迴涟亭依然临水傍立，砖砌大照壁上四个难认的篆字还存疑。园虽不大，树木葱茏，亭楼均已经过修缮，已不是当年破败的景象。水池堤岸，嘉树修葺，全不是现代园林式样。我诵读迴涟亭上的楹联：“快从曲径穿来，一带雨添杨柳色。好把疏帘卷起，半池风送藕花香。”这是唐朝老县令在和我们对话呀！熏风吹拂，蝉鸣声声，隋唐的古意顿时出现了。时空的穿越，往事千年，眼前的景色留住了往日的闲情。

当地现已将新绛中学迁出久占的大堂和园池，要全面恢复历史风貌。近年来新绛的经济有了很大发展，新城已初具规模，建设重点也向新区转移，古城中的居民也在逐步转移。

当今新绛人对过去古城格局的肆意破坏感到后悔和遗憾，向往古城复兴，当年的破坏现在是还债的时候了，这是摆在我们面前一个既令人高兴又难以下笔的题目。

被沙漠淹没的统万城

1980年，为探访西夏古都统万城，从铜川弃火车北上，经延安、绥德、米脂再折西抵达靖边县，这是长城边的一座小城。我已知道出城就是沙漠地区，没有道路，一般的车辆是开不动的，于是向县政府商借了一辆前后轮都能驱动的吉普车，清晨迎着扑面的风沙出发了。

出了靖边县城，往西北行数里，即见一片荒漠，一座座深黄色的沙丘，一直延伸到天边。细细的砂粒在阳光下闪烁晶光，沙丘表面布满着水样的波纹，这是狂风吹过留下的印痕。一丛丛的沙柳点缀着无垠的沙海，我们已来到毛乌素大沙漠的边缘。行约60里到了红墩界，这是一个不大的村子，是乡政府所在地。再行30余里，见到了红柳河，即无定河的一脉，河水清澈。越过红柳河是高大沙丘，登上丘顶，眼前迎来的是一座洁白色的城堡，屹立在沙漠之中，这就是北朝十六国之一的“夏国”都城—统万城。

这座古城迄今已有1500多年历史，因为残存的城址呈白色，当地人称为白城子。该城在历史学与地理学上都很有名，一是西夏国的首都；二是被沙漠掩埋了的城市，过去曾认为这是蒙古沙漠南移的见证。在筑城史上，它以城池坚固和罕见的残暴筑城方式而引人注目。《晋书》上曾有这样的记载:“……残忍刻暴，乃蒸土筑城，锥入一寸，即杀作者而并筑之。”据说西夏首领赫连勃勃当年在督造城墙时，将土掺和了牛羊血层层铺筑，用夯夯实，再堆柴烧烤，以求坚硬。每层夯筑好就命兵丁用大铁锥锥之，如锥入一寸，即说明夯筑不坚，就杀夯筑的人。如锥不入，则认为兵丁不用力锥刺、检查不力，即杀兵丁。经实地观察统万城的城墙、马面以及一些建筑物的台基，都是用灰白色土版筑夯实，夯层清晰、整齐，每层厚 15 ～ 20 厘米，如同砖砌一般，确是非常坚实，虽经千百年的自然侵蚀，至今仍很坚固。据《魏书 · 刘弗刘虎传附赫连昌传》记述，“其坚可以砺刀斧”，诚可信。这位西夏首领赫连勃勃，本姓铁弗刘氏，名屈孑，407 年称王，他好大喜功，说：“帝王者，系天为子，是为徽赫实与天连。”因而改赫连。413 年，驱役十万民众于朔方之北、黑水之南筑都城，取名统万，寓“统一天下，君临万邦”之意。

晋朝末年，赫连勃勃乘晋内乱领兵南下，夺取长安，自称皇帝。他为人残暴，曾堆砌人头号骷髅台。对待侍臣也极狠毒，有人怒目视他，要被剜眼；当面笑者，被割唇；直言谏奏，则先挖舌后杀头。这个暴君在位十三年死去，他本想统治万国，传位百世，可只传了一代，于 427 年为北魏所灭。

统万城城池面积约 0.7 平方公里（不包括外城），有三重城墙，由东城、西城及外廓城组成。东、西城为长方形，由中间一道城墙分隔成两个部分。东城周长 2566 米，占地约 730 米 × 500 米；西城周长 2470 米，占地约 650 米 × 500 米。四边城墙除西

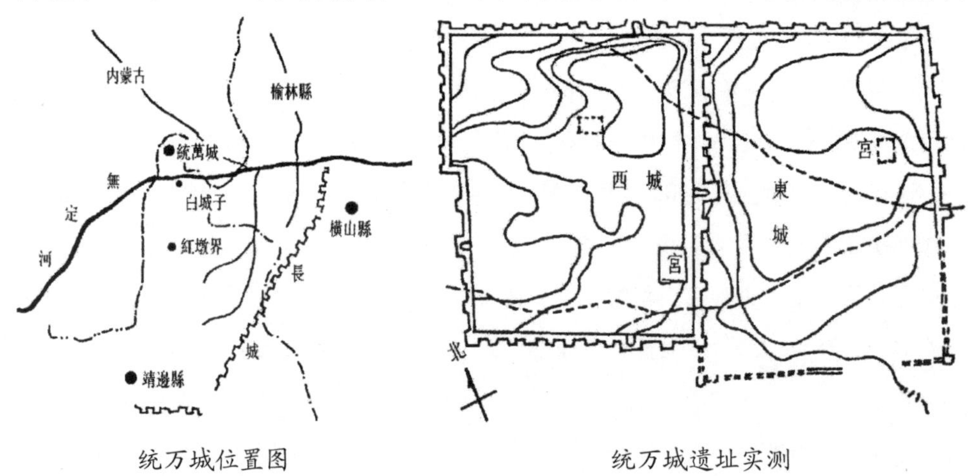

统万城位置图　　　　统万城遗址实测

城墙略有曲折外，均较平直，基本呈直角相交。城的四角都有突出的方形墩台，估计为角楼遗址。西南角的墩台最高，达 31.62 米，雄踞于城垣之上。沿城墙四周，筑有密排的马面，西城南墙的马面较为特殊，既长大又宽厚，每座长 18.8 米，宽 16.4 米，现存高度为 14.2 米。马面的作用，为守城防御战时，射敌兵将之用，加长加密，则更可组织侧射火力。赫连把南墙修筑得格外严密，主要为了防御中原方向来的敌人。据考古发现，南面的马面里还建有仓库，内藏木材、粮食等。马面内建仓库，这在城市建设史上是少见的。

西城四面开门，南门名朝宋、东门名招魏、西门名服凉、北门名平朔。从名称上可看出统万城四面的邻国及友敌关系。东城西墙即西城的东墙合一为招魏门，北墙无门，东墙有一门，南墙有无门不详，均无记载。

外廓城在东、西城的南面，依河北岸呈西南、东北走向，然后折向西。地面上仅留存几段隆起的土堆，已不明显，无法确定其位置及范围。

城内有几处宫殿的遗迹，一在西城的东面有夯土围墙，殿有三间，筑在夯土台基上，另一处在东城偏北。根据史书记载，城市的布局基本上沿袭了汉民族的传统城市规划制度，宫城居中，宫左有祖庙，宫右设社稷台，修建了祭礼用的明堂，有御花园，开池沼、堆土丘，宫房殿阁连成一片。从残存的遗迹看，当时的一些建筑是很壮观的，如西城西南角楼，就极为高大，巨大的夯土墩台壁上留有六排横列的椽孔，孔内插横缘，上铺板，再外筑成栏杆式阁房。一百五十多年前（1845）清代榆林知府，地理学家徐松派横山县知事何炳勋前往勘查时，尚见此楼有“鸡笼顶式大厦……屋外飞檐八层……”《晋书》上写道：“高构千寻，崇基万仞。玄栋镂棿，若腾虹之扬眉；飞檐舒咢，似翔雕之矫翼。”这是对这些高大建筑物的描述。

西夏被灭后，改为夏州，唐宋以后为羌族所据，宋朝皇帝为了防止少数民族的反抗，下令毁城迁民，但城太坚固而无法拆毁，只好将居民全部迁走，统万城遂被废弃。统万城初建时，这里曾是一片水草肥美、景物宜人的地方。赫连勃勃出游到此，观看

统万城城墙、马面遗迹

了四周的景观赞叹道:“美哉斯阜,临广泽而带清流,吾行地多矣,未若有斯之美。”(《太平御览 · 三十国春秋》)即选此地为建都之址，而营建了统万城。在他攻占长安后，还是依恋这里水碧山青的风光，不愿将都城南迁。这样的自然环境，怎样会变成今天这种样子呢？通过多年的考察研究，主要是由于历代滥伐森林，大量开垦草原，植被遭严重破坏。从宋代到明代、清代，不断大面积地毁坏森林和草原，水土流失，底沙泛起，结果使沙漠像脱缰野马，吞没了耕地，填塞了河湖。古人写诗叹道：“茫茫沙漠广，渐远赫连城。”从统万城的变迁，联想到现在整个的陕北地区又何尝不是这样。考古资料证实，在唐代以前，陕北也是森林茂密、水草丰盛、湖泊星布，是适宜农牧的好地区。如今却是童山秃岭，沟壑纵横，风沙干旱，生产低下。

我站在统万城灰白色的残墙上，极目四望，夕阳西沉，荒漠茫茫，不禁浮想联翩；沉痛的历史教训必须记取，大自然的报复是毫不留情的，为了子孙后代的生存，生态环境的保护是多么重要啊!

当年我们去统万城，考虑到工作困难，事先用同济大学公函发给靖边县政府，请他们协助配合。靖边政府也认为是件重要的工作，县里也很少有人去。当时，我带着研究生李晓江，县建委、红墩界公社都派了干部陪同，白城子里还有居民是大队编制，有十几户人家，靠养羊放牧为生，他们都住在古城墙上挖出的窑洞里。

我们一行人到统万城是件大事。因为经年累月见不到外人，公社和大队决定要大开筵席欢迎我们，公社干部带来的食品，也就是一筐鸡蛋、一袋白面。于是在城里空地上垒起了一些石块，铺上几块门板当成桌子，天黑了点起了一大堆篝火，用汽油桶支起一个大铁锅煎鸡蛋面饼，空气里满是油煎蛋面饼的香味。开宴了，全大队的男人都来了，每人面前一碗白酒、一盆蛋饼，没有别的菜肴，我一数一盆摞着是十块面饼，一块面饼就是四个荷包蛋，那时不兴唱歌，就是围着篝火划拳吆喝着劝酒吃饼，我拼命吃，只吃掉一块半饼，也就是六个蛋了。李晓江胃口比我大，吃掉三块半，客人吃了剩下的就大家分着吃，不一会儿十几盆蛋饼全都一扫而光，月亮也升到半空，人也醉了。我们都走了一整天了，也累极了，都钻到窑洞里呼呼地睡去了。

第二天醒来我发现衣服上爬上了不少的虱子，有的已吸饱了血，肚子涨得通通红，像一粒粒红珍珠，赶快又掐又掸，但不觉得发痒，真叫虱多不痒。在城市长大的李晓江是生平第一次见到虱子，还仔细地研究虱子从哪里爬来的，因为在炕上是见不到虱子爬来爬去的，人睡上炕有了人味，睡熟了不动了，它们就会从炕缝里、席缝里钻出来，吸了血又会找个角落躲起来。

上世纪 80 年代以前，北方小城市生活卫生条件都很差，我们出差按规定只能住县政府招待所。北方都是睡的炕，炕上只铺一条草席，被褥要另外去库房借，这些被褥看上去是从未洗过，被沿头都是油黑发亮，但北方夜里很凉，不能不用，炕上会有一根铁丝，是供你睡觉时挂衣服的，也就是说脱光了衣服钻进被子，虱子不会爬铁丝，就不怕虱子爬到衣服上难以清理。我常出差，有经验了，总是带一条干净的床单，好裹在身上，回家后第一件事是带上干净衣衫去浴室，然后把所有外出的衣服用开水烫泡，绝对不能把虱子带回家。80 年代后滴滴涕和敌敌畏一出现，这些害人虫就逐渐被消灭了，只是苍蝇、蚊子现在还拿它们没有办法。

沙漠前哨榆林城

在我国的大西北，数百年来，由于人们对自然环境的破坏，致使广大森林茂密、水草丰盛的地区，逐渐地变成一片茫茫荒漠，面对沙漠这个残暴、冷酷无情的“巨人”，人们难道只能是叹息、懊丧、坐以待毙吗？不，人们并没有屈服，而是勇敢地进取。陕北的榆林城，就是牢牢地扎根在毛乌素大沙漠边缘的一颗绿宝石。数百年来，人们战胜了沙漠，在这里安居乐业，繁衍生息。

驱车行驶在陕北干亢的公路上，触目皆是一片灰黄，荒沙遮掩着一切。田地里沙多苗少，阵风刮起漫天飞沙，口眼都干涩得难受。车上乘客都无声地忍受着飞沙带来的折磨，忍受着疲惫和颠簸的困苦。快近榆林城了，忽地，地平线上出现了一片绿色的树林，纵的、横的、一条条、一行行的树林，笔直的穿天杨，茂密的榆树槐树，树干整齐地紧挨着，树叶在风中飒飒响着，树下渠沟里流淌着清凌凌泉水，在方矩阵似的防沙林中，纵横交错的方整田地里长着绿油油的庄稼，一直伸展开去，衬在远处灰黄的山丘下，更显得青翠葱茏，就连风也变得清凉起来。欣快的惬意袭上客人们的心头，车里人都活跃起来，榆林城墙黑黝黝的身影在绿荫中出现了。

榆林位于陕西北部，无定河的中游，北魏设夏州，明为榆林卫，至清雍正八年(1730)始设榆林县。历史上这里曾是万里长城上的一个小城堡，明朝为加强西北边防，重修了长城。1472 年，把军事指挥机构从绥德迁到此地，榆林遂成为长城沿线上的军事重镇，被称为“九边”之一。正是因为其军事地位的逐渐提高，榆林城池也一次次地被拓展。明成化二十二年(1486)拓展北城；明弘治五年(1492)拓展南城；明正德十年(1515)拓展南关外城。这三次扩建城池，历史上称为“三拓榆林城”，后来却被讹传为“榆林三迁”，并且把“三迁”作为沙漠南袭的典型例子，就更是以讹传讹了。

榆林城东依驼山，西临榆溪河，左山右水，北邻沙漠，巍然关外雄镇。城墙大部尚存，内土外砖，唯楼堞已圮。城南北长2100余米，东西宽800余米，呈狭长形。城中有一条贯通南北的大街，跨街有十座牌坊和楼阁，今尚存有星明楼、万佛楼、凯歌楼、钟楼四处，为明清时代建筑。大街两侧，南端及中段商店较多，大多为低层瓦

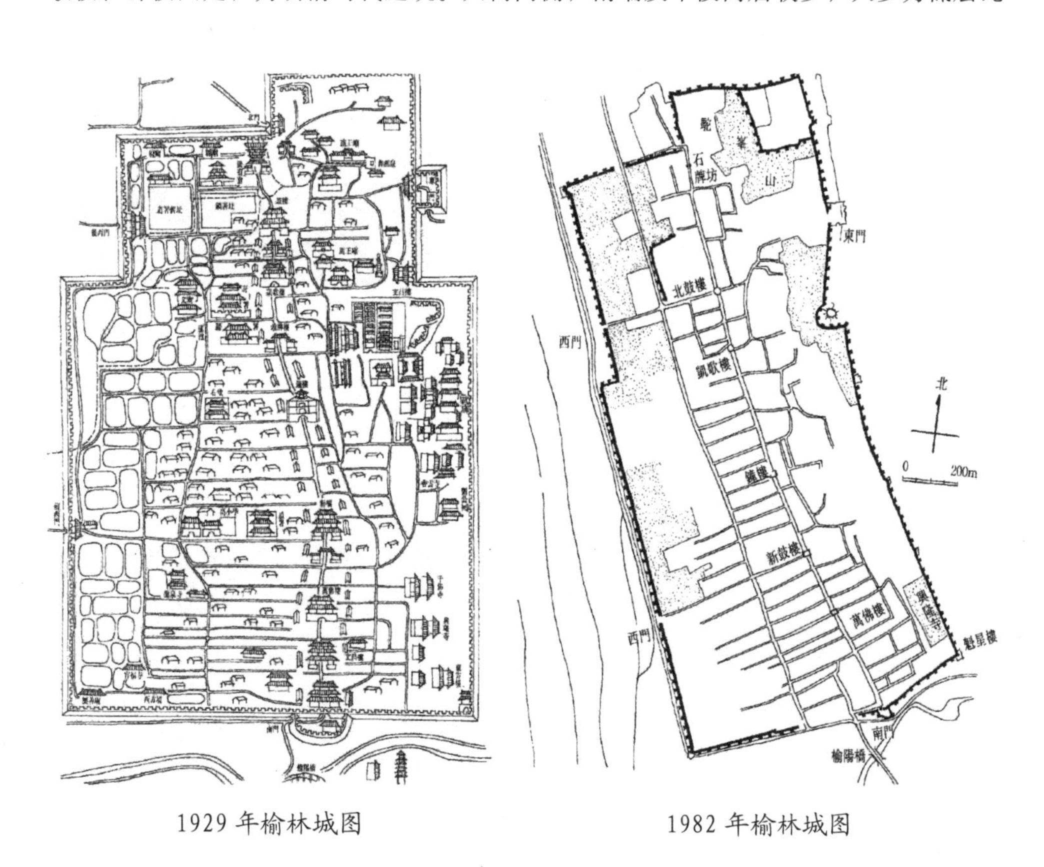

1929年榆林城图　　1982年榆林城图

榆林凯歌楼

万佛楼下

顶旧式房舍。长街古朴，雕楼重重，边塞古城的雄风犹存。

榆林城最初城址在驼山边，驼山麓有普惠泉，水涌成渠，城池就泉而筑，居民称便，至今仍为城市主要的水源。城最初的范围较小，即在今称为北城的附近，上帝庙高台为当年的南城基，以后向北扩建，城墙在今北墙外。嗣后向南拓展至今凯歌楼，楼即当年的南门。

榆林城几次拓建是在原地发展的，主要是凭借这个优越的地理条件，同时也由于植树造林，改善了城市周围的自然环境。

城北约三公里处，有红石峡。峡东、西对峙，榆溪河穿峡而过，水势湍急，绿柳夹岸，芳草护溪，雄峻而清丽。两岸岩石呈红色，上满布摩崖题刻，多为明清边防战将所作，皆激昂慷慨之词，如“雄镇三秦”“中华天柱”等，反映了当年边防将士的战斗豪情。清代的左宗棠在此也有题咏，他任陕甘总督的十年中，倡导植树造林，绿化边疆。当时西北的人们把他倡导栽种的榆柳，称为“左公柳”。有人感于唐诗中“羌笛何须怨杨柳，春风不度玉门关”，写出“新栽杨柳三千里，引得春风度玉关”，以赞左宗棠做了一桩大好的事情。左宗棠不仅能带兵打仗，也懂绿化造福于后代，后世的百姓就永远记得他的好处，“左公柳”之称，就是西北人民心里的丰碑。

今天的榆林比之左宗棠左文襄公时代又有了更大的发展，人们创造了整套的抵御和控制流沙的办法，在古老的万里长城之边傍，筑起了一道道“绿色长城”。今天，榆林当然已不再是关外军事要塞，但它却是与沙漠战斗的前哨城市。

黄河陡崖建危城

佳县位于陕西省东北部，与山西省临县相邻，原名葭县，“葭”的意思是初生的芦苇，因城附近有葭芦河，崖岸多生芦草，因而得名。又因葭字较生僻，1964年改葭县为佳县。

县城城址位于黄河与葭芦河的交口上，三面临水，一山耸峙，县城踞于山巅。城墙依随山势，垒坷而筑，顺山蜿蜒，形险势峻。全城平面形状似一残叶，濒临黄河，陡崖百余尺直下河滩，层岩裸露，突兀峥嵘。城崖之下，滔滔黄水汹涌浩荡，更显城池之雄奇。

由于佳县县城依天然山势，东凭黄河天险，南仗葭芦河水，居高临下，独耸金汤。志书上写道：“乱山回绕，川水夹流，崎岖险阻，边方用武之地。”因此自古有“铁葭州”之称。史载，秦、晋及清同治年间的三次攻战，都因此城奇险而难下，数攻不克而退。抗战时日本侵略军曾隔岸炮击，亦未能渡河入城。在“文革”武斗时，县城为一派所据，另一派集地区十二县之众，动用炮火实弹，围攻一月，终未能破。由此可见，佳县筑城所得地势之险固。

佳县，春秋时属白翟地，战国时属魏上郡，秦时亦属上郡，汉属西河郡；南北朝西魏时设真乡县，隋、唐亦为真乡；金大定二十四年(1184)改名为葭州，明洪武七年(1374)降州为县，属绥德州，后又改为州，清乾隆废州为县直至今。

佳县城区因山势而呈不规则形，南北长约1500米，东西宽约500米，面积约0.75平方公里。城墙用石块垒筑，分南北两城。这是因为在明洪武初年，兵少难防，遂于北部建城，明隆庆以后因旧城小而扩筑南城，清顺治年间(1644 ~ 1662)按此重修而成。现城墙残垣尚存，高约15米左右，宽3米。

城市的交通只靠一条公路盘旋而上，交通甚为不便。濒临黄河处，也为陡崖石级。在黄河渡口，至今仍是木船人划强渡急流，不可能有大宗货物来往。

城内分布了十数条石铺道路，随地势起伏，只有一条主要街道，两旁集中了全县的公共建筑及设施。房屋大都为窑洞式石券建筑。近年也新建了几幢大楼。

观察此城的建造，可以看出，其主要是因为地处险要，为满足兵防要求而设。城市四无依靠，孤耸山巅，且无发展余地，仅有雄奇之表而缺富足之源，但在城市建设史上却是一个有特色的例子。

在北城之东，黄河岸边一高隆的岩丘上，有香炉寺，为佳县一佳景去处。丘旁一孤石高耸，围可四五丈，高有六七丈，石顶平敞，就在独立孤石顶面建有一屋，名观

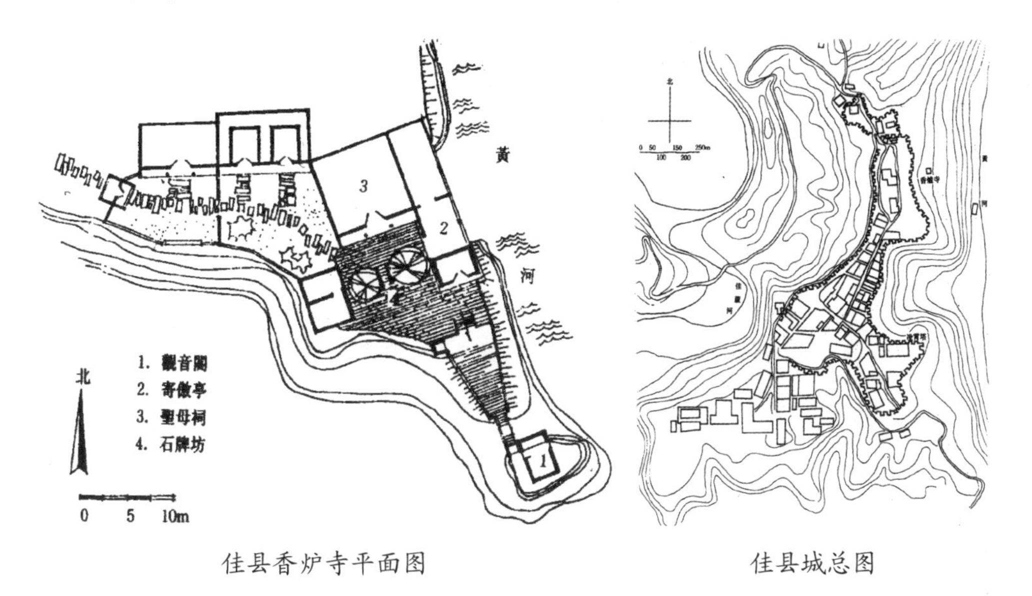

佳县香炉寺平面图　　佳县城总图

晋陕交界处，黄河陡崖上的香炉寺，右侧即山西

音阁。石峰与岩丘间，横木为桥，桥长四五步，临虚悬架，桥悬阁危，孤石耸峙，四际无依，风吼涛急，实为奇境，胆壮者方敢跨桥登阁。峰东有寄傲亭、圣母祠等，亭实为临黄河之山屋，地板一半出挑，脚下即滚滚黄水奔腾，推窗俯瞰，身如置空，又是一处险境。香炉寺这组建筑，充分利用了所处的独特地形，在磊磊的石岩旁，濒滔滔的黄河滨，孤石危阁，险峰小筑，取其高耸地势，用其临水的凭空，构成一组奇妙风光，堪为山城增色。

佳县城南十里有白云观，也是建在濒临黄河的一座孤山巅上。从山上一进门就是一条200余米笔直的坡道直达山顶，石级石栏粗壮质朴，钟亭、牌楼、山门、二门、门关重重，寺观规模宏大，有五重殿阁，另有偏殿廊庑，共百余间，正在油漆整新。

我与研究生李晓江在1980年去时，见寺观香火鼎盛，香客云集。晌午，听见云板声声，有人呼喊："吃面了，吃面了！"循声找去，只见几个小道士正忙着在一口大锅内捞面条，长桌上放满盛好的面碗，人们纷纷自行取食。询问后得知：凡来此的香客游人均免费供食宿，我惊讶之余拜见观主道长。他告诉我，白云观地处陕西、山西、内蒙古三省交界，历来四方香客众多，山民好捐施，近年每年有数十万元（人民币）收入。道长要我爬上主殿神龛，掀起绸缎的袍服，触摸主神——真武帝君的身躯，我仰视这高达5米的神像，不禁惊讶发问："通体都是铜的吗?"道长含笑答道："这是去年山民自愿募赠的，为防有人阻拦，分五处分段铸造的，都是好铜啊!"

当时观中正在重塑神像，十数名工匠忙得起劲，塑造有近百尊各种神仙和圣人塑像。可惜由于山区偏僻、匠师少识，这些神像可说是个个身段笨拙，其貌不扬，可惜了这些钱财与功夫。观光之余深感陕北山区宝藏之丰富，建筑之艰险，人民之朴实，文化之落后。

2002年见报载，佳县白云观遭火灾，主要建筑被焚，甚为痛惜。

九边重镇大同和杀虎堡

山西大同以北的长城，是万里长城的一部分。在长城沿线，分布着不少军事城堡，明代雁北地区的这些城堡，几重长城，加上边墩等防御设施，组成了一整套严整的边防体系。

明代建国初年，大同为九边重镇之一。从地形上看，大同周围为平川，位置重要，据《读史方舆纪要》说："府东连上谷，南达并恒，西界黄河，北控沙漠，居边隅之要塞，为京师之藩屏。""女真之亡辽，蒙古之亡金，皆先下大同，燕京不复固也。"明初，这里驻扎了重兵，封藩代王于此镇守，并以大同为中心，建立了雁北一整套军事设施。

明代边防的兵制是设都司、卫、所。军事长官则分镇守、分守、守备，分别由总兵官、副总兵、参将等担任。山西行都司，下设大同左卫、大同右卫、大同前卫、大同后卫、朔州卫；再下为千户所，如马邑千户所、井坪千户所等。

这些卫、所，根据地势沿长城分布。此外又设大边、二边，就是在长城外再筑二道边墙，在险要地段设城堡，城墙上筑敌台、墩台，以司望、报警、驻兵防守。"大同边防共有城堡六十四座、敌台八十九座、墩台七百八十八座。"(《明会典·镇戍五》)

明代雁北的长城就是由这些墩台、卫所、城堡，连着层层的城墙，构成了整套的防御工事。如军事重镇大同，就有大同五卫(前、后、左、右、朔州卫)、阳和五卫(迤东五卫)，以及大同前沿边墙五堡(宏赐堡、镇边堡、镇川堡、镇羌堡、镇河堡)，

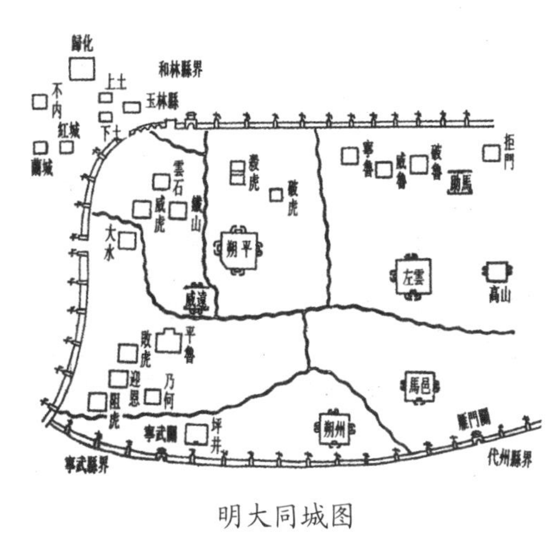

明大同城图

加上每隔二点五里设边墩，这样加上两边前后共达五道防线。

到清代康熙年间平定葛尔丹后，长城南北得到统一，这些边防城堡的防御性质也就有了改变，成为关内外人民交往贸易的边卡和行旅驿站。驻军也仅为维持地方治安，一些城防设备逐渐废弛，边堡的壕沟年久为沙土填平，边墙也有倒塌。

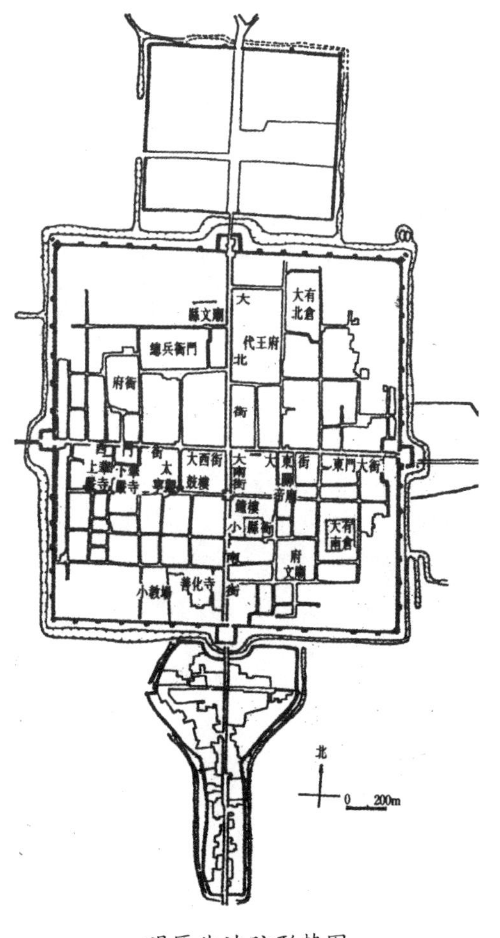

明雁北边防形势图

这些城市的共同特点是按军事要求选址、建城，有规则地修筑。从明代雁北边防城堡图上，可以看到这些按着防御战略布防的卫、所、堡等，非常严密，连取的名称也是反映了敌人的凶猛和御敌的决心，如阻虎、威虎、破虎、败虎、杀虎等。这些防御城堡的城防设施完善，城内大多为军事设施，以及为其服务的一些建筑和宗教建筑，街巷整齐，但很少有热闹繁华的商业街道。

大同旧影

大同

现有大同城垣，系明洪武五年(1372)大将军徐达整修并包砖，作为九边重镇之一，是明初在北方修建的第一批防御城堡，边墙防务长官的驻地，其辖管的长城段落西起偏关东北的鸦角山，东至天镇东北的镇口台，全长六百四十七里。明初建的城是正方形，周围二十里九十丈，东、南、西、北各开一门，门上均建高大城楼。城内布局为典型传统的十字街，主要大街正对四个城门，其余为通向这十字街的次要小巷。明初封代王于大同，代王府在城中偏东，现存著名的九龙壁，即当年王府门前的照壁。

城内有众多的军事机构及设施，如总镇署、中营、左营、右营。在北门有大教场（内有演武厅一座），西南隅有小教场，北城外小城称草场城，为军士驻地。另有规模较大的军需粮仓，如“大有南仓”“大有北仓”。大同市内有几处辽、金时代的寺庙，城西南有上、下华严寺，南门附近有善化寺，这些古建筑都是重要的历史文物。十字街交叉附近，清代建有四牌楼，跨南北大路有鼓楼，偏西有钟楼，这些建筑和城楼现在都已年久失修，墙圮顶坠，有的已陆续拆毁。

至清代，大同成为与蒙古进行茶、马交易的中心。在南门、北门、东门都发展了关厢地区，并另筑了城墙。

出大同西北，有边防城堡左云和右玉，这原是大同左卫与右卫的两座边防卫所。60年代我们去踏查时，基本还保持原来面貌——土街、泥屋；但军事设施和一些庙寺都很有气势。右玉城墙外堆积着蒙古刮来的黄沙，有几段城墙已与黄沙相平。居民贫穷、纯朴。

左云

边防城堡左云于明洪武廿五年(1392)开始筑城，永乐七年(1409)称大同左卫，筑城完。明正统年间将边墙外的云川卫并入，改为左云川卫，并将城墙包砖。城周长十里一百二十步，高三丈五尺，有城门三，南为拱宸、西为靖远、北为控朔，东倚山岗，上建一楼，以便眺望，城四角建角楼。

洪武二十八年(1395)，移太原及平阳住民为兵户，在此屯田守卫。左云城实测南北约为1539米，城周长6274米，城墙高(不连女墙)11米，城墙马面底宽12.7米，深5.8米。县志载，城墙有马面楼铺46座，实测连角楼为44座，每边为十座。城东半部顺山势建造，西墙外临河，南、北、西三门外均设瓮城，瓮城内壁大小为49米×31米。北城墙包砖甚完好，墩台也完好；北城门处正对瓮城外，有翼城，实测翼城顶宽4米，长48米。南门外有南关，另有城墙，系明万历三十八年(1610)拓修。所谓瓮城，就是为了加强城门的防御，在城门外再筑一圈城墙，在城门的一侧瓮城墙上再开一个瓮城门，这样两座城门不是直通，行进时要转个向，增加了路线，在外人进城时，可先放入瓮城盘查；作战时也可放小股敌人入瓮城中，均在城头射程之内，两门一堵，岂不成瓮中捉鳖之势，故曰瓮城。翼城也是为加强保护城门，而在城门一侧建筑纵向伸出的城墙，以组织侧射火力。

左云城内道路为十字形，交叉处建钟楼，跨街建造。城内多军事机构，如左卫、云川两卫经历司署、神机库(兵器库)、草厂(草料仓库)等。寺庙也很多，现在南北大街上还有文昌阁(魁星楼)、关帝庙、鼓楼(鲁班庙)、太平楼等，城内沿十字街分布不少民居，也有不少荒地农田。

右玉

这也是明初沿边墙修建的设施城堡之一。初建于明洪武年间，永乐七年(1409)建大同右卫，城垣修筑完毕。明正统年间，将关外的玉林卫内迁附入大同右卫，改称右玉；以前也称朔平，清为朔平府。明嘉靖四十五年(1566)重修，万历三年(1575)城墙包砖。城墙周围九里八分，连女墙高四丈二尺，阔三丈五尺。实测东西约1117米，南北约1460米，城周长6083米，城墙上阔18.5米。有四个城门，东为和阳、南为永宁、西为武定、北为镇朔。有瓮城，正对瓮城门外有翼城，瓮城外还有月城。南门

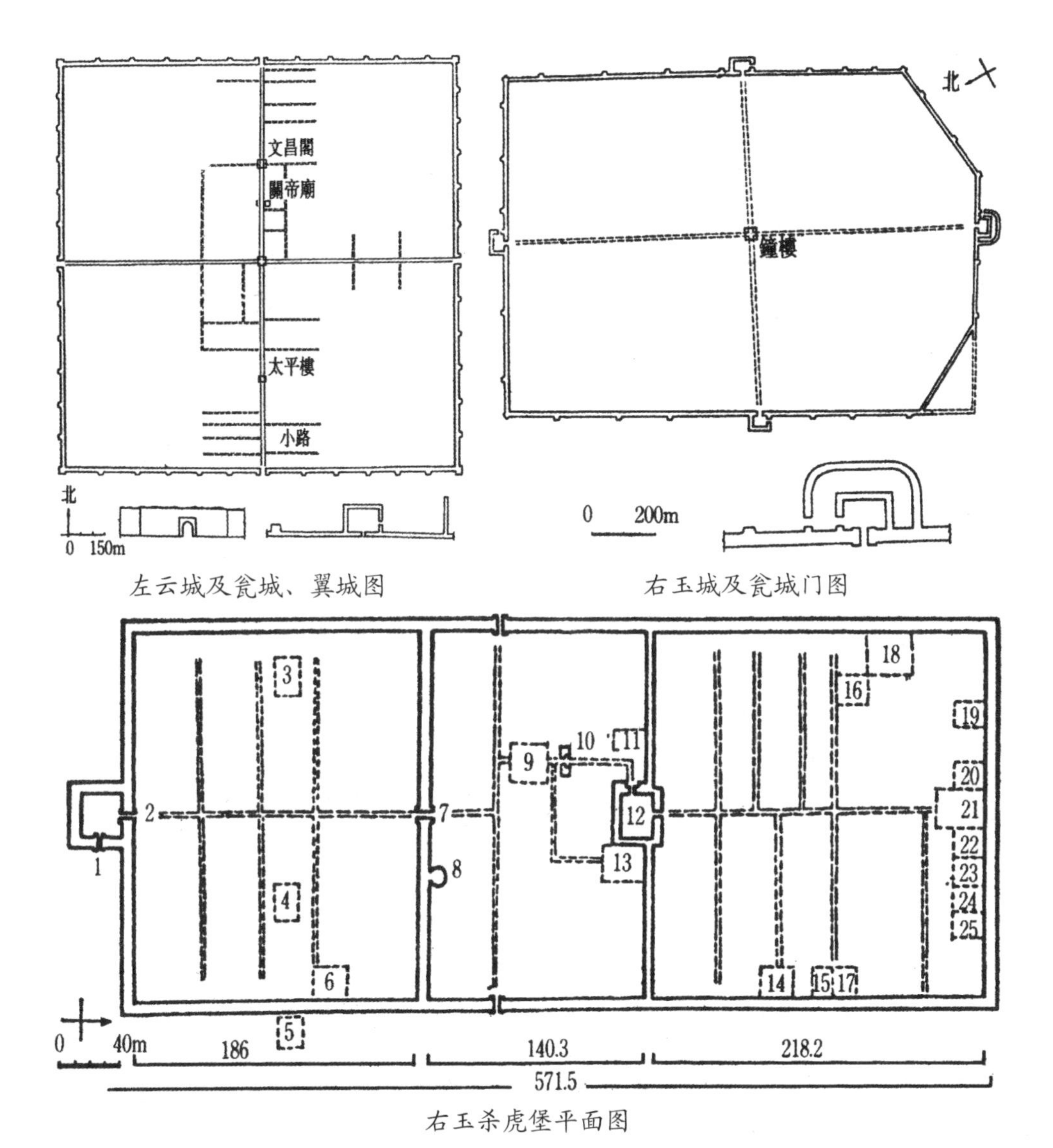

左云城及瓮城、翼城图

右玉城及瓮城门图

右玉杀虎堡平面图

1. 蓄威门 2. 平集堡 3. 巡检 4. 都司 5. 把总 6. 观音堂 7. 镇安门 8. 墩台 9. 三官庙 10. 门墩 11. 三皇庙 12. 杀虎堡 13. 关帝庙 14. 城隍庙 15. 释迦佛庙 16. 协统 17. 石王庙 18. 小校场 19. 仓库 20. 鲁班庙 21. 玄武庙 22. 火神庙 23. 瘟神庙 24. 白衣庙 25. 奶奶庙

雁北长城遗迹

瓮城内壁大小为 70 米 ×35 米，月城距瓮城外壁 30 米，呈半圆形，月城门与瓮城门相对，瓮城门与城门则转一方向。府志载，城上敌台 28 个，实测为 26 个，敌台马面：底宽 10 米、外宽 10.4 米、深 5.5 米，垛口 564 个。城西南角在清末为河水冲毁，另修一小段城墙补缺口。

城内正对城门的街道形成十字街，交叉口上原建有鼓楼，已毁，城中有将军府、都统署、县衙、库官等房舍，还有粮饷府、常丰仓等仓库，并有许多寺庙。城内民居皆为一二层建筑。该城位于杀虎口通往内蒙古的商路上，清代以来，也有一些商业。近代通内蒙古的京包铁路修通后，失去其经济上的作用而荒芜下来，城内除沿大街有一些住房外，其余大多为农地。

杀虎堡

明时称杀胡堡，在右玉县西北二十里，紧靠北边墙，原为由右玉通往内蒙和林格尔的要道。明嘉靖二十三年 (1544) 筑堡，万历二年 (1574) 包砖，周围二里，高三丈五尺。万历四十三年 (1615) 在其南另筑一堡，称平集堡，周围亦二里。后又于新、旧堡之间东西筑墙连成一体，周围长五百四十丈共三里。杀虎堡只有南门，带瓮城；

北墙正中下面建玄武庙；中间的夹城有东、西两门，估计为后来所开。经实测，杀虎堡南北约 216 米，平集堡 186 米，夹城 140 米，全长 571.5 米，东西均宽 236 米，周长约 1731 米。两堡犄角相望，堡内驻扎有巡检、都司、副将、守备、把总等官卫，并设有校场、仓库。堡内有许多寺庙建筑，这些庙都是与打仗有关的，如作战要讲义气，有关帝庙；战争胜负靠运气，祈求神仙相助，有玄武庙；要建房筑屋、动土木、建工事，有鲁班庙、石王庙；防火有火神庙；防病有瘟神庙；生了病，死了人，求庇护，有观音庙、奶奶庙，还有马王庙，等等。这些庙堂规模都不大，有的只有一间。而堡内都只有一条南北向主要街道，向东西伸出一些支路。当时有密集的营房等建筑，现已大部荒芜，只有十数户住家，其余已开垦耕种，城墙等保存尚完整。

杀虎堡西北一里多即为长城的关口，称杀虎口，原有关门，清代改为栅口。其旁在长城内侧有清代建的炮台一座。关外沿车马大道形成一处市集，清代由右玉至杀虎口，通往口外内蒙古和林格尔的商路经此，关口内外骡马店很多。杀虎堡一度也很兴盛，京绥路通车后，这里逐渐荒芜。

（左云、右玉、杀虎堡所示数据皆为 1963 年随董师鉴泓实地考察时现场勘测，徒步丈量。）

上世纪60年我和董鉴泓先生去大同调研，亲见大同明代的城墙和四座城门楼虽已破损但雄姿犹存。至80年代大同古城内还留存成片的明清时代的老民居，是北方仅存的有历史风貌的地区级古城。那时全国的历史古城大多正经历着拆旧建新的城市改造。右玉古城还在，左云的古城墙和仅存的翼城、瓮城、县城等全都拆光，人们再也看不到真实的古代完整的边防设施了，90年代我带领邵甬博士协助大同市制定历史名城和历史街区保护规划，大同市城市规划局和规划设计院的同志们都很支持，合力完成。

到了2005年传来消息，新调来的耿市长，认为我们做的保护规划不是积极的保护。大同是辽代的国都，他要重现辽代城市的风貌，要改变现存落后破败的景象，于是把历史传统民居大都拆毁了。为此事，我们曾向大同市提出反对拆迁这些规划法定保护的历史地段。可是很快地城墙全部重修了，新的城门楼也造起来了，城里拆了老民居，建起了四五层的楼房，盖上了所谓辽代的大屋顶，媒体大肆赞颂，市长也有了政绩，一座原本留有原真古代城市风貌的历史文化名城变成了不伦不类的假古董的布景戏场。

今见报载，耿市长调任太原市常委代理市长，大同市民联名请命挽留，似乎这是位大好官，老百姓不舍得他走。可悲的是广大群众还有高层领导已经形成了错误的理念，认为这就是名城保护的正确做法，现在中国的城市遗产遭遇到又一场造假古董的大劫难，中国的名城保护还有得救吗？

票号城市平遥

山西省中部平遥、太谷一带，土地贫瘠，人多地少，历来乡人多出外经商谋生，县志上说："竭丰年之谷，不足供两月，故耕种之外，咸善谋生，跋涉数千里，率以为常。"明末清初，山西平遥等地的商贾足迹，几乎遍布全国，"北达内外蒙古、莫斯科，东南至香港、南洋诸岛"。多年的惨淡经营，逐渐垄断了全国的一些行当，如染料、绸缎布匹、山货等。

随着商业贸易的发展，必有大宗的货币、钱钞来往，而这些货币钱钞的转移、递解，特别是长途运送，一直是非常危险的事情，于是就产生雇佣一批武艺高强的镖客，保护钱财运输的镖局。在许多武侠小说中，就有不少护镖夺镖的精彩描写。但这终究不是十分安全。长期经商的山西人，终于想出了见票开钱的办法，创办了中国独特的票号业。但是，这种见票兑钱的票号资金要雄厚，给客商要有信任感；票号总行和各分行要互相守信，共担荣辱。因此，票号大多为山西人开设，讲究用本家、同宗、同族、同乡，以求血缘干系。另外，票号又都是以山西人开的大商行为后盾，如票号"日升昌"，原是颜料行，"蔚盛长"原是绸缎铺，"存义公"是布行，以后都成为专营的票号。这类事业的发展，使这种票号的业务，几乎全为山西人所独揽，如我国的银行界元老孔祥熙，就是紧邻平遥县的太谷县人。

这种票号又称汇票庄，起始于清代康熙乾隆年间，至其极盛年代，全国票庄共有十七家，其中平遥占七家，太谷三家，每年汇款额达白银一千万两以上，包办了全国的汇兑。这些票号的总号均设在山西，以平遥最为集中，分号除京城外，遍及全国各大城市，并远及日本、南洋、蒙古及俄国的彼得堡、莫斯科等地。

清朝末年，银行业兴起。银行的经营方式比票号先进，票号业逐渐衰落。更由于山西票号与清政府经济相互依存，辛亥革命爆发，清朝政府被推翻，票号也就大多倒闭了。

票号业的发展与兴盛，给平遥城注入了活力，许多票号的总号设在平遥城内，这些票号的老板也在城里修筑起宏丽的住宅，使整个城市街衢整齐，多高墙大宅。自清末以来，平遥未经战火，而近几十年来，整个平遥城由于工业、交通不发达，较少有建设活动，街道房舍也没有拓宽翻修。在十年“文革”的浩劫中，由于平遥县较为偏远，没有外地“红卫兵”的干扰，居民们也都精心保护他们祖传的房屋，将房檐上的木雕花饰，墙上的砖刻等用黄泥涂抹掩盖，防止了那些无知的狂热分子的破坏，使这座城市从里到外，基本上保存了明清以来的风貌，这在全国城镇中是为数极少的。

平遥县城区总面积为4.2平方公里，有47000余人，县城附近相传为帝尧的封地，

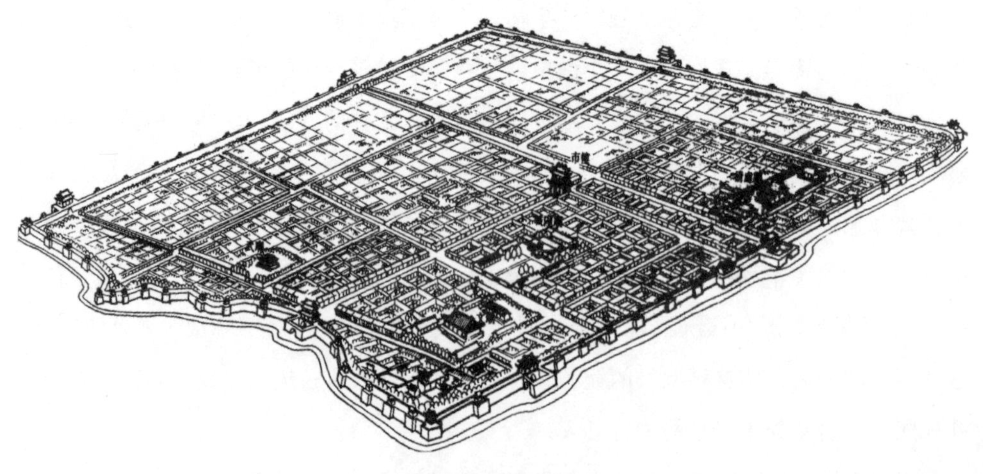

平遥古城复原鸟瞰

平遥街景，远处为市楼

史称为古陶，后称为中都，春秋时为晋国的古邑，汉代置为京陵县。经三国、两晋，北魏时设平陶县，因避魏太武帝拓拔焘同音字之讳，改称为平遥县。平遥的城池始建于周宣王时(前827～前782)，当时城制尚小，现存的城墙是明洪武三年(1370)重筑的，以后明嘉靖、万历时有过较大的修葺，并加砌砖面，在清代康熙、道光末年又曾维修过，遂保存至今。

城墙全长6157米，墙身素土夯实，外包砖石，顶铺砖以排水，外作垛口。城墙高10米，外墙每隔一段筑有马面，上设窝铺。马面为城墙上向外突出的墩台，可供望和发挥侧射火力。窝铺即为在马面墙顶上筑的小屋，供士兵避风雨、贮兵器之用。全墙共筑有马面、窝铺72个，城垛、垛口3000个，据说是象征孔夫子的七十二贤和三千弟子。整个城墙略呈方形，南面因受河道影响，顺河势修成弯曲状；南北各开一门，东西各开二门，城门外筑有瓮城，城门上有城楼，可惜已毁；城墙四角原也有角楼各一座，亦不存。沿城墙外四周，开挖有护城河，宽、深各一丈，六座门外原有吊桥，沿河植有杨、柳、槐树。

平遥街道可分为四种，大街是通向各个城门的主要道路，宽约 4 米，可通行两辆马车，两边多为店铺；巷里是次一级的道路，为居民的住宅地段，只供人行，宽 1.5 ~ 2 米；马道是顺城墙内侧环绕一周，宽约 5 米，为城防需要供巡警驰马之用；庙街通向主要庙宇，两侧少有店铺。城内多票商住宅，清水砖墙高大而坚实，墙有堞口以防盗贼，宅门多装修讲究的瓦木门檐，高墙深院，巷道深长，与热闹的大街迥然相异，形成宁静的环境。由于城市富庶，大部住宅较为整齐，至今保存完整的不下十余处。

平遥的住宅平面布局多为严谨的四合院形式，沿中轴线方向由几个套院组成，院

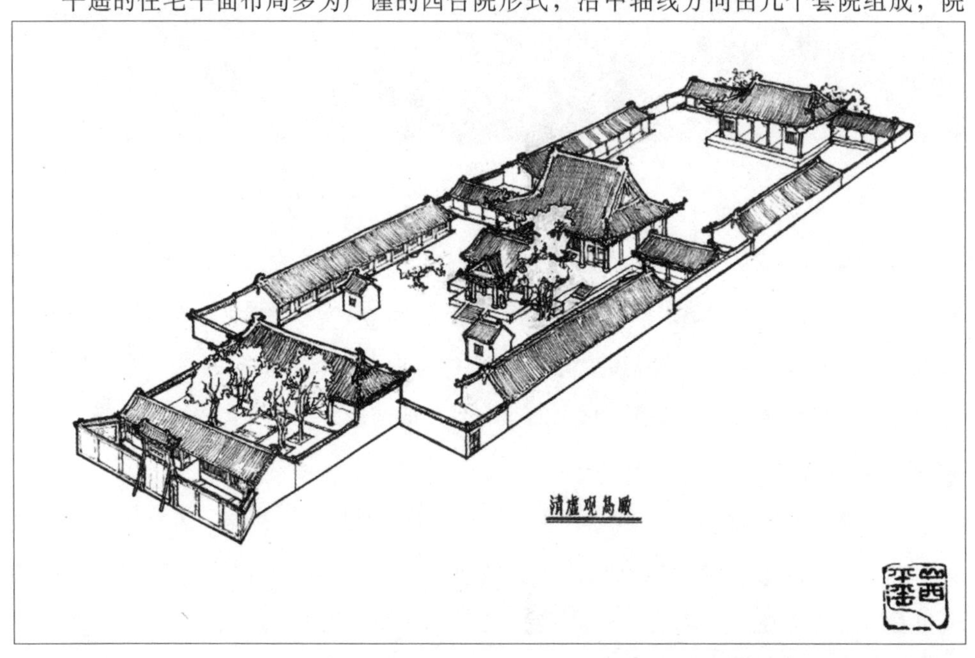

吴志强绘制的清虚观鸟瞰图（“山西平遥”印章是张庭伟的作品，《文远楼和她的时代》）

落之间多用装饰华丽的垂花门作为分隔。规模较大的宅子由几个四合院组成，有的在正房一侧或后院还建有花园。一般正房为拱式砖结构的锢窑，前部加木结构的披檐。柱廊上覆瓦顶，正房屋顶为平顶，有的上设风水楼。也有在锢窑上建一层木构双坡顶的楼，以抵抗两侧拱券的水平推力。山墙厚达 1.2 ~ 1.5 米，厢房及倒座等次要房舍，为木构单坡面向内院的瓦顶；院墙一般高七八米，不开窗户，外观坚实雄伟，像一座座小城堡。

檐口梁架，装修雕刻得十分精致，沿街巷口的宅门都特别讲究，门顶形式多样，有悬山卷篷，悬山有脊两坡、两坡不等长的半坡及披檐等。檐下用梁枋穿插、斗拱出檐，做法各不相同。有的用柱，有的做壁柱门墩等。大厅门扇上有门匾，书有“修德”“修齐”“繁鳌”“霞蔚”“乐天愉”等。

平遥城内外，还分布许多有价值的文物古迹。近郊有建于五代北汉天会七年(963)的镇国寺万佛殿，为我国第三位最古老的木构建筑，仅次于五台山佛光寺、南禅寺。文庙的大殿建于金大定三年(1163)，斗栱宏大，柱高 5 米，均列为省级文物保护单位。西郊的双林寺内有元代的彩塑、壁画，造型极为生动。如一堂罗汉，作者别出心裁，一个个不是端坐静立，而是充满生活情趣：有的提水，有的烧火煮饭，有的劈柴，有的卧床，有的练武；一座观世音菩萨则塑成扭腰侧坐的渡海观音，其造型丰胸柳腰，俨然一位窈窕美女；而护法尊者韦驮就是个肌体健壮的大力士；大门前的四大天王，个个神态不同，实为国内罕见的艺术珍品。其他还有宋代的麓台塔，城内有宏伟的市楼，华丽的城隍庙及保存完整的清虚观等。这样一座不大的城市，拥有这么许多的珍贵文物和古建筑，且历经浩劫未遭损毁，真是难得。尤为重要的是平遥县城从城墙到城内街道、住宅、庙宇、楼塔，基本上保持了较为完整的古代城市格局和风貌，更难能可贵。

“刀下留城”救平遥

1981年初，同济大学建筑系接受山西省建委委托，到山西榆次做城市总体规划工作。当时正值全国各地掀起建设高潮，到处是工地，许多古城城墙被毁，窄街旧巷被拓宽改造。早在1963年，为编写《中国城市建设史》，我曾随董鉴泓先生到山西考察，从大同、太原沿同蒲铁路南下，沿途见到山西的许多城镇，像太谷、平遥、新绛、洪洞等都保持了完整的古城风貌，留下深刻印象。到了1980年代，这些古城里都开了大马路，盖了新楼房，遭到很大破坏，有的基本上将古城拆光了。

平遥城由于在20世纪50年代以后经济发展缓慢，较少建设活动，是仅剩的孤品，此时却有了一番“宏伟”的打算。县里制定了一份“平遥县总体规划”，规划中在古城中纵横开拓几条大马路，城中心要开辟广场，在原有市楼周围做成环形交叉口，还要建设新的商业大街。如按这个规划实施，平遥古城同样不复存在了。省建委建议我们顾问一下，我们立即赶到平遥。当时古城西部已按此规划在实施，城墙上扒开了一个口子，正在拓宽马路，拆去了180米道路两旁的传统民居。平遥文物管理所所长告诉我们，拆除的全是明清的老房子。我们当即郑重向县政府建议，立即停止这种“建设性破坏”，并和省建委商定，由我们帮助平遥重新做总体规划。

同年7月初，我带了11位能干的研究生和本科生开赴平遥，利用暑假重新编制“平遥县城市总体规划”。董鉴泓先生当时是系主任，亲临现场指导。陈从周先生也写了

后排左起：张 伟、任雨来、苏功洲、李祖孝、阮仪三、张庭伟、李有华、于一丁、杨路林
前排左起：吴志强、吴晓勤、李伟利、史小予、熊鲁霞、刘晓红，1981 年 8 月平遥古城保护规划时摄

书面意见。规划中指出，平遥古城是不可多得的重要历史文化遗产，必须很好地保护，这种保护应是整体性的。因为平遥古城从建筑到整个城市基本上保持了明清以来的格局和风貌，城墙雄峙，街道完整，巷里修齐，民宅多为瓦屋大院和窑洞式房舍，拱顶券门，装修精巧，还留存多处历史遗迹，民风淳朴，民间工艺丰富多彩，是汉民族北方古城的典型。

为满足古城内人民生活改善的需要，在不破坏古城格局前提下，规划中开通了一条环形车行道，也安排了给排水及电力、电讯工程管网等。重要的是在古城西面和南面，开辟了一块新区，城市新的建设和发展，全部放在新区，建设方针是“新旧截然分开，确保老城，开发新区”。当时县政府对这个规划抱怀疑态度。这也难怪，那时人们满脑子是改革开放，发展经济，而我们却提出保护古城，似乎很不合时宜，所以工作并不顺当。

现场工作生活条件很艰苦，由于饮食很不卫生，我们都染上了菌痢，大家带病坚

在我住房前合影，左起：苏功洲、熊鲁霞、阮仪三、吴晓勤、史小予、于一丁（1981夏）

持工作。工作很紧张，当地工作条件也很差。要放大照片，街上找不到一家照相馆会做，只得到太原买放大机和相机、药水，自己放。借不到任何车子，好多时间都花在走路上。我们在完成了现场工作后，就把这些保护古城的规划方案连同说明古城风貌完整价值极高的全部资料（包括古建筑、古民居的测绘和照片图册）直送北京，找到了建设部和文化部有关负责人，阐明保护平遥古城的重要意义。北京几位有影响力的老专家，如建设部高级工程师、当时全国政协城建组长郑孝燮，文化部高级工程师、当时全国政协文化组长罗哲文都被我介绍的情况所感染，不久他们陆续考察平遥，引起省和县领导的重视，山西省很快批复了这个规划，并要求平遥县的建设要按规划实施。在罗哲文先生斡旋下，文化部又拨专款供平遥维修古城墙，这样平遥古城总算保了下来。郑老在我们做的平遥保护古城规划方案上写的评议意见是："这个规划起到了'刀下留城'的作用，为保护祖国文化遗产作出了重要贡献。"

为了很好地实施保护古城的规划意图，提高平遥县技术干部的业务水平，我主持的同济大学城建干部培训中心连续几年免费和优先邀请平遥有关干部来参加城建局长班和历史文化名城班培训，先后有十多个干部来学习过，这些人后来都是保护古城的骨干。1986 年，我亲自整理了平遥材料，竭力推荐平遥成为第二批国家级历史文化名城。以后又邀请著名摄影家马元浩三赴平遥摄影，1997 年由台湾淑馨出版社出版了由我撰文的大型画册《平遥——中国保存最完整的古城》，在香港开了影展。其间我们曾多次赴平遥，也向国外媒体作了多方面介绍。

在 1986 年以后去平遥参观的人多了，古城里的县政府招待所要扩建，要盖成四层楼的现代楼房。省里拨下了教育经费，设在文庙里的平遥中学要建新楼，是五层高的教学大楼，校长讲要盖得比金代的大成殿还漂亮。我得到消息后赶到平遥去，纠正了这两起违反保护规划的做法。当时房子已造了一半，硬是想法降了两层，才没有造成古城风貌的破坏。1997 年为申报世界文化遗产，郑老、罗老和我又专程去平遥考察调研，撰写了推荐报告。回想起来，如果当时我们不具有这样的认识，没有热心去管这件事，中央领导机关和山西省领导没有认真支持，没有拨款修古城墙，没有经过培训的人才，平遥古城也会和其他城市一样，在推土机和铁铲下被拆毁，现在见到的只能是千城一貌的宽马路、方楼房，一样的旧城新貌，留下的只能是一些单幢的文物建筑和令人懊恼的遗憾了。

平遥的规划开创了中国历史城市保护的先河。1997 年平遥列入世界遗产名录后，很快成为重要的旅游热点，主要大街沿街建筑及一些重要历史建筑都逐步得到修缮，也增加了许多旅游设施。凡到过平遥的人，无不为其原汁原味留存的古城风采倾倒，其知名度不断提高。至今，我们始终和平遥有着密切关系，近年来共同研究平遥古城里大量原生态古老民宅如何保护与维修，多年来我们一直和当地政府还有国际组织及居民们一起研究、探索、实验，如去年就成功完成了典型民居的改造更新和地热资源利用等。这是历史古城可持续发展的大课题，我们希望平遥的努力能取得一些经验。

万里长城· 山海关

说起防卫，人们就会想起绵延万里的长城，孙中山先生称其："古无其匹，为世界独一之奇观"，其宏伟与壮丽怎么形容也不过分。

早在战国时期，各国为了保卫自己的国土，防御外敌入侵，就先后在本国边界建边墙。秦统一中国后，将各国所建边墙联结起来，并加以修缮扩充，形成了西起临洮，东至辽东，延袤万里的长城。秦以后的汉、南北朝、隋、唐、金等朝代均对长城继续修葺。到了明代，更重视北方的边防，对原来的长城进行了大规模的增筑和改建，筑成了历史上规模最宏伟的明长城，使万里长城成为世界上最伟大的工程之一。

万里长城，其实何止万里。据记载，有二十多个王朝和诸侯国家修筑过长城，若把各个时代的长城长度相加，有五万公里以上。长城不是简单的一道城墙，在我国辽阔的土地上，东西南北纵横着许多道用砖、石块、夯土、沙土柳条等不同材料修筑的古城墙。如果以现代战争的眼光看，城墙自然起不了多大的防御作用，但是在冷兵器时代，情况就完全不同了。城坚墙高，据城固守，就能起到重要的防御作用。古代就有不少坚守城防数月以上，等待援兵解围或是趁其疲惫时打败敌人的战例。特别是对付那些飘忽不定的骑兵，这种坚固的防御工事就更有必要了。

万里长城经过两千年的不断完善，早已不是单独一道城墙或是互不相关的一些城堡、烽墩建筑，它已构成了一个从中央政权通过各级军事、行政机构，一直到守城军

连绵不断的万里长城

士的完整防御体系。

以明朝为例，长城沿线设辽东、蓟、宣府、大同等九边重镇。每个镇设总兵指挥本镇所属防务，镇以下分成许多“路”，“路”管辖“关”、城堡、敌台和烟墩。当发现敌情时，巡防的戍卒可以用呼喊、传递或以烽火和炮声为信号，经各级军事组织把敌情传递到关城守备、各路军校首领、总兵直至中央首领。这些关、路、堡、台、燧（烟墩）都有一定军事编制，配备相应的兵员和兵器粮草。

每一座关城，往往设在高山峡谷等险要之地，扼守要冲，周详的布局又极其慎严，达到“一夫当关，万夫莫开”的效果。

山海关是万里长城的著名关隘，它依山邻海，山海之间相距仅 15 公里，地势十分险要，历来是兵家必争之地，素有“两京锁钥无双地，万里长城第一关”之称。它扼东北通向华北平原的孔道，历史上曾是重兵把守的军事要塞。山海关城现在是秦皇岛市所属的一个行政区，离秦皇岛约 12 公里，处于京沈铁路的中段。

还在殷商以前，山海关所在地区就有人类活动。据历史记载，此地商代属孤竹国；周时属燕；秦时为辽东郡；汉代属卢绾；唐属临榆县，武则天万岁通天二年(697)，更名为石城县，一名临榆头，又名临闾关；辽代为迁民县；金、元两代在这里设迁民镇；明洪武十四年(1381)在此设立了山海卫，管辖十几个千户所，在此以前尚未形成一个完整的城市。明朝的开国元勋之一、大将军徐达到此整修长城，乃移关于此，连引长城为城之址。明洪武十五年(1382)十二月筑山海关城，并整修了一整套的城防体系，在北拒蒙古、东抑女真、南防东倭的边防中，发挥了重要作用。清兵入关后，这里的防御作用就基本丧失，而成为关内外交通要道和贸易物资的集散地。清乾隆二年(1737)在此设临榆县，关城即为县署所在。

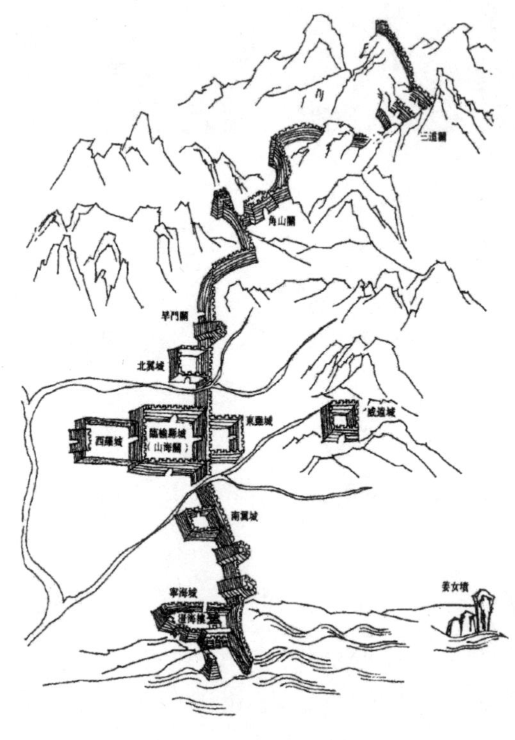

山海关城防形势图

作为军事要塞的山海关，它由七个城堡、十大关隘、数座敌台和一线长城组成一个完整的防御军事群。万里长城从燕山逶迤而来，翻山下海贯穿南北，山海关城坐落在山海之间的“辽蓟咽喉”要害之处。在长城线外山峦制高点上又分布了许多烽火台，这是专为监视敌情，传送消息的最外围据点，是第一个防卫层次。

在长城沿线上，凡高山险岭，水陆交通要冲，均设关隘。有南海关、南水关、北水关、旱门头、角山关、三道关、寺儿峪关、南水关敌楼、北水关敌楼及关城“天下第一关”等共十大关口，这是第二个防卫层次。

山海关旧影

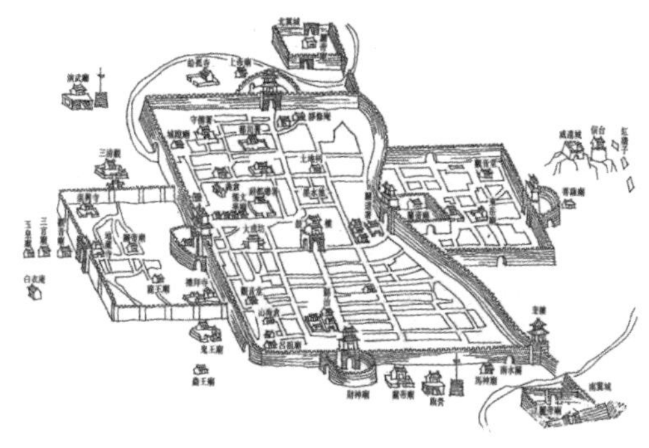

清临榆县城图

在关城东二里外欢喜岭上建造了威远城，呈方形，每边长60米，居高临下视野开阔，作为眺望与屯兵之所。明末总兵吴三桂就驻兵于此。

离关城南八里，在长城东部起点老龙头，濒临海边筑海防卫所——宁海城，天开海岳，重炮虎踞，捍卫海疆。威远、宁海两城是关城的前哨，又互为犄角，遥相呼应，这是第三个防卫层次。

在关城南北各二里处建有南翼城和北翼城。翼城主要为驻守士兵，储藏粮草、军械之用。这样就形成了围绕关城四面，各有护卫严密的层圈城防组团，这是第四个防卫层次。

古城是整个防御布局的中心，城略成方形，筑有高大墩厚的城墙，外有护城河环卫，设四门，门外均有瓮城。在东西城门外又筑有东、西罗城，两个罗城只辟有东西向的道路与城门相通，形成一孔之道。整体来看，山海关城防体系以长城为主体，关城为核心，五城围绕，串连十六关隘，四围散布烽燧，据险为塞，结构严谨，层次清晰，重点突出。而从山海关城观察，又构成了关城主体，南北两翼，左辅右弼，二城卫哨，一线坚壁的古代城市卫戍体系。

山海关城的建设，据《明太祖实录》记载：城“周一千五百〇八丈，高四丈一尺”，与现存大致相仿，关城南北长七百米，东西长四百五十米，占地约126公顷，城墙

山海关旧影

顺应地势，形成南北长东西短的不规则四边形。开四门：东门镇东、西门迎恩、南门望泽、北门威远。城内有十字大街，街中心原建有四孔穿心的钟鼓楼与四门相望，形成很好的对景，惜已被拆。城内的街巷基本成方格网布置，民居以北方四合院为多，外观多为青砖灰瓦白石，朴素无华。城内原有坛庙寺观多处，现仅存西门外清真寺规模较大，另三清观内留有盘龙松一株，干粗枝曲，当有三五百年历史。关城东城门楼即是驰名中外的“天下第一关”，在高大庄重的城门上建有十二米高的箭楼，重檐歇山，顶脊双吻对称，箭楼西侧二楼额仿上悬巨幅横匾，上书“天下第一关”五个浑厚楷书大字，笔力顿挫沉雄，为雄关增色。在箭楼东西两侧城墙上，原建有牧营楼、临闾楼、威远堂、奎光楼等四座敌楼，与第一关为伍，成五虎镇东之局。这些城楼矗立在高大坚实的砖墙之上，虚实相辅，打破了城墙平直线条的单调，丰富美化了城市轮廓。最近老龙头的澄海楼已经恢复，关城重新展现完整的古城雄关的景象。

仔细观察关城的规划布局，整个城市建造在一片北高南低的坡地上，南北大街又位于山坡的背脊，形成了从北向南，自中央坡向东西两侧的缓坡，这是对城市排水做了极好的考虑。而第一关城楼又是全城主要建筑物，因此在东门地段地面又略为抬高，这样无论从东西街上还是从西侧沿东墙的一关路上看第一关，都能显示城楼的雄姿，可见当时徐达在建造关城时，是经过一番周密考虑的。

山海关城北为燕山山脉，它由居庸关、古北口延伸而东，绵亘千里，起伏转折至山海关北顿起高峰，横开列障。徐达将它作为关城的屏障，修筑长城以枕，长城顺山峰盘桓，人工构筑与自然山石巧妙结合。山海关长城沿线风景名胜遍布，如关城北六里的角山，离城虽近却幽深静谧，松榛蓊郁。山上原有栖贤寺，明清两代许多名人学士曾在此攻读，废址尚存。角山顶岗，巨石嵯岈，巍峨险峻。远眺群山层峦叠嶂，群山之中有湖曰燕塞，湖水碧翠景色秀丽。角山山麓设角山关，二号敌台屹立在悬崖峭壁之上，登城览胜，长城蜿蜒，古城历历，大海依稀。城北十七里有石山岩洞，洞名悬阳，有悬洞窥天奇景，山亦奇峻，古松如盖，怪石嶙峋，令人惊叹。山西麓有原始森林，溪水流淙，禽鸣兽纵，野趣诱人。沿途有长城关隘三道关，两山夹峙，石墙壁立，如削如插，见者无不赞叹工程之险难。

关城南离海仅八里，明长城原东起鸭绿江，但从鸭绿江至山海关这段长城，大部已圮毁，所以山海关的老龙头也就成为万里长城的最东起点。这里地势高峻，海天开

老龙头鸟瞰

阔，树木繁茂，凭海筑城堡为宁海城，城上有澄海楼，是登高观海之佳地。老龙头下遗有城基巨石堆积，楼、城均为八国联军入侵时所毁，联军兵营犹存，苍茫大海和巍峨磅礴的老龙头为关城增添无限风光，海滩沙软潮平，为海滨浴场良好基地。城东尚有脍炙人口的孟姜女庙、姜女坟等胜地。

历史名城山海关的山、海、关各具特色，而其最突出之点，在于它为古代军事科学的结晶。历史上这里发生过多次重要的战役，1664 年，明末农民起义军李自成率部与明将吴三桂激战于此，后来吴引清兵入关，导致义军失败。这是清军入主中原的关键性一仗。1900 年 10 月，八国联军从老龙头登陆；1922 年夏，直、奉两军大战于石河西岸，1924 年又战于威远城，至今战迹宛在；以后 1945 年在此发生的诸战役，都生动地说明了它所具有的重要战略价值。它是我国古代建筑和城市宝库中的优秀遗产，并将以巨大的历史史迹和艺术魅力吸引中外游客参观游览。

1964 年笔者曾现场踏堪过此城，1982 年又对此城作过勘察，1984 年受山海关区政府委托，做了山海关城防体系及关城城市规划，后来按规划修缮了老龙头等历史遗踪及景点。山海关城里基本是明清以来的建筑风貌，东、西大街还是老式的店面，东一条道东七条都是老巷老宅，关城里除了人民医院等几幢新建的楼外，大部分还是老房子，这在许多古城中是非常稀少的。我们的规划将所有新的建设都放在城外的新区，让关城继续保持古朴的历史风貌。

1986 年在评定第二批国家级历史文化名城，1992 年评定第三批国家名城时，山海关都曾经被列入预备候选的名单，但因为行政建制山海关属秦皇岛市，是一个区，不是一个单独的县城，而“天下第一关”已是国家级文保单位，因而未入选。直至 2002 年研究补充遗漏名城时，我极力举荐了山海关城和湘西的凤凰城。因为这二十年来，许多古城遭到破坏，而唯有这两城由于能较好地执行了城市保护规划，而古城风貌犹存，实为珍贵，全国历史名城专家委员会一致同意，值此，山海关城成为中国第 100 个国家级历史名城（原国家级名城共 99 个）。

宁远卫城

出山海关不远，约百余公里，有一座鲜为人知的古城池，不过它早已为电影界所器重，不少影片借了它完整的城墙与高耸的箭楼作为外景，拍摄出一幅幅动人的画面。在银幕上，人们早已领略了它的雄姿。这就是保存较好的古城——辽宁省的兴城县城。

这座古城是明代修筑的，是当时防卫关外女真民族入侵的防卫体系中的一座卫城，称宁远卫城。建城于明宣德三年(1428)，城墙用夯土垒筑，外墙包砖，内墙用石块镶砌，墙身高为 8.9 米，底宽 6.5 米，顶宽 5 米。

城池范围不大，纵横各约 800 余米，城周长 3300 百米，总面积为 0.64 平方公里。

城内街道是两条大街十字相交，各通向四个城门，十字中心为方形鼓楼，楼下是十字穿心砖券门洞，城门上箭楼与鼓楼都是重檐歇山屋顶。城内仅存一座文庙，其他大型建筑均已无存。

这类边防卫城，城内大多为驻守兵将，居民亦多为兵丁的家属民夫。当时除军司府衙外，还有不少庙宇，这些庙又多是与战争有关的，如关帝庙、马神庙，文庙是后来清代修建的。

宁远卫城是山海关的前哨。明末，著名将领袁崇焕曾带兵驻守在这里。1626 年，后金军首领努尔哈赤率领十三万大军二渡辽河，围攻宁远。袁崇焕召集军民，刺血为书，激励将士“与城共存亡”。当努尔哈赤攻城时，守城军民英勇抵抗，拒城坚守，在城上发射“西洋红夷巨炮”，使后金军的两次进攻都被击败。当时不可一世的努尔哈赤在攻城时身负重伤，在回归途中就伤发身亡了。

事隔一年，1627 年 6 月，努尔哈赤的儿子皇太极，率领后金军报仇，冲杀“宁锦防线”。当时兵临城下，危在旦夕，袁崇焕临危不惧，指挥若定，以红夷炮猛击敌营，大败后金军，这就是明清战史上有名的“宁锦大捷”。

后来，明熹宗崇祯中了皇太极的反间计，说袁里通外敌，图谋不轨，使抵抗清兵战功赫赫的袁崇焕蒙受了不白之冤，被捕入狱，后在北京被凌迟处死。这段冤案一直过了一百多年，由清朝皇帝为其翻了案，重新认定袁崇焕为抗清的民族英雄。

在兴城城里还有一处令人啼笑皆非的历史遗迹。在宁远大街上竖有两座高大的石碑坊（“文革”中被拆除，遗石尚存，今已恢复），也就是明崇祯皇帝为祖大乐、祖

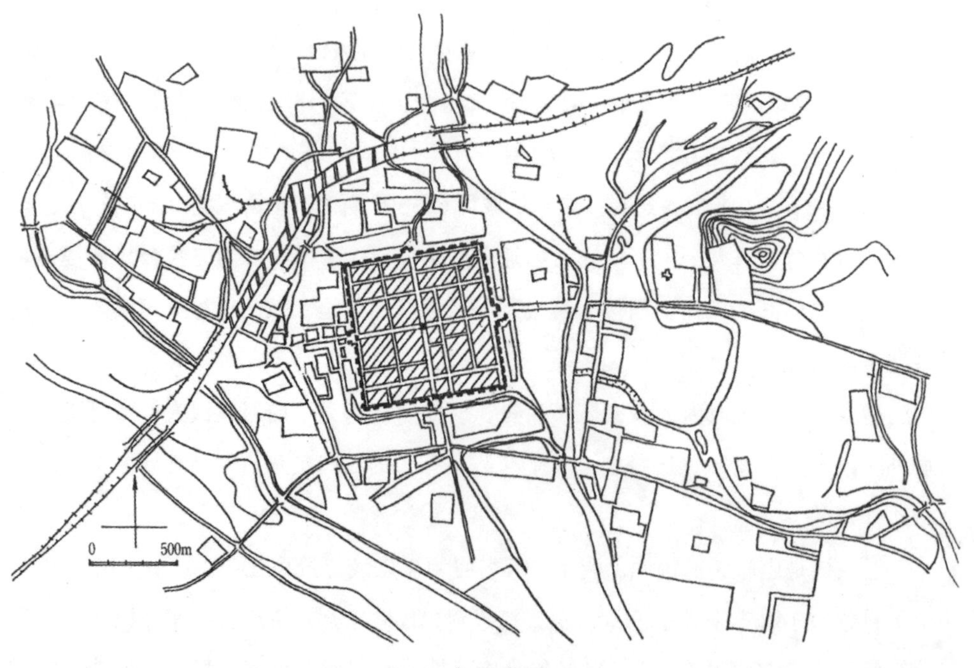

兴城县城图

兴城东门

大寿两兄弟建造的著名的祖氏石坊。这两人原来就是袁崇焕手下的大将，因跟从袁崇焕抗金兵有功，崇祯杀了袁崇焕后又不得不安抚下属，1631 年为祖大寿建“忠贞胆智”功德牌坊，1638 年为祖大乐建“登坛骏烈”坊。这两座石坊形式大体相同，都是仿木结构的四柱三间五楼式，单檐庑殿顶，柱高楼小显得高架凌空，峻严耸立，结构严谨，跨街而立，气势雄壮，花纹雕饰十分精美，尤其是两座石狮造型生动逼真。

历史是公正的，崇祯十五年 (1642)“松山战役”后，抗清战争到了紧要关头，当清兵围攻锦州时，祖大寿正在监筑城堡、修大凌河等工事。刚刚修完，十万清兵便发起猛攻，明朝边将何可纲英勇迎战，相持不下，粮绝援尽。祖大寿、祖大乐等贪生怕死，下令把坚持抗敌誓死不降的何可纲拽出城外杀死，把辽西前线重要城池——宁远城，拱手让人，投降了清兵。

祖氏兄弟叛明降清的事实，却是这两座忠贞牌坊的反面文告，成为历史的笑柄。后来，清朝乾隆皇帝东巡时，有感于此，曾写了一首诗讥讽这事，诗句说：“若非华表留名姓，谁识元戎事两朝。”“元戎”即指祖氏二兄弟。

兴城县规模不大，但近年来建设量较大，都集中在旧城区外的东侧，在古城墙范围内没有搞“见缝插针”和大拆大建。登上十字街的中心鼓楼四望，仅有一座三层的县招待所稍煞风景，余皆低层民居，街道纵横在目，城墙连贯相围，城楼四面对峙，群山绵延屏障，尚存古城风貌，难能可贵。

兴城紧靠渤海岸边，有 14 公里海滩，是良好的天然海滨浴场；还有温泉，水温 70℃，含多种有益健康的元素，是一座理想的风景旅游城市，目前已有许多单位捷足先登，正在海滨兴建休养院。1980 年我曾考察过兴县，这里完整保存了古代城镇的风貌，可惜 1985 年当地政府把主要老街重修了一遍，破坏了原来历史风貌以致未能列入国家级历史文化名城之列。

最近新获消息，兴城城内正在拆毁大片民居，部分古老街巷已遭破坏，拆旧建新，搞仿古建筑。原有坚持保护的技术干部被调走或免职，兴城古城只剩一圈古城墙是真货了。

唐渤海国首都上京龙泉府

唐代(618～907)国力强盛，文化发达，致使四方邻国归顺，五洲远客来朝。唐代的首都长安城，建造得规模宏大，街道整齐，是当时许多国家争相仿效的楷模。像日本的平城京、平安京(当今的奈良和京都)就是按照唐长安的样子建造的。

当时在中国的东北地区，建有一个渤海国，它的首都也完全按照唐长安的样式来建造，现在遗址尚存，这就是位于黑龙江省宁安县东京城乡的渤海镇。

乘牡丹江到图们的火车，南行约七十余公里，有东京城站，这就是古城遗址所在。这个车站名称的来历，有一段掌故。清朝初年，一批明朝遗臣被清政府放逐到这里，他们在屯垦中发现了这座古代的城市遗址，因为看到它规模很大，格局又极规整，像是个都城的模样，但又无法去查考。他们估计这可能是东北地方某个古国的京城，就姑且称之为东京城。而后日本人占领东北，修建南满铁路时，设车站就以此为名，沿袭至今。这个东京城的名称与日本的首都以及历史上宋朝首都的名称一样，是极容易混淆，应该改为渤海站才对。

渤海国是我国东北少数民族满族的先世靺鞨人即女真人建立的地方政权，689年靺鞨部首领大祚荣建立“震国”，建都于今吉林省敦化市敖东城。713年大祚荣受唐玄宗册封为忽汗州都督、左饶卫大将军、渤海郡王，遂改国号为“渤海”，成为唐朝政府管辖下的东北边陲的一个州。渤海国最盛时疆域南及朝鲜北部，东到日本海，包括东北大部和苏联滨海地区全部及伯力边区大部，设五京、十五府、六十二州、一百三十余县，五京之首为上京龙泉府，755 年迁都于此。渤海国传十五世，存在二百余年，于 926 年为契丹所灭，城池也被毁。

古城距东京城车站约十公里，南近著名风景区镜泊湖，处于牡丹江中游，城环长白山余脉，四周山卫，三面临水。城建在一块开阔的冲积平原上，土地肥沃，盛产著名的响水稻，米质软糯适中，晶白透亮，贵为贡品。所谓响水稻者，稻田下为玄武岩凝成的石板，板上腐殖质沃土，石板下泉水流淌作响，水温较高，自然灌溉，得尽天利。出古城墙遗垣，即有石砌巨大天然水渠，水清量大，村民四集洗濯，因是温泉，人们均插身水中，红男绿女，嬉戏笑闹，情趣盎然。

渤海国上京龙泉府，分外城、内城和宫城三重，东西宽 4400 米，南北长 3400 米，四面共开十个城门，南北各三，东西各二，中央大街将城市分成左右两半，称朱雀大街。通向内、外城的正南门，宽 88 米，还有四条主要的大街，纵横交错，各宽 50 米。在这五条主要道路之间，是划分坊里的次要道路。清人实地观察，“街道隐然……九

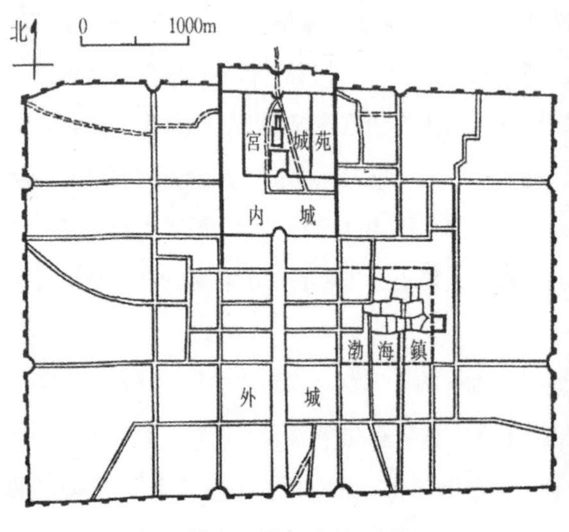

渤海国上京龙泉府城图

渤海国唐代大灯幢

渤海国（现宁安县）温泉水渠

陌三衢，依稀可识”。我们站在高处，俯视平坦的田野上，那隆起的街道轮廓、走向，还可以分辨出来。

上京龙泉城的内城，在外城北部中间，周围九华里，呈长方形，最内一重为宫城，在内城北部中央，周围五华里多，也呈长方形。城东是禁苑，有池塘、假山及亭榭遗址。

宫城的城垣用玄武岩筑成，尚存 3 米多高，今称为五凤楼的是宫城正南门，台基有 6 米高，上有巨大的圆形柱础石，排列整齐，柱跨大，范围广。第一殿前有宽达 200 米的广场，第二殿规模最大。这些宫殿都有主殿、侧殿，各殿之间有廊道相通，为皇室居地和最高统治机构所在。考古学家们认为，这是残存在地面上，保存最完整和历史最久的古城遗址之一。

渤海国遗存有许多珍贵的文物，其中著名的有石灯幢又称石灯塔，全高 6 米，用十二块经过雕凿的玄武岩叠筑，古朴浑重，是典型唐代风格，虽经千年风雨，仍巍然兀立。另有石佛像、舍利函及许多雕砖、饰瓦、陶器、铁器等。

史籍记载，上京龙泉府是仿照唐长安建造的。从实地踏勘来看，确是如此。虽然它的规模面积仅及唐长安的四分之一，但形制却极相仿。三重城墙，宫城居中偏北，四面开十座城门，中轴对称的朱雀大街，用街道划分为坊里等，都与唐长安基本相同。连出土的雕花砖的纹饰，也与唐大明宫麟德殿的纹饰相同。这是研究这个时期文化遗存最为珍贵的材料。

1935年日本曾派出一支庞大的考古队，在当时的关东军保护下进行了勘查与发掘，重点对皇宫的第二殿作了掠夺性的发掘，许多遗物都装运到日本，至今遗址上乱土隆起，坑洼狼藉。日本后来出了一本名叫《东京城》的考古文集，论点是“渤海国在历史上与日本最亲密，是日本的附属国”，为当时日本侵略中国东北，制造舆论依据。后来还有别的邻国也曾对渤海国上京龙泉府进行了考察并发表了文章、报告，意思也是说这个古国古城与他们同出一宗，言下之意就不言而喻了。

渤海国的许多历史资料及龙泉府的城址遗存，无可置疑地证明了这里过去和现在都是我们祖国不可分割的一部分。渤海国从政治制度、宗教信仰、文字、文化艺术，一直到服装习俗，都和唐代中原文化相一致，而城制、布局、建筑、装饰又直接来源于唐长安。“渤海文化”是唐文化的一个分支。渤海国首都遗址，连同附近的镜泊湖地区，现已成为我国东北地区重要的旅游胜地。

当年进行古城调查，不像现在哪个地方都可以随便看的，老房子都有单位占着，都要办好手续，开好介绍信，注明身份，说明事由，并且级别分明，下级不能越权。我们要去看渤海国遗迹，是省文保单位，就专程到哈尔滨找了省文管会。他们研究后开了一封给所属驻宁安县渤海国遗迹考古队的函件，用大信封封严了给我，也没有说什么话。

我们就兴冲冲地乘火车，有一站叫东京城站，就是宁安县城。考古队在郊外没有交通工具，只好步行，好不容易走了好长的路找到考古队驻地，是在一座老庙旁搭的窝棚里。说是省考古队，实际上队里人只有三个年轻人，见到我们大老远地从上海赶来，都很热情地接待。他们拿到我递给他们的信函一看，面面相觑，他们几个商量了一下，就把信打开给我们看了，上面写着："渤海国遗迹正在考古发掘，属国家机密，不允许对与考古工作无关人员公开，外部环境不允许摄影、画景，工作人员不得提供未经公开发表的资料等。"

看了这份东西我们都傻了，既然不让看，当时也就不要让我们来了，而信上说得也很不合理。这些遗址都敞开在地面上，农民在耕地、放牛羊，这样的环境谈什么保密，但在这份公文面前我们也很无奈，只得讪讪地离开。

我们走到城里去找宁安县城建局，局里的几个工程师和科长们听我们一说，都打抱不平说："这些地方都是城镇用地，归我们管，你们也不是挖古董，看看地形、地貌，看古庙、古城遗址有什么不好看的，我们这里没有秘密要求。"说着就张罗了开来一辆吉普车，上了车就开到渤海城遗址周围转了。他们情况很熟，也有城市地形图，几个古宫殿遗址标得一清二楚。后来就又转到考古队的窝棚里，工程师们和考古队员们熟得很，一交谈，都说省文物部门太官僚了，也不知道是哪位官僚脑子憋住了，写了这样的公文，大家事情就不用做了。队员们也多是刚毕业的大学生，觉得很对不起我们，一定要拉我们吃饭，车子开出去买肉、买菜、买酒，大家自己动手在窝棚里生了炉子，做了一大锅东北的炖菜煨面，饱饱地吃了一顿，也谈了不少考古发掘的趣闻，吃完了到温泉里去泡脚。初来时的不快一扫而光，也照了不少照片（照片上可以见到水沟里站着妇女在洗衣服，因为流淌的是温泉，泡在热水里是很惬意的）。

当时陪我的研究生是李晓江和孙安军，那张渤海国大灯幢照片旁站立的就是孙安军，我将他作为配景以衬托出唐代灯幢的高大。

东方莫斯科哈尔滨

哈尔滨是一座美丽的江城，在我国众多的城市中，独树一格。在80多年前，还是一个不知名的小渔村，而发展至今已成为拥有240万人的特大城市，它的迅速兴起是由特定的历史事件促成的。1842年鸦片战争以后，我国东北成为沙俄帝国主义和日本帝国主义争夺的地方。1896年清政府特使北洋通商大臣李鸿章去莫斯科签订了《中俄密约》，使沙俄获得在我国东北修筑和经营中东铁路的特权。中东铁路使沙俄能直接掠夺中国的财富，并使沙俄的西部腹地西伯里亚到海参崴的里程缩短五百多公里。1897年沙俄当局在进行铁路踏勘选线时，正值盛夏，发现这里风光秀丽，并看到松花江方便的运输，就在这里扎下营来，把这个人烟稀少的渔村，作为中东铁路的枢纽。以后东清路、南满支路、滨绥线的通车，使哈尔滨成为水陆交通的交汇点，并成为沙俄控制、侵略东北的中心。沙俄向哈尔滨进行了大量的移民并进行了大规模的城市建设，哈尔滨很快发展起来了。

这个地区原来就有悠久的文化历史，1931年曾发现中石器时代的遗址，记载了最早定居此地的是满族的祖先肃慎人。这里在唐代属忽汗州管辖，公元1127年金攻破宋东京，掠走北宋徽、钦二帝及皇室数千人，就是沿松花江经哈尔滨送往五国城（今依兰），当时这里命名为“阿勒锦村”，女真语义是晒网场，哈尔滨一词即由此音转而来。元朝元贞元年（1295）在丞相完泽的奏文中，曾提到哈尔滨驿站的情况，说辖有12个

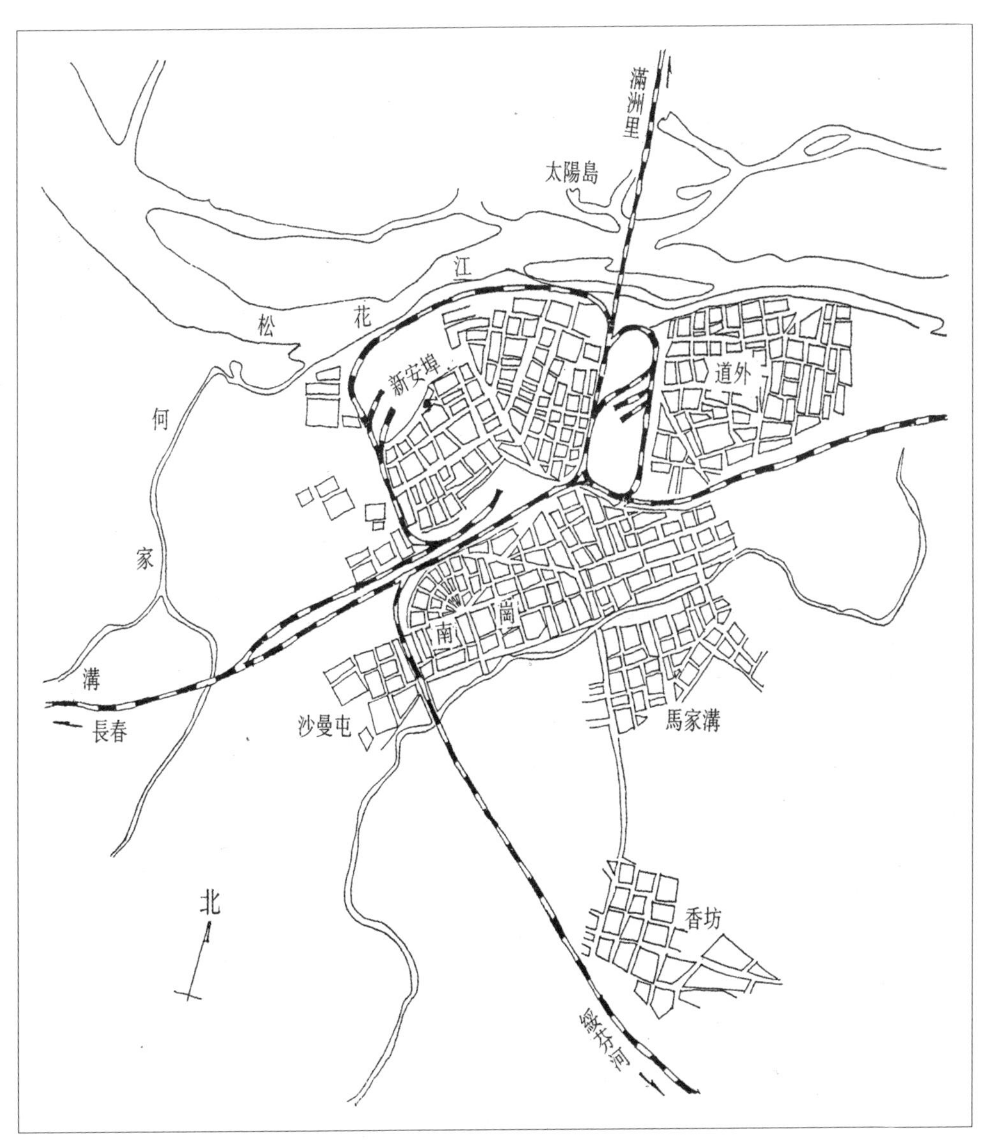

哈尔滨城图（1930）

圣尼古拉教堂

哈尔滨铁路博物馆（中东铁路俱乐部）

狗所，因为当时北方主要运输工具是狗车和爬犁。清统一中国后，哈尔滨属宁古塔将军辖区，清代的农业发展，使这一地区形成了一些村镇。

哈尔滨的城市建设是和中东铁路的修筑同时开始的，先是在铁路以南的南岗地段布置了新城，新城用纵横道路形成方格形布局，两条主干道交叉处设圆形广场。广场位于全城制高点，这里建造的教堂，成为全城的视线焦点。新城规划还安排了商业街、绿地、墓地的位置。街坊面积一般在2公顷左右，按周边式布置铁路官吏与职员的住宅。

南岗新城规划，从功能要求出发，结合地形，合理布局，城市轮廓鲜明，但是把规模考虑得太小，周围受铁路及河沟限制。不久城市不断扩大发展，道里、道外、马家沟等地陆续形成新的居民区。如道里地区，由于松花江航运，在沿江修筑码头、仓库，逐年扩建江堤，在填平的低地上出现了贫民窑——三十六棚。许多商人预见到这里的发展前景，蜂拥来此开设商店，经政府的管理形成了以中央大街为主的商业繁华地区，用街道划分，形成东西长、南北短的小街坊，以获得更多店面。

道外完全是中国劳动者聚居的地段，街道狭窄弯曲，建筑密度很高。过去，哈尔滨人称，“南岗是天堂，道里是人间，道外是地狱”，充分反映了城市中的民族与阶级矛盾。哈尔滨城发展很快，1905 年时为 8 万人，到 23 年后的 1928 年时城市人口已达 30 万人，其中外籍主要是俄国人，有 6 万人之多。城区达 45 平方公里。

哈尔滨是在俄国帝国主义独占下新建的城市，这种特定的社会历史条件，使整个城市的风貌不同于我国传统的城市面貌，具有异国情调。帝俄在资本主义世界中发展较慢，在科技和建筑艺术上深爱西欧特别是法国的影响。在城市规划和建筑设计上，反映出当时西方流行的折中主义，致力于平面构图形式，搞烦琐的建筑装饰，在后期受新建筑学派影响，比较重视功能与技术。所以在哈尔滨既有华丽的传统形式的索菲亚教堂，也有像铁路管理局、中长路生产合作社（今博物馆）、秋林公司等折中主义建筑。许多私人住宅、别墅则是大坡顶，具有俄罗斯木结构房屋装饰华丽的特色。

城市布局完全沿用当时流行的形式，方格网加放射线的道路格局，设圆形中心广场，商业区考虑经营牟利，划分成小方格路网。居住街坊吸收了当时最新的花园城市的设想，把住宅建造在绿化之中，形成幽静优美的环境。

哈尔滨面临松花江，江面宽阔平静，市区丘陵岗地起伏，这样的地理环境是对城市进行艺术布局的有利条件。哈尔滨市区仅在南岸一侧发展，道里沿江留有较长的绿化地带，造成了极好的景观；城市中心，广场宽敞，教堂华丽，亭塔高耸，沿岗脊布置的大街两侧，大型建筑比邻争辉，精巧的木屋别墅掩映于绿丛之中，形成了有丰富轮廓线与雄伟壮观的城市景观，俄国人当时也誉之为“东方莫斯科”。

哈尔滨早已成为人民的城市，目前已是黑龙江省的省会，东北地区的交通枢纽，成为以机电、轻纺、食品工业比较发达的大城市。在城市建设中强调要保持并发展城市的艺术特色，其独特的风貌及优美的自然景色将在众多城市中独放异彩。

“满洲国首都”新京——长春

长春位于我国东北松辽平原中部，是吉林省省会。街道整齐宽阔，绿树婆娑，入冬银装素裹，别具北国风光，有“塞外春城”之称。深入观察长春的一些主要街道，就会发现许多大厦都是二次大战前日本式的“洋楼”，圆形的大广场加放射式的道路是日本城市的格局，大片的樱花是日本人喜欢的树种，整个城市还留下了不少日本帝国主义当年苦心经营的痕迹。“满洲国”作为日本帝国主义强加给中国人民的耻辱，昙花一现，早已被历史所抛弃，但是研究城市发展，却不妨了解一下当时作为“满洲国”首都的长春，在城市规划与建设上有哪些值得借鉴的东西。

18 世纪以前长春附近地区，还是一片荒凉的放牧地区，以后山东、河北一带农民大量迁居屯垦。为管理垦荒人口，清政府于 1800 年设长春厅为行政衙署，当时旧城名“宽城子”。同治四年（1865）为防土匪袭扰，城墙版筑，有护城河。光绪十五年（1889）升为长春府。1896 年清政府与沙俄政府签订中俄密约，俄国取得中东铁路的筑路权。1899 年俄国人设宽城子车站。1905 年日俄战争开始，俄国战败。1906 年按日俄条约，俄国把长春至大连的铁路权转让给日本。

1907 年开始建造铁路附属地，1911 年日人开始修建长春车站，以后宽城子车站及其附近地段就衰落了。日本人以车站前的广场为中心，开筑了五条放射道路，在道路之间，划成小方格的街坊。车站南面的地段辟为商埠区，当时最繁华的街道是吉野町（今长江路）、祝町（今珠江路），大部分商店铺面集中于此。入夜灯火通明，一派虚假繁荣景象。这个地区也是藏污纳垢之所，因中国法律无权过问，日本浪人、兵痞，中国罪犯、流氓沆瀣一气，麇集于此。1930 年日本帝国主义制造了万宝山事件，接着又诬告中国军队破坏南满铁路，即所谓“柳条湖事件”，发动了蓄谋已久的武装侵略，强占了全东北，随后于 1932 年 3 月 1 日成立“满洲国”。

长春由于地理位置适中，位于三条铁路的交汇点上，便于控制全东北，故定为国都，改名为“新京”，立即着手新京的“都市计划”。整个计划由关东军司令部、满洲铁路调查会及国都建设局三者组取联合研究会负责，主要成员及进行实际工作的全是日本人，又聘请了东京大学和京都大学的知名教授为技术顾问，开始了大规模的建设。

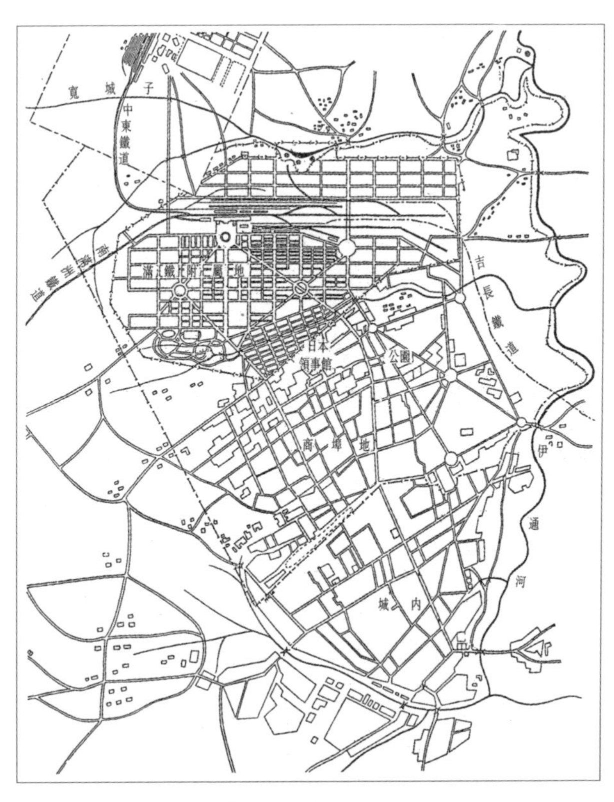

长春街市图（1930）

当时长春市区是由原长春旧城，满铁附属地、商埠地组成，后两者就是变相的租界，市区面积约 21 平方公里，13 万人，国都计划区域扩大为 200 平方公里（最远期），计划人口为 50 万人。1933 年 1 月正式确定了第一期五年建设计划，范围为 20 平方公里。

整个城市的规划，利用分布在城内的几条铁路线，将城市分成几个区，南面和北面为工业区，东南为学校文教区，铁路以西为皇宫及备用地，城市中部为居住区，四周有电台、机场及军事用地，用环形道路相联系，功能分区非常明确。

城市道路布局以十数条大路为骨架，组成方格网和放射对角线式的道路网，主要道路在相交处用圆形广场相接，道路两旁设有很宽的绿化带，道路宽度在 38 ～ 60 米之间，至 1937 年建成的道路有：大同大街（今斯大林大街）（人民大街）、兴安大街（今西安大街）、兴仁大街（今解放大街）、至圣大街（今自由大街）、安民大街（今工农大街）、顺天大街（今新民大街）、洪熙大街（今红旗大街）、和平大街（今延安大街）。

新京的行政中心由皇宫及政府机构组成。当时新皇宫尚未动工，“满洲国皇帝”溥仪就位时的皇宫在长春市区东北角的原“吉黑榷运局”及盐仓旧址，是几幢古今混合、中日杂糅的建筑，有缉熙楼、怀远楼、同德楼等。这些都是在 1936 年由日本人设计建造，屋顶的每块瓦当上，都刻有“一德一心”字样，表日满同心同德，而溥仪害怕日本主子在楼内安了机关暗算他，一天也未住过。新皇宫直至太平洋战争爆发，只造了基础部分，由于财源枯竭，形势日坏就一直未建上去。1949 年后在此基础上盖成了地质学院主教学楼。

在皇宫西侧的西万寿街（今西民主街）布置有外务局、总理大臣官邸及各国公使馆，从皇宫用地向南至安民广场（新民广场）长约 1.2 公里，宽约 500 米。中间是宽阔的绿带称顺天大道，两侧是伪满中央政府机关，即所谓“八大部”，有国务院、治安部、司法部、经济部、交通部、综合法衙（最高法院、最高检察院）、兴农部、开拓局等办公大楼，建筑外貌虽然各不相同，但都属于当时日本殖民主义统治者所提倡的“兴亚式”官方建筑，在大同广场（今人民广场）四周建有中央银行总行、满洲电话电信社、首都警察厅、国都建设局以及协和会中央本部。

行政中心布局在位置上既与干道有密切联系，而又不受干道干扰，附近规划了两个公园，结合河流留有较多绿地。在规划意图上为了显示皇室尊严，将皇宫布置在城市中心区北部地势较高的象征龙首的地带上，用大片绿地象征“龙位常青”，附近街道命名为“顺天”“安民”，企图表现他们的“王道乐土”。

在至圣广场（今自由广场）以南，沿大同大街、至圣大街以南地区为文化区，设有大陆科学院、医科大学、工科大学、建国大学、大同学院、中央警友学校等（今东北师范大学、吉林工大及吉林体校等），在洪熙街（今红旗街）设有满洲映画株式会社（今长春电影制片厂）。

长春利用地形起伏规划了多个公园，在城西设综合运动场（今南岭运动场），在铁路西侧留出大片绿地建高尔夫球场与一个赛马场。

居住地区规划成一个个小方格的居住街坊，按人口密度分为四个等级，密度高低相差近三倍。日本人及伪满统治阶级住在密度低于26%的街坊，公共设施齐全，绿化面积多，都是新建房屋。而中国居民则被一再搬迁至旧城边，旧城区在规划区范围

建成初期的长春大同大街（人民大街），左为康德会馆，后为长春市政府

外，中国劳动人民聚居的二道河子、宋家洼子一带地势低洼，又是新市区的污水排泄之所，明显表现出规划设计中的殖民主义特点。

1945 年日本投降时长春人口约为 50 万人，其中日本人约 20 万。

满洲新京规划，是一个殖民主义与封建帝制的大杂烩，但当时日本的建筑和城市规划界已经吸收了不少西方近代的技术，因此也留下了一些合理的内容：如做规划前非常注重现状资料调查。1932 年开始了全城测量，1934 年完成 17.5 平方公里的地形测量。从 1932 ~ 1937 年 7 月完成了 394 平方公里的地形测量工作。其次为实现这个

新京都市计划用地表

各类用地	计划用地（km^2）	第一期用地（km^2）
官方用地	47.0	10.0
官方厅舍及其他用地	6.5	2.0
道路用地	21.0	4.5
公共设施用地	3.5	1.5
公园、运动场	7.0	2.0
军用地	9.0	–
私人用地	53.0	10.0
居住用地	27.0	6.5
商业用地	8.0	2.0
工业用地	6.0	1.0
耕地（备用地）	10.0	–
特种用地（蔬菜、畜牧）	2.0	0.5
合 计	200.0	40.0

新京都市计划市街区域内用地表

各类用地	市街区域用地面积	面积占比（%）
居住用地	5200	32.5
商业用地	650	4.0
工业用地	1140	7.1
混合用地	910	5.7
其他用地	6600	41.3
绿化地	1500	9.4
合 计	16000	100.0

长春火车站

规划，日满政府制定了许多法规，如：收购土地、整理地籍、审查建筑申请，以及广告管理与占用道路等规定。在城市规划分区上也是合理的，并有一定的远见，充分利用地形。绿化插入城市，与环境配合也很好。重视城市的交通问题，道路有分工，市际公路在城市外围绕越。特别值得称道的是市政设施与城市道路配合，在主干道两侧设有管线走廊，高压电缆及地下管线都设在次要道路上，做有专门的地下管沟，有轨电车也不设在主干道上。这样保证了主干道上汽车交通的流畅及城市景观的完美，市政设施的维修改造也较合理方便，这些都给今天的长春建设改造创造了良好的条件。

1948 年，长春临解放前夕，遭到战争的严重破坏，街道及公园的树木全部被砍伐燃尽，地下管线也被挖出构筑防御工事，市民饿死 10 万人以上。解放后经过三十多年建设，长春市已发展成为 130 万人口的大城市，面积达 100 多平方公里，工业兴旺发达，文化繁荣，景色秀美，四处奔驰的解放牌汽车，出产佳片的长影厂，造就高级人才的吉林工大，都引为长春的骄傲。被历史所淘汰的“满洲国”，已逐渐在人们记忆中消失，而它的城市规划与建设的实践与经验却是我们可以借鉴的资料。

美丽的海港城市大连

大连位于辽东半岛的南端，是我国重要的港口城市之一，年吞吐量仅次于上海，居全国第二位。辖五区（中山、西岗、沙河口、甘井子及旅顺口）五县（金县、新金县、复县、庄河县和长海县），总人口400多万，其中市区人口约110万人。

大连古称三山浦或青泥洼，五百年前明嘉靖时，为防倭寇侵袭，在此筑炮垒。清咸丰八年(1858)，清北洋大臣李鸿章，在此建要塞，屯驻海军，在奏折中称此为“大连湾”，这是命名之始。

与大连主要市区相距四十公里的旅顺口，古称马石津、都里镇，狮子口，明洪武四年（1371）朝廷派将军马云、叶旺率军从山东登州渡海，收复辽东，至狮子口登陆，为纪念平安抵达，取“旅途平顺”之意，将狮子口改为旅顺口。清政府兴办北洋水师，在旅顺修炮台，筑船坞，遂成海防要塞。

1894年甲午战争后，中日签订《马关条约》，将辽东半岛割让给日本。俄、德、法三国不甘日本独得其利，出面干涉，清政府以3000万两白银赎回。不久帝俄向东扩张，掠夺中东路权，一方面又派舰队占领大连湾。光绪三十四年(1908)年中俄签订《旅大租地条约》，将旅顺、大连、金州及附近土地与海面一并租给俄国，租期25年。

沙俄占领大连，首先着眼于它在军事上的重要战略地位。这里有两个常年不冻的良港，不仅可控制渤海入日，威胁京津，还与日本对马岛海军基地遥相对峙。因此第一件事就是迅速扩建旅顺海军要塞。

旅顺是天然的优良军港，它突出于辽东半岛的尖端，东边是黄金山，西边是老虎尾半岛，左右环抱，犹如双螯。两岛相距仅 300 米，形成口门窄小的港湾，两岸山势陡峻，非经口门，无法入口。水虽不深，严冬不冻。港内风平浪静，高山环抱，易守难攻。

从 1900 年到 1904 年三年多时间内，有 6 万多中国工人日夜劳作，修筑了从黄金山到鸡冠山 9 公里长的海防线。从劳律山到老铁山 25 公里的陆防线，建炮台 54 座，堡垒 14 座，装有 500 多门当时最新式的远程连射炮。疏浚了港湾，装了照明设施，以后常年泊于此的兵舰总吨位达 17 万吨。列宁曾写道，“就军事实力而论，旅顺口等于六个塞瓦斯托波尔”（《列宁全集》第八卷）。俄国在旅顺设立了统治大连地区最高权力机构——关东州都督府。

沙俄在建设旅顺军港的同时，把大连建成商港。1899 年 7 月沙皇尼古拉二世宣布大连为“自由港”，第一期工程从 1899 ~ 1902 年，计划建造可停泊一千吨位的船只 25 艘。陆上仓库一万多平方米，码头岸线长 224 米。第一期工程按期完成后，第二期工程拟扩充 4 倍，并完成全部的街市建设，但因日俄战争爆发而停止。

沙俄曾于 1900 年制定了“大连城市规划图”，整个设计受当时彼得堡规划手法的

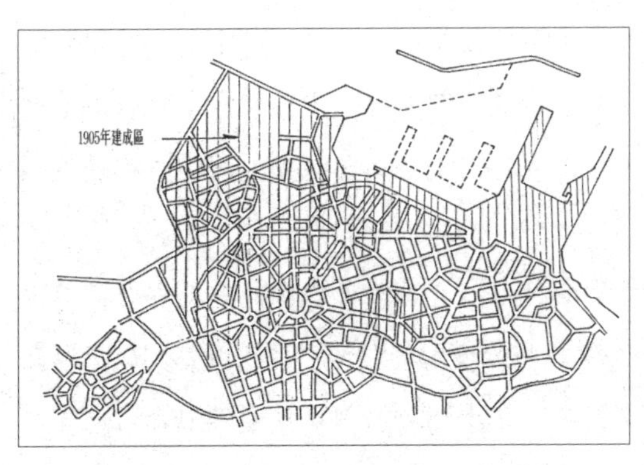

帝俄占领时期大连规划图

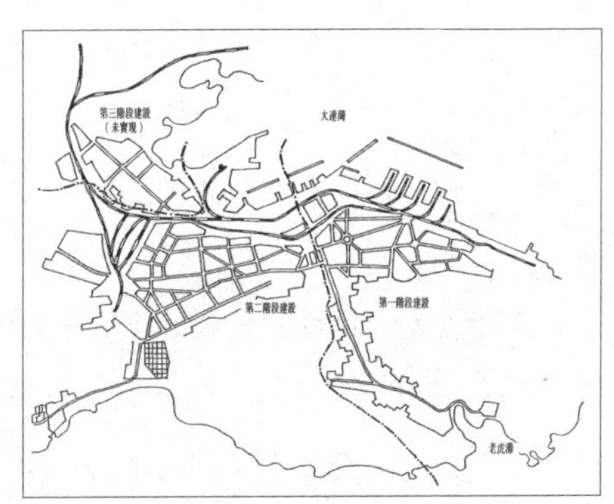

日本占领时期的大连规划图

影响，以环形广场和放射形道路形成骨架，中间再画成格子。中心广场叫“尼古拉广场”，直径200多米，周围放射十条干道，四周布置一些重要建筑物。整个市区除铁路、码头，分为两个大区，一为“欧罗巴区”，一为“支那区”，其中欧区又分为商业区、别墅区、市民区、政厅区。中国人不得进入欧区，而支那区在香炉礁、西岗子一带，多为贫民窟。

沙俄在大连也建了不少文教卫生建筑，如1898年在旅顺建立了普希金初等学校，直属俄国教育部领导，以后还办了女子高等学校、俄清学校，铁路、商业专科学校以及为远东和国际服务的外文学校，建了好几所教堂和医院。沙俄打算长期占领旅大，因此对城市和大连湾铁路正线的投资额达5800万卢布，比当时的俄中贸易总额还多20%以上。

1904—1905年，日俄战争爆发，在旅顺激战，东鸡冠山等地至今还留有当年战争的遗迹和帝国主义侵华的罪证。俄国战败，它在大连的地位便由日本取代。1906年《朴茨茅斯条约》允许日本继续租借旅大。

自1907年起，日本人就在南满铁道株式会社主持下重新对大连进行了规划和建设。它的目标很明确，要把大连建成掠夺我国东北资源的出口港和侵略占领全东北的重要基地。规划准备分三期实施，由东向西逐步分片建设，第一期工程因主要的环形广场、放射路已完成，故主要偏重于俄国遗留下已基本完成的地区，完善一些道路网及内部设施。1930～1940年间，日本开始实施第二期工程，主要建立了一个政治性广场，广场周围布置有行政机构——关东厅、地方法院等；第三期工程因日本战败投降而未实施。

在建设大连市区的同时，全面整修了海港码头，有甘井子煤炭码头、寺儿沟危险品码头、黑咀子码头等。这些码头机械化装卸水平较高，使港口吞吐量从1909年的每年187万吨上升到1939年的每年1037万吨。在规划建设中将铁路伸入港口尽端，建编组站。1938年在市中心建客运火车站，车站建筑造型简洁，旅客流线分层处理，

大和旅馆（大连宾馆）

在当时是较成功的作品。在市政建设方面修筑供水用的蓄水库、煤气厂，并铺设有轨电车线达 34 公里。大连发展很快，在日本统治最盛时达 80 万人，其中日侨约占 20 余万人。

1945 年 8 月大连获得解放。城市性质彻底改变了。大连的城市是从 1898 年到 1945 长达 47 年时间中建设起来的，虽然两易其主，但是要将大连建成为一个大港口的意图未变，帝俄是打算长期占有一个远东重要的出海口，日本是为了长期掠夺中国东北的资源，这两个特点都在城市发展过程中明显表现出来。

因为都有长期占领的打算，所以都认真进行城市规划与建设，港口布局合理，设施完善，并有不同分工的码头，反映了当时较先进的科技水平。

城市的道路布局在形式上追求巴黎凡尔赛的格局，但注意绿化，形成较好的城市

大连尼古拉广场

环境。主要道路有“百步游园”之称，即行一百步左右，就设有一个街心花园，城内还设有好几个大公园。殖民者的居住区内，房屋的庭院也较大，布置了树木花草，环境幽静。市政工程也较齐全，很早就建了煤气厂，供应煤气的普及率居全国之首。

道路布局尽量结合地形，虽在坡地丘陵地带，纵坡都在 3% 以下，以便于行车及布置路旁建筑物。居住地区建筑密度高达 70%，无下水设施，集中供水，房屋破烂，道路狭窄。但大连不愧是一个美丽的海港城市，蓝碧的海水，青灰的山影，夹着一路的红瓦、绿瓦、柳树翠绿，樱花嫩红，俄国式的、日本式的别墅、洋房，呈现一派异国风采，反映了那一段屈辱的历史，也留下了历史的借鉴。

对于哈尔滨、长春和大连这样一些原来的殖民地城市，简单否定并不是科学的态度。对这些有特色的城市地段，房屋建筑，也应辟为保护对象，既有爱国主义的教育意义，也有技术和艺术的保存价值。在这点上，还没有像对待古城市、古建筑那样引起广泛的重视。

附　　录

陈从周与扬州

阮元和阮元家庙的修复

我入同济大学建筑系，一年级暑期，有建筑测绘实习，陈先生是指导教师，一个个点名分派任务，点到我的时候他说："你叫阮仪三，你是扬州人吧?"我说是。他又问："阮元是你什么人?"我说是我高祖，他说："对了，你是三字辈，你晓得你家人的字辈吗?"我说："知道，恩传三锡，家衍千名。"他说："不错，总算还记得。你知道阮元吗？他做过什么事。"我说："九省封疆，三朝元老。"他说："这是官位，我问的是阮元有什么学问?"我说："大学问家，大书法家。"他又问："大学问大在哪里?"我说不出来了，我就反问陈先生，你告诉我听。陈先生突然把脸一板说："耍滑头，自己的老祖宗不晓得，回去翻书去，弄清楚再来见我。"我一下被他训得满脸通红，就到学校图书馆，幸亏有《辞海》和《清史稿》，查看了阮元的条目，这才弄清我的高祖真是清乾嘉年代的大学问家，还是个大清官。

后来遇到陈先生，他就摸着我的头顶说："你这个阮元的后代，要好好地学习，要做孝子贤孙，不要做不肖子孙。你是阮元的后裔，佛家讲就有慧根，要继承老祖宗的传统。我就很佩服阮元的，我在杭州、绍兴就专门去寻访阮元的遗迹，像'诂经精舍''阮公墩'，绍兴的大禹陵有他的题刻等。"后来我和他在扬州一起去看过毓贤街的阮元家庙。那时家庙里住满了人家，房屋格局都在，但是居民们乱搭乱建弄得破败不堪。他嘱咐我，一定要想办法修，要设法把居民迁走，这是扬州重要的地方文化珍宝。

他当年也见机与扬州市领导说了，那时还是 80 年代中期，政府根本顾不上，只定了个省文物保护单位，挂的保护牌也给住户摘了。他跟我说你这个后代有责任做这件事。后来一直到 2012 年我向省里、市里不断呼吁，并申请到一笔资金，主动承担了阮元家庙修缮的规划与设计工作。扬州市政府组织了修缮力量，迁出了居民，全面恢复了阮元家庙原本的状态，也可告慰陈先生多方关注的在天之灵。

踏察小秦淮

大概在上世纪 80 年代初，我带学生在扬州做课程设计，要做扬州旧城区内历史文化遗存地的规划。陈先生也正好在扬州做园林的修复指导，我就去找他。当时我选

前排左起冯小慧、沈婷婷，后排左起曹沪华、疏良仁、阮仪三、吴凝、李铭、刘勇、邹积新（扬州瘦西湖，《文远楼和她的时代》）

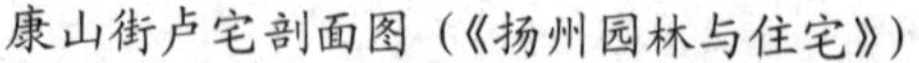
康山街卢宅剖面图（《扬州园林与住宅》）

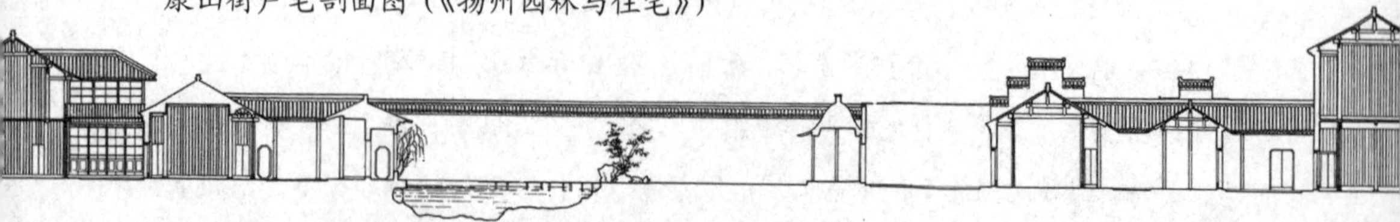

择了在城内小秦淮地段做详细设计，他认为非常好，就和我沿着小秦淮小河一路踏查。

那时小秦淮呈现的是城里一条老河道，河岸上垃圾处处，河水污浊，但河岸两旁还有垂柳、杂树，稀稀拉拉的老宅巷里。他说这里原来可以与南京秦淮河相媲美，所以叫小秦淮。两旁全是茶楼、酒肆，弦歌灯火，热闹得很。直至民国以后，随着扬州的经济衰落，它也萧条起来。河边堆的许多破砖烂瓦中夹杂着许多瓷片，这些全是当时开酒店随手丢弃的破碗、酒器，我就去找了几个破碗底，抹去泥巴，果然都是景德镇的青花瓷，有的上面还写有清代年号，景德镇监制的字样，真有“自将磨洗识前朝”的场景。

陈先生讲：“遥想当年，两岸垂柳依依，小河流水涟涟，楼上传来琵琶、丝竹声，这就是小秦淮的诗情画意。可惜啊，后人全忘了历史的场景。”我们再往前走，就到城河北水关了，现在只是一顶闸桥，徒有“北水关”三个简体字石碑嵌在桥栏上。陈先说这里原来是水城门，城墙护城河，都已变成了现时的马路。

陈先生兴致很浓，我们沿北城河到冶春，下午黄桥烧饼也没有卖了，问了只有早市，下午不营业。陈先生扫兴地只是摇头说：“本来我要和你们吃两块烧饼的，没有口福了。”

那时冶春小红楼一带只有三三两两座房子，冶村还是茅草顶木屋三间。陈先生说：“好，就是这样，茅草庐里烤草炉烧饼，这才是扬州风味。”

“这一带就是扬州古城外最精彩的地段，‘十里杨柳绿城廓’‘一路楼台直到山’，楼台都退到后面去了，什么山？平山堂的小山。可惜的是城墙拆掉了，但两岸杨柳还在，护城河仍在，这些老房子草顶茅屋仍在，就是瘦西湖的前奏，你们做城市规划，就要大处着眼，小处着手，这里有眼也有手，‘眼’就是控制环境，大的景观环境，小秦淮在古城中是穿心而过的一眼柔情——流水和绿树里面蕴藏着文化风情，然后连

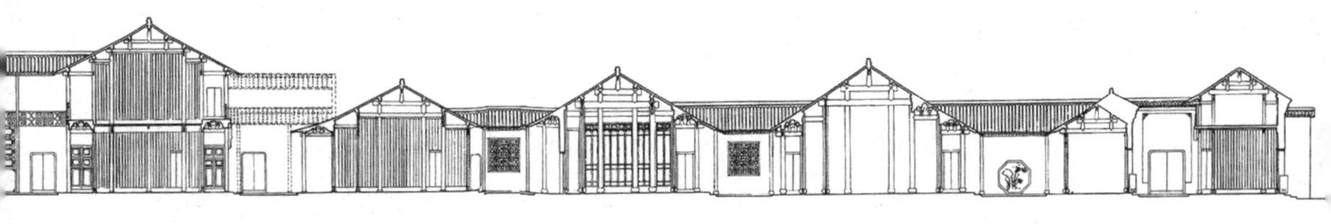

着城河一直连到瘦西湖，你这个规划实现了，老扬州风貌也留住了。”

陈先生说到兴奋处拍着我的肩膀说：“你这个扬州人要为扬州作贡献啊！看住小秦淮，不能再糟蹋了。”我后来领着几个大学生真是把小秦淮规划做成了图纸和论文。这几个学生像吴凝、刘勇、沈婷婷、疏良仁等都是能力很强的高才生，后来都有很好的作为，他们也都会记得陈先生的那一番入情入理的教导。

悲乎，明代木构精品卢宅

陈先生对扬州的园林和老宅情有独钟，从上世纪60年代开始就专门组织学生对这些老花园和老民居进行建筑测绘。他常说我们没有办法全部保护住这些实体，但至少得把它画下来，如有机会修缮就能按原样重修。他说扬州真是深山藏宝啊，不看不知道，一看吓一跳。他曾在1983年专门带我和几个学生去看明代的卢宅，这是明代扬州最大的宅院。他在大厅上围着楠木做就的大柱给我们指点明代建筑的特征。但是当时卢宅却由一家糖果厂使用着，就在大厅里一边生着明火一边做着传统的芝麻糖、炒米糖等。陈先生急坏了，说这些木梁、木柱给这些炉火熏烤，很容易引起火灾，太危险了，一定要停止生产。

他在现场说这些话，没有人听他的，工厂的工人还嫌我们讨厌。陈先生就四处告状，找建设局、找商业局，最后找到市长，陈说利害关系，市长一口答应会把糖厂搬走，停止生产。过了几个月我们又去看，糖厂照样在生产，市长完全是在敷衍陈先生。陈先生火了，又去找这个市长，话说得很凶，说失火烧掉了明代的珍贵老宅，你就罪该万死，可市长还是哼哼哈哈地应付了一通。果真过后才不到两个月，扬州传来了消息，卢宅糖厂失火，把整幢明代大宅全部烧光。消息传到陈先生耳里，我看见陈先生泪流满面，好几天萎靡不振。

卢宅火烧后，我有幸曾到现场观看，只见两片炭黑的残架还高高竖在山墙上，墙上顶端是两座高翘的砖砌马头墙，给烟熏得乌黑。听人说卢宅两侧马头山墙原是防止隔壁人家火烧了，火舌殃及卢宅的，现在卢宅火烧，它的马头山墙也就防止了火舌跳至邻居，也起到了防火灾的重要作用。从此以后扬州以至于中国就失去了珍稀的明代木构巨厦，陈先生心痛他的回天无力。

现在卢宅已按原样重修了，严格说只是原址原样复建的仿制品，那么粗的楠木早已找不到了，并且它已失去了原真性的历史价值。有的人认为这是成绩，大肆宣扬，我认为是无奈的悲鸣，人们要警惕啊!

片石山房的发现与修复

陈先生热爱传统建筑与园林，他对扬州瘦西湖格外偏爱。他曾和我说扬州人水平高，杭州西湖美，美得华贵艳丽，他倒更喜欢瘦西湖，美在这个“瘦”字，一听就把西湖比下去了。谁不爱娇小玲珑，婀娜多姿？瘦西湖里的景色也可以处处与西湖相比美，但是瘦西湖就讲究个“小”字，小虹桥、小金山、小瀛洲……一个“小”字让你顿生怜爱之意。“二十四桥明月夜，玉人何处教吹箫”，“何处”两字是虚景，让你浮想联翩，瘦西湖的美让你细细品尝，回味，联想。

他曾和我一路踏堪废弃了的花园，他告诉我扬州在明代私家花园比苏州多。有条花园弄，可能就是现在的徐凝门街，三步一园、五步一园，我们就在巷子里走，看看人家门前的石磴、石阶沿。有雕花的、院子里有瓦砾堆的，就去寻觅，陈先生一路走一路说一年不如一年，变化太大了，过去还有痕迹可寻，现在开大马路、拆老屋，全留不下来。

他在修复何园时发现了何园大花园旁有小花园和一座假山，他仔细揣摩，后又翻找资料，断定是八大山人石涛的作品——片石山房。他非常高兴，专门写了说明。旁边还有一座厅堂，原来也属于何园，但这一片全给部队占用了，多方交涉说军产不能动。陈先生就说："什么军产、公产，全是国家财产，好好的园林给当兵的糟蹋了。秀才遇到兵，有理讲不清。"不用找这些当兵的小军官谈，直接找大老总，找聂帅。果然报告打上去不久那个占了十几年的单位就撤走了。

陈先生参与何园的全面恢复整治工作，石涛的片石山房也按陈先生的研究做了复原。他专门写了说明，镌刻在石碑上，重现了精彩的历史艺术景观。

兰草水墨换包子

陈先生师从张大千，擅长水墨兰竹小品，也常吟诗作词，张口即来，知情者常有所求。只要他有空，他也乐于作画、写字赠人，从不收人润笔，他说这是趣味相投，收钱就俗了。有一次我们在扬州开会，住在新造好的扬州宾馆，有天下午正巧有空，就有人来求陈先生的字画。旁边有几个服务员小姑娘跟着起哄也要，有一个小伙子开玩笑地说："要什么？就那么搨几笔能值钱？要回去也就当废纸丢了。"

陈先生听了就光火了，就说："谁说我的字画不值钱，当场试试看，我画幅画，你拿到对面文物商店，看值不值钱。"他就铺开了纸，随手画了一株兰花，三五张叶子，签了个名，盖了印章，就递给了那个说不值钱的小伙子，要他送到文物商店去卖。文物商店和扬州宾馆就隔一条护城河，很近。不多久，那个小伙兴冲冲地跑回来了，大声嚷道："陈先生的兰草真值钱，一笔十元，五张叶子值五十元。"他把钱递给陈先生，陈先生说："钱我不要，你们拿去买包子吃，你们不要看不起我这几笔画，也练了几十年。"

这一下陈先生惹麻烦了，只要他一空就有不少人来求他作画、要字，他倒也乐呵呵地，不管首长还是服务员都免费赠送。所以他在扬州人缘特好，没有架子，受人尊敬。文物商店里挂着他画的书画，标价出售。后来听说，他的书画被列入海关禁止出口的名录中，有人贬他的书画不入流，这是"有眼不识泰山"，不识货。

跟着董先生踏察古城

早在 1956 年董鉴泓先生就根据德国专家雷台尔教授的建议，开始研究中国城市建设史。1961 年我大学毕业，董先生就要我跟着他一起搞，做他的助手。我很高兴，因为我对历史有兴趣，看过一些历史书。上大学的几年里，我听陈从周先生的建筑历史课也颇有心得，陈先生也挺赞成，我就一门心思跟定了董先生。上课我做他助教，科研任务就是协助董先生编写城建史。

我印象里董先生特别谦虚。那时这方面的资料很少，全部要白手起家，先生就带我一起去请教复旦大学的谭其骧先生，他建议我们要从调研入手，实地去考察一些城市，手里有了材料，就能有结果了。董先生很受启发，就决定做一个全国的古城调研，花个三五年时间，申请一笔经费，专门立了个科研项目。很快这个计划就批下来了，有了经费就可以出行了。

当时教师日常教学任务很重，我们就定下来利用暑假时间出外调研，这样，在 1962 年至 1964 年连续三年，每年暑假用 2 个月时间，董先生就带着我跋山涉水，踏察古城。

山西行

董先生“点子”特别多。1963 年暑期得知北京的建研院要做长城沿线城市的调研，董先生就参加了建研院的科研队伍，跟他们有经验的人员一起走，省了许多手续上的麻烦。那时为保密等要求，出行还是很麻烦的，要开一连串的证明、介绍信，像长城等一些关隘都有解放军驻扎，不是随便能去的。

先生看了大同，还了解到明代的边防体系，就一定要看大同的防卫体系，大同的五个卫城。明代的边防有一整套的卫戍制度：镇、卫、台、燧，大同下面的左云、右玉是卫一级的，再下面的堡是台一级的。我们就雇了骡车去杀虎堡。

那时这些地方都没有建设，还保存了明清时代风貌，城墙、民居都陈旧、破败，但却保存着原来的样子。杀虎堡里面还住着人家，都是当年屯边军士的后代。堡外全是沙土地，粮食产量很低，生活很困苦，但城堡里老房子都是原式原样的，特别有意思的是有许多寺庙，三步、五步一座，有武庙、文庙、千总署、把总署、城隍庙、马王庙、奶奶庙、大仙庙……似乎到了旧时代，没有店铺、工厂，老百姓坐在门口晒太阳，四周泥土夯筑的城墙还残存着，城门还完好，瓮城的格局仍在。我们在那里也找不到饭店，只得向当地居民买了几个土豆充饥。

我们后来又去了左云、右玉，都是边防城镇，格局仍在，特别是城防结构都还完整保留，月城、瓮城、敌楼、翼城都残存着。我们都做了测绘、拍了照片，可惜的是到了九十年代新的建设一来，这些全被破坏了。

在新绛古城测绘时董先生也想出了好点子。当时要做测绘人手不够，我正犯愁呢，董先生说去中学里找学生帮忙啊，你一个大学老师肯定喊得动他们。我去找了，果然两个男同学愿意跟着我做测绘，很快就完成了测绘图纸。

我们完成现场调研后，回到上海再到图书馆里找资料，得到了佐证，这也是谭先生告诉我们的，可以到上海图书馆徐家汇藏书楼找老县志。上海图书馆徐家汇分馆前身是教会的，当年教会要求牧师、传教士要收集这些东西，都收藏到各地的县志，很全，有 43 万卷，全国各地都有。我去查了，除了县志、乡志、镇志，河道、山岳，只要有记录的都收藏，这是做了一件大好事，不然全丢失了。中国从唐代开始全国各地都编写县志、州志，这是中华民族的伟大传统。补充说一句，我当年和董先生考察了平遥、太谷，后到上图查古籍，找到平遥县志，上面积的灰有几公分厚，没有人来看过，保存了许多珍贵的资料。周庄镇志也有，只不过叫贞丰镇志，乌镇叫乌青镇，要找老名字，老地名才查得到。

董先生特别能吃苦。到西北边远地方调研就得坐火车、汽车。那时公共交通还不发达，到小县城只有农村班车。有的是大篷车，就是在大卡车上拦了几道绳子，上车后拉着这些粗麻绳保持平衡。一出城都是泥土路，高低不平，车子就东倒西歪，旅客们常常跌到一起，也不分男女老幼，只能抱作一团。坐这种车真的很累，但不坐也没有别的车，不然就得步行。

到了一个地方要住宿，当地有招待所，接待外地客人。这种招待所很简陋，但能解决过夜，收费也按照规定，只是条件很差。宿舍里每人一条被子，那就是很少清洗过的，黑黑的，但也不得不用。

我们都有经验，专门带有干净的床单，贴身包在被子外面，也会马虎应付了。房间里有一根横挂的铁丝，董先生告诉我，这是晚上脱下来的衣服挂在上面，这样可以防止臭虫、虱子爬到上面。虱子是跟人走的，铁丝细滑，它闻着人味也不会过去，真是绝了。董是北方人（甘肃天水），明白这些知识，可是这些虱子还是不饶人。

我们到了太原，住进好一点的旅馆，把前些天的衣服洗了晒出去后，仔细一看，在袖口、领口、裤腿等几处有褶缝大小的地方都有小黑点的虱子，有的还是新鲜的红色虱子，要仔细翻出来才能弄得清楚，真是长了见识。我也不觉得怎么痒，这就叫作“虱多不痒”。回家以后，不能穿这些出差的衣服进门，拿几件干净衣服到浴室里洗澡换掉，外面穿过的衣服全部泡开水杀虫后才能再穿，我每年暑期跟着董先生外出调研，有一套对付的经验。

西南行

第二年（1965），我们决定去贵州、四川。先到贵阳，再去遵义，翻过娄山关，进重庆，进入四川盆地。

我们先到贵州。出了贵阳，坐汽车到遵义，一路就是要翻山越岭，坐车也很辛苦。那时车子窗门洞开，不避风雨，风沙扑面，烟尘抖乱，哼哼哈哈地像喘着大气的老牛。把一车人拉到山顶，见有大石壁上写有“娄山关”三个大红字，没有建筑，枯树、昏鸦、野草，在山顶俯瞰确也层峦叠嶂，应了毛主席诗句中的“苍山如海，残阳如血”。回观路途，盘曲回旋，不乏惊险。众人下车休息、上厕所，司机也喝水抽烟，休息片刻，再上车就一路下坡了。车开得飞快，左旋右拐，沿途巨石嶙峋，山泉流淌，孤松翠柏，一路风景绝佳，颇有生气。

车开到一个大河拐弯处，停了下来，路面沿着山涧弯转，司机招呼旅客们可以下河洗浴，这真是太爽了。河湾清冽、汪漾，河底尽是巨大的卵石，水清见底。司机呼喊着从未来过的稀客，不知所云，司机大声喊道，男的在山右，女的在山左，都快一点，半个钟头，大家动作麻利点。

我们也就跟着司机等老熟客把衣服全脱了，汗衫、短裤晾在大石头上，很快就烤干了。河水经太阳晒得暖洋洋的，流水淌过，真是像天仙配里的七仙女，很多人洗着，笑语喧嚷。不一会儿，司机催着大家上岸，各个浑身舒服。感谢司机的安排，在炎热的旅途中享受了一场惬意的大自然沐浴，终生难忘。

当晚在路途上过夜，也别有情趣。车行到站，天已昏黑，一个大旅店，没有什么单间、套间，就像过去大车店一样。店里准备好一大锅面片儿当晚饭，一人一大碗，倒也爽口当饱。然后院里场外自己去找竹躺椅或竹板床，一人一张，场地上已经点起了艾草，烟雾袅袅的，缕缕烟气香驱蚊虫、百脚。路上辛苦，有的旅客倒下就打起鼾声，也有人点了油灯在打牌。司机等一帮行客要赶路，早早睡了，在烟蒸氤氲的氛围中，都昏昏熟睡过去。那时人都清贫朴实，也没有什么偷盗等不安全的问题，男女各睡一边，一觉睡到大天亮。

第二天早上，店家煮了一大锅稀饭，一人一大碗，倒也香喷喷的。吃完就喊着开车，贪个早凉，免得日头暴晒。下山就比较顺溜，到綦江也就进入四川省了，不多远就是重庆。翻过了群山峻岭，就是缓坡市集，店铺也多了，人也多了，沿途小市镇街两旁全是茶铺、麻将桌。四川比贵州繁盛得多，烟火气也浓郁得多，体验到天府之国的味道。

董先生和我到了四川，我们决定要去看古代的生产城市，就去了生产井盐的自贡市，实际上就是自流井和贡井两个相邻地名，把自流井里的盐卤水提上来，再从贡井里开发出的天然气把盐卤烘干成盐块。

自贡市整个城市布满提升盐水的井架，有几十米高，全是用竹子绑扎而成，有三五十座，整个城市密密麻麻的井架高耸昂立，井架里的缆绳上下抽动，很是壮观。大的厂房里冒着热气，全是在煎盐，蒸汽腾腾，车间里火苗炙热，一片繁忙景象。那些缆车全用牛来牵拉，工人牵牛搬运盐块，调制卤水，整个城市笼罩在一片热雾和赶牛的吆喝声中。

我们看到中国的旧时代地下生产的情况，可惜到了七八十年代，这些井架、大棚、牛车全都被现代工业代替了，井架大多都拆除了，城市风貌有了根本的变化。

在自贡有名的吃食是灯影牛肉和红油面，我吃不来辣，董先生说他在四川念的书，很想重新尝尝四川的辣味，他就要了一碗红油面。面端上来了，碗面上浮着一层红彤彤的辣油，董先生吃了口，说："好吃，好吃。"不一会儿，头上冒汗了，嘴里也辣得受不了了，去要了一杯白开水，再吃了几口实在辣得吃不消，只好停下来。一大碗面只吃了几口，丢掉也不舍得，在60年代，是不能丢粮食的，只好请教服务员怎么办，服务员示意去给门外的乞丐，也算是做件好事。董先生端着碗面到饭馆门外，招呼那些要饭的，把一碗面分给几个人。回到饭馆还和我说："这真是浪费，我自己太自不量力"。我说："你在上海住久了，口味被上海化了。"他说："潜移默化，潜移默化，我忘了家乡了。"董先生夫人朱先生是上海人，家里的吃食当然按上海人的习惯。

我跟董先生到北方，他就会完全突显出北方人的特质来。到河南就找锅盔饼、到山西就找刀削面、到兰州吃拉面，他特别爱北方的面食，说起来也头头是道。"文革"

中大家一起下乡劳动，他就会自告奋勇地要做面食给大家吃。

去西安

董先生从他的老朋友处打听到北京考古研究所正在发掘唐长安城的含元殿、麟德殿遗址，就带着我去西安找到了当时考古发掘的现场，是规模宏大的大工地，有一角搭着大帐篷，地面全扒开了，露出唐代宫殿的遗址。我还记得考古队长叫马得志，名字很好记，就像个老工匠，是很直爽的北方人。他给我们讲了古代城市的伟大，马路的宽广、技术的精湛不是我们能想象到的，那些铺地的方砖都要近一米见方，上面还有花纹，他们从这些遗址、遗构中，想象复原唐代城市和宫殿建筑的规模。考古技术人员在地面上用小刷子、大毛笔寻找古代工程的痕迹，我看了方才懂得一些考古的知识。看到他们绘制的考古成果图纸，真是严谨有据，更是惊叹古人的伟大。我那时就看到了考古学者们画的这些唐代宫殿的复原图，因为有几种不同的推测，也就有不同的研究成果，真是一丝不苟。对比我们做的复原想象图就简略和粗糙多了。

我看到考古现场到处混堆着一堆堆破砖和乱瓦，也有不少有文字的瓦当，如千秋万岁“长乐未央”的花纹和刻字，还有奔鹿、寿字纹的饰瓦，我就捡了几片放到包里留着纪念。董先生看见了，要我全部拿回到原地，他严肃地批评我：“这是考古现场，满地都是文物，全是国家财产，你拿了就是偷盗文物。”

我不大服气，就说破砖烂瓦不能算，满地都是，谁来收拾。董先生很严肃地教育我，凡地下挖掘出来的就全是文物，全部属于国家财产，你拿了就是监守自盗。这些砖瓦都是唐代遗物，一砖一瓦自有珍贵的价值，以后会一寸一寸地研究、复原，每一个考古工作者只有研究的便利，而没有占有的权利，不然就没有资格做这些古物的研究。我听得面红耳赤，把包里的砖瓦全掏了出来，放归原处，也受到一次保护文物的教育。从这件事我也体会到董先生的人格魅力，以后我也以此来教育我接触到的学生，要做一个有文化、懂文明的公民。

童年忆往

我出生在苏州市内西美巷，我有两个姐姐，母亲养了个男孩，在那时是阖家欢乐，住在扬州的老祖父专门赶到苏州吃满月酒，抱着我在花园留影。

我出生不久，日本鬼子就来了，大家都四处逃难，我们回到了老家扬州乡下公道桥，当时我母亲已怀上了我的弟弟。快足月了，日本人也到了扬州乡下，我们都躲在竹园里，母亲受了惊吓，就在竹园里把弟弟生了出来。当时人们都很迷信，说刚分娩的人是红人，不能跨人家门槛，不然这家人会倒大霉。情急之下，只好出钱求人把屋墙拆了一个洞，我母亲带了小弟弟从洞里爬进屋坐月子。

我那时只有 4 岁多，但已经记得很多事情，我记得我的堂房叔叔被日本兵抓了去，背了几天尸首。回家时满身是黑红的血斑，一到家就晕了过去，昏睡了三天才醒来，后来人也变得木木的了。公道桥后来安定了一些，父母要我跟哥哥姐姐们一起去念书，乡下只有私塾，拜见老师要磕头，每天坐在孔老夫子像前念三字经、千字文，背不出要打手心，我常常找各种理由，肚子痛、咳嗽等，好赖学不去。不过小时候背的东西现在还有印象。

不久，我们还是回到了苏州，这时的家就搬到了钮家巷。当时这个房屋是“顶”下来的，就是出一笔钱，把使用权永久租下来，每月还是要给房东付租金。钮家巷的房子和上海的石库门房子样式很相像，三楼三底，前后进都有天井，我家的左邻右舍都是七、八进的深院大宅，后面还有一个大花园，水池、假山、亭台楼阁，1958 年要办工厂拆掉了。

我念的小学离家很近，穿出临顿路就是，当时是美国教会办的私立尚德小学，是所很好的学校。苏州已沦陷了，但日本还未与美、英宣战，学校还是由教会办着，有外国牧师和外国老师。在我二年级时发生了珍珠港事件，日美宣战了，日本人要来接收，停课前一天所有班级的老师带着大家念都德写的《最后一课》那篇课文，念后老师学生个个都淌下眼泪，学生都抱着老师不让他们走。

停课两周后上学第一天，所有学生在大礼堂集合，然后排队理发，剪成日本学生式样，男孩全部剃光头，女孩全剪成齐耳的童花头，礼堂里是女孩的一片哭声。每人发一套新书，全是日文版的，并要求一学期后全体学生全要讲日语。原来的老师全部赶走。来了许多日本老师，表面上很和善的样子，也很少见打骂学生，上课时你表现得好，日本老师会从口袋里摸出一颗糖奖赏，或是奖一支日本铅笔。我们没有一个人敢吃的，倒不是怕有毒，就是同学之间谁要说日本人好话，就不会有人理你了，日本

出生百日、母亲、大姐和二姐

百日留影，与叔及两个妹妹在苏州

老师喜欢的学生背后就有人吐唾沫。

沦陷区的日子很难过，单讲每天吃的六谷粉做的饭，咽不下去，小孩不肯吃，大人都陪着哭。这些六谷粉还要按每个人的户口，去排队购买，户口米每十天一次，大人小孩老人都要亲自去排队，按人头付钱购买。长长的队伍，身上由黑狗子（就是伪警察）用粉笔写上号码，一排一个半天，才买到一小袋米。因为是各种杂粮相掺的，又叫六谷粉。回家要倒在桌子上细细地拣，混有小石子、沙泥、玻璃屑、麦粒、瘪谷，整粒的米很少。大人、小孩一齐拣，边拣边骂那些开米行的奸商和黑狗子，最坏的就是日本鬼子。那时候，走在路上看到日本兵都避得远远的。有站岗的，挂日本国旗的地方，走过一定要毕恭毕敬，弯腰鞠躬行礼，你不做，日本兵就会打你。我亲眼见过有人大意了，不敬礼就挨了耳光，把鼻血都打出来。所以那时知道那些有日本岗哨的地方，我们都会兜圈子绕路躲开。

我在日本小学里经历过一件事，念三年级时，全校打防疫针，是由日本军医院派人来，一个班级一个班级，挨个打针。轮到我时，一针戳进臂膀，我晕针了，一下晕

一周岁，与祖父、母亲在苏州西园

三岁时和母亲在苏州灵岩山

姊妹合影，中立为阮仪三

百日留影，与父亲阮德传在苏州宅园

了过去，这下似乎出事了，日本军医护士把我抬到校门外的救护车上，开到军医院里去抢救。很快我就醒了，搬到病房里做种种检查，住了一天，才把我送回学校。当时消息传到家里，全家人急死了，说日本人把小仪三送到医院去做试验了，问老师校长也不知道送到何处。日本人全走了，这一夜全家人连同几个小学老师都担心受怕，不知道吉凶。我在医院里日本护士待我很好，有饭吃还有当时很稀罕的水果吃，还带了一包点心回来，一般的日本人还是有人性的，大家虚惊一场。

日本人来了，我父亲的电厂也停电了，他不愿意给日本人做事，日本人到处找他。

12 岁，与弟濂三合影

苏州尚德小学毕业合影，二排左二阮仪三（1945.7）

他逃到苏州乡下，同里、甪直等水乡只通船，乡下农民把走大船的河桥都用木桩闸死了，日本兵无法开船进去，陆上没有路，乡下老百姓都知道，有弯曲的路径，小河四通八达，所以江南水乡许多村镇日本人从未到过，京剧《沙家浜》、沪剧《芦荡火种》，是确有其事。

我父亲去乡下和几个电厂的职工一起做小蓄电池的照明灯，父亲的别名叫阮华，商标就叫华明灯，卖得极好，所以那个时候我也常常跟着老爸到这些水乡城镇去。有一个重要的好处，可以不吃六谷粉，吃香喷喷的大米饭，回苏州时就书包里装满大米，不好多带，城门口要检查，小孩背个书包就混过去了。

我的祖籍是扬州，在扬州有老家，也就有许多亲戚，那时祖父母和外祖父母都还在，常常要去省亲、过大年，扬州就有许多亲戚朋友。苏北当年是新四军活跃的地方，许多舅舅、叔叔，都参加了新四军，1941年皖南事变发生，当时国民党军队突然袭击新四军，打死了不少，又抓了一大批就进后来的上饶集中营，也逃掉了不少，就在那个时候，前前后后，逃来了七个新四军的干部亲戚，躲在苏州我家里。因为我父亲在苏州电厂任总工程师，在苏州算有点地位和名气，比较安全。再由我父亲写信介绍到外地更安全的地方去，后来他们大多又回到了苏北革命根据地。

那时候家里突然多了几个大男人，最忙的是母亲，要多烧好多饭菜，要安排床铺睡觉。而我这个初中生是最开心的，他们都是文化人，可以听他们说各种各样的故事。他们都是闲着没事，就下棋、写字、拉琴、唱歌，也不好出去逛街，就在天井里踢毽子，摆了桌子打台球，下雨天在堂屋里玩，把地上的方砖全踏裂了。那时电台里播放流行歌曲，他们一听就会，都唱得好极了，我还记得当时电台里要搞歌唱比赛，唱《叫我为何不想他》，大舅舅、小舅舅都想去参加比赛，被我老爸知道了一顿臭骂，都去送死吧！天天躲家里真把他们憋坏了（这些人里面有名的是后来做了上海出版局长的宋原放，北京总政歌舞团总干事韦明）。不多久他们一个个都走光了，后来见面谈起那段经历，都感谢我爸妈的好处。

有个表舅在苏州时知道我喜欢集邮，就帮我收集了一些老解放区当时用的邮票。这些都是珍品，在市场上都见不到。这些年过去了，舅舅、叔叔、表哥们陆续都过世了，我和他们的子女还有来往。

我整整受了三年奴化教育，当时日本话都说得很好了，日文书也都能看懂。1945年日本人投降了，大家兴奋极了，把所有日本人发的书和其他有关日本人的东西全都堆在操场上放火烧掉了，大家又唱又跳，从此以后谁也不讲日文了。有人有时会不自觉地漏出日本话来，马上就会遭到别人一记重重的“头塌”（苏州话就是刮头皮），很快，我们学过的日文全忘得精光。

抗战胜利后这几年是我少年时过的最快活的几年，一则父亲又回到电厂当总工程师，薪水很高，日子就好过了。小学里以前的老师也回来了，师生格外亲，都要把荒了的中文补回来，课外排话剧练国语。我喜欢画画，老师把我的画送到市里展览，得了全苏州小学生比赛一等奖，这为我后来念同济建筑系打下了基础。我有时回苏州就约几个同学一起去看小学老班主任，直到耄耋之年，她全记得我们这些学生。

小学毕业时合拍的毕业照我妈为我留着，觉得特别神气。

后　记

从上世纪60年代的古城调查，到80年代初开始的平遥、江南水乡古镇保护实践，以及其后的一系列城镇历史遗产保护探索，从业60多年来，我在这一领域做了一点工作，取得了一点成绩，其间有遗憾，也有快乐……《古城笔记》记录了其中的一些工作，自2006年出版至今，已有十几个年头了，其间曾在2013年出版了增订版。这次重新修订再版，又补充了十几篇文章，主要是原来撰写的有关城建史调查的内容，订正了原有文章里的个别错误，补充了插图，其中有些还很稀见。个别文章补充了内容，全书重新调整了内容结构。

陈从周先生是我的老师，《陈从周和扬州》是多年前年陈立群约我写的，《童年忆往》也是他约我写的，曾发表在其主持的《民间影像》上，这次一并收入。

1961年大学毕业，我就跟着董鉴泓先生一起搞中国城建史的研究，做他的助手，在全国各地调查古城，为编写《中国城建史》搜集材料。不少早年写的文章就是关于这方面内容的。董先生去世后我专门写了一篇纪念文章，这次也收录在书中。

这次修订再版仍由陈立群负责，文章选编、增删、插图选配以及内容架构调整均由其完成，他并协调南通、无锡、长沙相关人士提供插图。汪娴婷协助打印了个别文章。学生刘浩专门约请他的朋友建筑师徐华绘制了一幅钮家巷的钢笔画，不禁使我回想起旧时的故乡苏州……

现在，历史城镇保护开始得到各方面的重视，成为构建文化自信的重要基础，遗产保护成为不少地方经济社会发展的重要动力，遗产保护的队伍不断发展壮大，但未来的路还很长……

以下图书已经出版，敬请关注

《陈迹——金石声与现代中国摄影》

收录金经昌（1910.12.26 ~ 2000.1.28，艺名金石声，中国现代城市规划教育奠基人、中国现代城市规划事业开拓者）从 1920 年代末至 1990 年代末内容广泛的千余幅摄影作品和 7 位一流专家学者的文章，内容繁复而编排得当，照片充满历史气息，珍贵耐看，文章角度不一而发掘深入。所收照片无论大小都印刷精准，层次把握微妙，精益求精，对专业摄影研究者和普通的文化和图像爱好者来说，都是值得关注的一部大作。

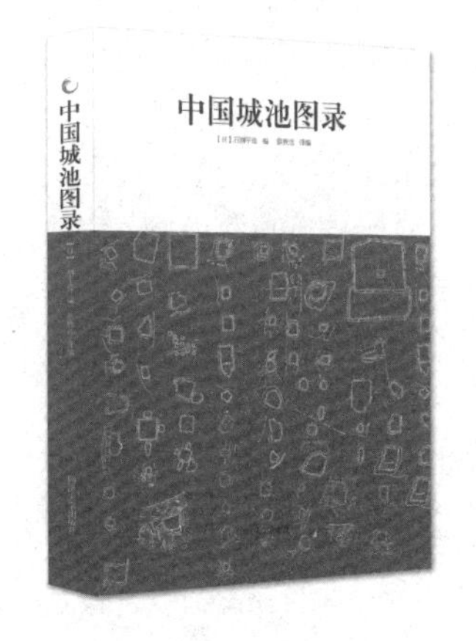

《中国城池图录》

原书 1940 年前后由侵华日军司令部刊行，详细介绍了华北、华中、华东、中南等地 100 余座城廓，基本以 1/10000 平面图、剖面图等标示城门位置、城内主要街道走向、城墙壕沟和护城河及桥梁位置等。部分城廓还标记有城内住户和人口数。标示尤为详细的是城门结构、城墙厚度和护城河深度。并有多幅 1/500 详图，对研究城市史、建筑史等，具有重要参考价值。

《历史城市保护学导论——文化遗产和历史环境保护的一种整体性方法》(第三版)

国内第一部系统论述历史环境保护的著作，2001 年底出版至今，好评如潮，已成为该领域的基础文献。结合最新进展，推出第三版。

《文远楼和她的时代》

一座楼，一群人，一个时代，

从生活史进入学术史……

《日本都会叙事：一种阅读城市空间的方法》

著名学者西村幸夫教授诠释其对日本城市生成、近代化与地方特色理解的集大成之作。以“城市漫步”为出发点，身临其境理解当前生活的城市空间是如何形成的。官署、车站等城市近代化设施为何选择现在这个位置建设，近代以后的城市中心是如何固化强化、或者如何变化转移的，道路走向和转折暗示了什么理由，等等。这些边走边看边思考的问题，是回溯城市空间形成史、或者说解读“县都物语”(城市空间隐藏的故事)的钥匙。循着这一方法，通过自己的观察，重新审视日常生活的城市空间，进而发现日常的意义。

全书选取 47 个都道府县首府城市（相当于中国的直辖市与省会城市）作为观察对象，深入分析其发展轨迹及遇到的挑战和应对之策，迅速把握一座城市的历史基因和演进脉络。本书也可作为日本都市深度游的参考书。

《无锡：一座江南水城的百年回望》(增订版)

一本有点另类的城市读本，以城市的视角，揭示时代沧桑中的普遍意义，以人文主义的视野，抚今追昔，回望百年，从历史、地理、政治、经济、文化、社会等多种路径进入无锡历史上的生活世界。触摸城市记忆细节，探究城市变迁往事，揭示这座城市的多重面相及其背后的因果联系，使人们对自然、对传统、对文化、对治理有更多的理性审视。空间 · 时间 · 人物，一座城市时代变迁的历史镜像就这样呈现在我们面前。

以下图书即将出版，敬请期待

《青岛开埠初期的建筑（1897 ~ 1914)》

1994 年，德国学者托尔斯滕 · 华纳博士的《德国建筑艺术在中国》出版，这是第一部系统研究德国在华建筑遗产的著作，其中涉及开埠初期青岛的 40 余座重要建筑。受该书启发，克里斯托夫 · 林德不久后来到青岛，调研开埠初期建筑。在青岛城市面貌发生剧烈变化前，留下了重要的历史信息。

本书在其博士论文基础上完成，系目前介绍青岛早期建筑最为详尽的著作。第一次系统梳理了青岛开埠初期的建筑，并对 150 余座早期历史建筑进行综合评述。涉及青岛历史城区现存一大批早期重要建筑遗产及空间节点，包括重要政府建筑、军事建筑、著名商业建筑及宗教文化建筑和大量私人住宅。作者综合运用了多方面的材料，包括德国国内及日本所藏档案资料，涵盖范围广，资料翔实，也可作为城市深度游的参考。